I0278385

Cadernos de Lógica e Filosofia

Volume 2

Três Vezes Não

um estudo sobre as negações clássica, paraconsistente e paracompleta

Volume 1
A Lógica de Apuleio. Introdução, tradução e notas ao *De Interpretatione* de Apuleio de Madauros
Paolo Alcoforado

Volume 2
Três Vezes Não: um estudo sobre as negações clássica, paraconsistente e paracompleta
Kherian Gracher

Coleção dirigida por
Newton C.A. da Costa,
Universidade Federal de Santa Catarina nacosta@usp.br
Jean-Yves Beziau,
Universidade do Brasil, Rio de Janeiro jyb@jyb-logic.org

Ambos são membros titulares da *Academia Brasileira de Filosofia*

Três Vezes Não

um estudo sobre as negações clássica, paraconsistente e paracompleta

Kherian Gracher

© Kherian Gracher and College Publications 2022.
All rights reserved.

ISBN 978-1-84890-392-0

Published by College Publications

http://www.collegepublications.co.uk

All rights reserved. No part of this publication may be reproduced, stored in a retrieval system or transmitted in any form, or by any means, electronic, mechanical, photocopying, recording or otherwise without prior permission, in writing, from the publisher.

“ Oh Lord,
Please don’t let me be misunderstood. ”

Nina Simone

Para aqueles que nunca me negaram,
Cris, Jackson e Keffin...

SUMÁRIO

Prefácio ix

Notas do Autor xi

I Introdução

1 Lógica Clássica e Algumas Lógicas Não-Clássicas 3

1.1 Alguns Conceitos Lógicos Importantes 4

1.2 Lógica Clássica 8

1.3 Lógica Paraconsistente 19

1.4 Lógica Paracompleta 29

1.5 Lógica Não-Alética 39

1.6 Quadro Comparativo 48

1.7 Negações e o Quadrado das Oposições 51

II Sistemas KG

2 Sistemas KG: Sintaxe 59

2.1 Linguagem 60

2.2 Postulados 61

2.3 Operadores Especiais 61

2.4 Diferentes Sistemas KG 63

2.5 Dedução e Teorema 64

2.6 Alguns Metateoremas 65

3 Sistemas KG: Semântica 71

3.1 Valoração 71

3.2 Tabela de Verdade 85

3.3 Tableaux Analíticos 97

III Resultados

4 Sistemas KG: Traduções 115

4.1 Tradução de LPC em KGm 117

4.2 Tradução de C1 em KGp 119

4.3 Tradução de P1 em KGq 127

4.4 Tradução de N1 em KGc 133

4.5 Tradução de KGc em LPC 140

5 Sistemas KG: Alguns Resultados 145

5.1 Lei de Peirce 146
5.2 Dupla Negação 146
5.3 Conectivos Definidos 147
5.4 As Três Negações Estudadas 148
5.5 Reductiones Ad Absurdum 149
5.6 Formas de Contraposições 150
5.7 Leis de *De Morgan* 151
5.8 Operadores de *Bom Comportamento* 154
5.9 KG e Outros Sistemas Apresentados 157
6 Extensões Elementares dos Sistemas KG 161
6.1 Sintaxe para os Sistemas KG^1 161
6.2 Semânticas Para os Sistemas KG^1 168
6.3 Tableaux Analíticos para KG^1 184
6.4 Possíveis Teorias sobre os sistemas KG^1 187
6.5 Uma Variação dos Sistemas KG^1 190

IV Conclusão
7 A Filosofia de Tantas Negações 197
7.1 Definindo o(s) Conectivo(s) de *Negação* 198
7.2 Monismo vs. Pluralismo Lógico 205
8 O que vimos e o que pode vir depois? 217
8.1 O que vimos? 217
8.2 O que pode vir depois? 218
Referências Bibliográficas 229
Sobre o Autor 235

PREFÁCIO

Este livro foi escrito a partir da tese de doutorado do autor, defendida no início de 2020 junto ao Programa de Pós-Graduação em Filosofia da Universidade Federal de Santa Catarina e aprovada com méritos. Trata-se de um trabalho em lógica que encerra originalidade e desenvolve um tema relevante tanto em lógica quanto em filosofia, a saber, o estudo de algumas formas de negação e de suas relações mútuas.

Como o autor comenta no início da obra, parece simples supor que sabemos o que é negar: basta tomar o oposto do que temos, de SIM para NÃO e de NÃO para SIM. Porém, como evidenciado com discernimento, isso não é tão simples. Destacam-se então três tipos de negação, que são denominadas de *clássica*, *paraconsistente* e *paracompleta*, que são desenvolvidas em sistemas formais adequados e suas relações apontadas, como no desenvolvimento do sistema não-clássico $\mathcal{KG}$ a partir da página 59.

O livro é extremamente útil para estudantes de lógica, de filosofia e para os interessados nos fundamentos da ciência; com efeito, recordamos que, como constatado no texto, a negação em física quântica (e nas chamadas lógicas quânticas) é um tipo de negação paracompleta no sentido apresentado no livro, como evidenciado no Capítulo 8 (p. 217-227). Além do mais, o livro fornece uma possibilidade de melhor entendimento do significado da negação paraconsistente, tema de difícil aporte. Com efeito, nessas lógicas podemos ter duas teses contraditórias, uma sendo a negação da outra, sem que o sistema "colapse", como acontecia se a negação fosse a clássica (nessa lógica, bem como na grande parte dos sistemas lógicos em geral, de duas proposições contraditórias pode-se extrair qualquer outra afirmação de sua linguagem). Porém, o que significa "negar" sem o referido colapso? Por si só, isso já atesta a importância do estudo aqui apresentado.

É certo que o texto contribui para o avanço e para o melhor entendimento dos sistemas não-clássicos de lógica, trazendo ainda sugestões para desenvolvimentos futuros que podem impulsionar ainda mais o desenvolvimento da área.

É com satisfação que vemos a tese publicada como livro pela editora *College Publications*.

Florianópolis, Fevereiro de 2022

Décio Krause

Newton C. A. Da Costa

NOTAS DO AUTOR

> "This is my favorite book in all the world, though I have never read it."
>
> WILLIAM GOLDMAN
> *The Princess Bride*

O que é negar? Ou melhor: o que é isso que chamamos de "negação"? Rios de tinta já rolaram na busca de uma resposta a essas perguntas. De modo geral, compreenderemos aqui uma *negação* como sendo um conectivo lógico cujo comportamento pode (em certas circunstâncias) alterar o valor-de-verdade de uma fórmula de *valor designado* para *não-designado*, ou vice-versa. Dito de outro modo, *negação* é um operador que (em certas condições) torna uma fórmula falsa, se a fórmula inicial era verdadeira; ou a torna verdadeira, se inicialmente era falsa.[1] Seria essa resposta, rápida e descuidada, suficiente para solucionarmos o problema inicial? Não. Mas também não é nosso objetivo aqui contribuir para esta enxurrada de pigmentos em busca de uma solução. Com essa caracterização simples pretendemos apenas estabelecer (*inicialmente*) um aspecto importante ao trabalho que irá se seguir: três conectivos, conhecidos dos livros-textos de lógica, serão aqui tratados como conectivos de negação. São eles: (i) negação clássica; (ii) negação paraconsistente; (iii) negação paracompleta. A negação clássica é, de longe, a mais conhecida e estabelecida na literatura – não havendo muitas dúvidas quanto à sua natureza de *negação*. Por outro lado, tanto a negação paraconsistente quando a negação paracompleta podem, de acordo com certas interpretações, ser caracterizadas como operadores distintos da "verdadeira negação"(como poderia chamar aquele que advoga que a negação clássica é a *única* e *verdadeira* negação). Não faremos isso aqui e, tampouco, adentraremos *completamente* a esse debate, aceitando, *por enquanto*, como estabelecido que esses três conectivos representam três *tipos* de negação.

Uma vez que aceitemos esses três conectivos como *tipos* diferentes de negação, nós podemos então questionar: quais suas diferenças? Como se

1 Obviamente, assumindo aqui uma semântica bivalorada. Em outros termos, podemos substituir a noção de *verdadeiro* para a noção de *valor designado*, enquanto a noção de *falso* para *valor não-designado*.

comportam? Como se relacionam? ~~Onde vivem e o que comem?~~ Essas três perguntas serão os guias para a nossa empreitada. Entender suas diferenças, comportamentos e relações irão nortear nossa investigação, cujo resultado (esperamos) é desenvolver um conjunto de sistemas lógicos capazes de lidar com essas três negações. Através desses sistemas esperamos responder àquelas perguntas. O presente trabalho será dividido em quatro principais partes.

A *Parte I - Introdução* consiste do capítulo *Lógica Clássica e Algumas Lógicas Não-Clássicas* (p. 3-55), onde desenvolvemos uma análise introdutória das três negações em três dos principais sistemas que lidam com elas: *Lógica Proposicional Clássica* ($\mathcal{LPC}$), a hierarquia de *Cálculos Proposicionais Paraconsistentes* $\mathscr{C}_n$ ($0 \leq n \leq \omega$) e a hierarquia de *Cálculos Proposicionais Paracompletos* $\mathscr{P}_n$ ($0 \leq n \leq \omega$). Neste capítulo, posto seu teor introdutório, não iremos nos ater a aspectos importantes do desenvolvimento e tratamento formal dos respectivos sistemas, mas evidenciaremos principalmente o comportamento sintático e semântico de suas respectivas negações. Ainda nesse capítulo, observaremos também um quarto sistema formal, a hierarquia de *Cálculos Proposicionais Não-Aléticos* $\mathscr{N}_n$ ($0 \leq n \leq \omega$). Esse sistema (ou hierarquia de sistemas) tem como característica principal introduzir um tipo *neutro* de negação, capaz de se comportar de modo semelhante à negação clássica, paraconsistente ou paracompleta - dependendo do comportamento da fórmula à qual a negação, que chamaremos de "negação não-alética", está conectada. Por fim, compararemos os quatro sistemas e o modo como as três negações se comportam, oferecendo uma análise dessas negações utilizando como base o conhecido *Quadrado das Oposições* aristotélico (através das noções de *contradição, contrariedade, subcontrariedade* e *subalternação*), de modo a entendermos o comportamento desses conectivos. Posto que o único dos quatro sistemas analisados com capacidade expressiva para lidar com as três negações simultaneamente é o Não-Alético, é de se esperar que as possíveis relações (e reiterações de negações diferentes conectadas a uma mesma fórmula) pudessem ser tratadas pelo referido sistema. No entanto, como veremos, esse não é o caso. Assim, em busca de um sistema que tenha capacidade para compreender tais relações e reiterações, seguimos para a segunda parte.

A *Parte II - Sistemas* $\mathcal{KG}$ consiste em dois capítulos. No primeiro, *Sistemas* $\mathcal{KG}$*: Sintaxe* (p. 59-69), oferecemos as definições para a construção de uma classe de sistemas proposicionais (que chamaremos de "$\mathcal{KG}$") na qual introduzimos, de modo independente, as três negações supracitadas. Oferecemos um pequeno conjunto de postulados, distinguindo quatro diferentes sistemas proposicionais KG, sendo eles: $\mathcal{KG}$-Minimal ($\mathcal{KG}_m$); $\mathcal{KG}$-Paraconsistente ($\mathcal{KG}_p$); $\mathcal{KG}$-Paracompleto ($\mathcal{KG}_q$); e $\mathcal{KG}$-Completo ($\mathcal{KG}_c$). Esses quatro sistemas, como veremos, se distinguem em relação ao conjunto de axiomas que cada um deles adota. No capítulo seguinte, *Sistemas $\mathcal{KG}$: Semântica* (p. 71-111), desenvolvemos uma semântica *bivalorada* para os quatro Sistemas $\mathcal{KG}$, demonstrando os teoremas de *correção* e *completude*, e oferecendo também um método de provas por *Tableaux Analíticos* – e também demonstrando os teoremas de correção e completude para esses tableaux. Posto o estabelecimento dos Sistemas $\mathcal{KG}$, podemos então seguir para a terceira parte do nosso trabalho.

A *Parte III - Resultados* consiste em três capítulos. Em seu primeiro capítulo, *Sistemas $\mathcal{KG}$: Traduções* (p. 115-143), tentaremos compreender possíveis relações entre os sistemas vistos inicialmente (*viz.*, $\mathcal{LPC}$, $\mathscr{C}_1$, $\mathscr{P}_1$ e $\mathscr{N}_1$) com os quatro Sistemas $\mathcal{KG}$. Tais relações seriam estabelecidas através de possíveis traduções entre os sistemas. Veremos que $\mathcal{LPC}$ pode ser traduzida em $\mathcal{KG}_m$; $\mathscr{C}_1$ pode ser traduzida em $\mathcal{KG}_p$; $\mathscr{P}_1$ em $\mathcal{KG}_q$; e $\mathscr{N}_1$ em $\mathcal{KG}_c$. Além de compreendermos certas relações entre os primeiros sistemas das hierarquias de cálculos proposicionais paraconsistente, paracompleto e não-alético, generalizaremos os respectivos cálculos, mostrando que: *toda* a hierarquia de Cálculos Proposicionais Paraconsistentes $\mathscr{C}_n$ $(0 \leq n \leq \omega)$ pode ser traduzida para $\mathcal{KG}_p$; *toda* a hierarquia de Cálculos Proposicionais Paracompletos $\mathscr{P}_n$ $(0 \leq n \leq \omega)$ pode ser traduzida para $\mathcal{KG}_q$; e que *toda* a hierarquia de Cálculos Proposicionais Não-Aléticos $\mathscr{N}_n$ $(0 \leq n \leq \omega)$ pode ser traduzida para $\mathcal{KG}_c$. Por fim, mostraremos também que o sistema $\mathcal{KG}_c$ (sendo esse o sistema $\mathcal{KG}$ mais *forte*) pode ser traduzido em $\mathcal{LPC}$. No capítulo seguinte, *Sistemas $\mathcal{KG}$: Alguns Resultados* (p. 145-160), observaremos alguns resultados que podemos obter utilizando os Sistemas $\mathcal{KG}$, como relações entre as negações e suas possíveis reiterações – não permitidas em nenhum dos quatro sistemas lógicos que analisamos na introdução. Veremos também como podemos construir um *Tetraedro das Oposições* que, tal como o *Quadrado das Oposições*, compreende as relações e reiterações entre as três negações em termos de contradição, contrariedade, subcontrariedade e subalternidade. Dando sequência, o último capítulo desta parte, *Extensões Elementares dos Sistemas $\mathcal{KG}$* (p. 161-193), ofereceremos uma possível extensão em linguagem de primeira-ordem dos Sistemas $\mathcal{KG}$, desenvolvendo sua sintaxe, semântica, demonstrando os teoremas de *correção* e *completude*. Sucintamente, discutiremos possíveis teorias que podem ser desenvolvidas sobre essa extensão elementar de $\mathcal{KG}$ – *e.g.*, uma teoria elementar com identidade e três noções de *diferença* distintas, como também uma *aritmética de Robinson* que utilize de outras negações que não apenas a clássica (como se faz usualmente).

A *Parte IV - Conclusão* consiste de dois capítulos. O primeiro, *A Filosofia de Tantas Negações* (p. 197-216), como o título deixa claro, tratará *brevemente* de algumas questões filosóficas deixadas de lado ao longo do desenvolvimento deste trabalho. Retornaremos a problemas mencionados anteriormente como, por exemplo, acerca da existência (ou não) de várias *negações*; das condições *necessárias* e *suficientes* que um operador deve satisfazer para ser uma *negação*; além de outros problemas que pressupõem a familiaridade do leitor com o que será apresentado ao longo deste trabalho. Finalmente, o último capítulo, *O que vimos e o que pode vir depois?* (p. 217-227), retomaremos alguns principais pontos observados, que justificam o emprego e o futuro desenvolvimento dos Sistemas $\mathcal{KG}$, além de apontar pesquisas a serem desenvolvidas com esses sistemas, como possíveis aplicações em debates específicos e suas extensões modais.

Parte I

INTRODUÇÃO

1

LÓGICA CLÁSSICA E ALGUMAS LÓGICAS NÃO-CLÁSSICAS

> “We can only see a short distance ahead, but we can see plenty there that needs to be done.”
>
> ALAN TURING
> *Computing Machinery and Intelligence*

Ao longo do desenvolvimento deste trabalho discorreremos principalmente sobre quatro *tipos* de negações diferentes. Cada uma dessas negações, de modo geral, foram tratadas de modo sistemático por quatro sistemas lógicos distintos, sendo elas: Lógica Clássica; Lógica Paraconsistente; Lógica Paracompleta; e Lógica Não-Alética.[2] Dentre esses quatro sistemas, apenas o último é (*parcialmente*) desconhecido do público especializado. Na maior parte dos casos, a Lógica Clássica é conhecida e apresentada (ainda que de diferentes modos) nos mais variados manuais de lógica.[3] Como podemos averiguar nesses manuais, há uma multiplicidade de sistemas que são ditos "clássicos". Concentraremos nossa análise no sistema chamado "Lógica Proposicional Clássica" ($\mathcal{LPC}$). A Lógica Paraconsistente, por outro lado, teve um grande desenvolvimento em meados do século XX, principalmente a partir dos trabalhos do lógico e filósofo polonês Jaskowski (1948), do russo Vasiliev (1925) e, em seu ápice, nos trabalhos do lógico e filósofo brasileiro da Costa (1963) e do lógico e filósofo inglês Priest (1979). Dada a pluralidade de sistemas paraconsistentes, trataremos do sistema de da Costa (1963), chamado "Cál-

2 Restringiremos nossa análise aos sistemas *proposicionais* de cada uma das lógicas mencionadas.
3 Alguns dos exemplos mais conhecidos são Mendelson (1997); Kleene (2002); Tarski (1994); Church (1996); Enderton (2001); Shoenfield (1967); Mortari (2001).

culo Proposicional Paraconsistente" ($\mathscr{C}_1$).[4] Quanto à Lógica Paracompleta, os primeiros sistemas formais remontam à filosofia intuicionista, com trabalhos de Brouwer (1907, 1908), Kolmogorov (1925), Glivenko (1928, 1929), Johansson (1937) e Heyting (1930, 1956). No entanto, vale notar que a chamada "Lógica Intuicionista", ainda que possa ser tratada como uma *Lógica Paracompleta* (que explicaremos e qualificaremos à frente), tem com ela uma teoria filosófica peculiar que não é encontrada em outras lógicas que podem ser ditas *paracompletas*. Portanto, como veremos, focaremos nossa análise no sistema lógico paracompleto desenvolvido por Loparić and da Costa (1984); da Costa and Marconi (1986), chamado de "Cálculo Proposicional Paracompleto" ($\mathscr{P}_1$).[5] Por último, mas não menos importante, trataremos de um outro trabalho também desenvolvido por da Costa (1989), que é o sistema lógico chamado de "Cálculo Proposicional Não-Alético" ($\mathscr{N}_1$).[6]

Em vista da diversidade de sistemas lógicos que são tratados como *clássicos*, *paraconsistentes*, *paracompletos* e, pelo pouco conhecimento geral do sistema *não-alético*, neste capítulo faremos uma apresentação sintética desses sistemas (sem entrar em detalhes que, no cômputo geral, são importantes), ressaltando apenas alguns dos diversos aspectos que serão relevantes para o desenvolvimento do nosso trabalho.

1.1 ALGUNS CONCEITOS LÓGICOS IMPORTANTES

Tendo em vista o tema específico deste trabalho, que se circunscreve em *Lógica* e *Filosofia da Lógica*, alguns conceitos lógicos importantes devem ser

4 Note que da Costa (1963) não construiu apenas *um* Cálculo Proposicional Paraconsistente, mas sim uma hierarquia de Cálculos Proposicionais Paraconsistentes, $\mathscr{C}_n$ $(0 \leq n \leq \omega)$, tal que $\mathscr{C}_0$ é o Cálculo Proposicional Clássico (da Costa et al., 2007, p. 804,807) e, todo cálculo $\mathscr{C}_{n>0}$, $\mathscr{C}_n$ é um Cálculo Proposicional Paraconsistente. Por questão de facilidade, trabalharemos inicialmente apenas com o cálculo $\mathscr{C}_1$. A hierarquia $\mathscr{C}_n$ $(0 \leq n \leq \omega)$ será tratada na seção 4.2.1 (p. 122).

5 De modo semelhante à hierarquia $\mathscr{C}_n$ $(0 \leq n \leq \omega)$, Loparić and da Costa (1984) não construiu apenas *um* Cálculo Proposicional Paracompleto, mas sim uma hierarquia de Cálculos Proposicionais Paracompletos, $\mathscr{P}_n$ $(0 \leq n \leq \omega)$, tal que $\mathscr{P}_0$ é o Cálculo Proposicional Clássico (da Costa and Marconi, 1986, p. 505) e, todo cálculo $\mathscr{P}_{n>0}$, $\mathscr{P}_n$ é um Cálculo Proposicional Paracompleto. Por questão de facilidade, trabalharemos inicialmente apenas com o cálculo $\mathscr{P}_1$. A hierarquia $\mathscr{P}_n$ $(0 \leq n \leq \omega)$ será tratada na seção 4.3.1 (p. 129).

6 Tal como nas hierarquias de Cálculos Proposicionais Paraconsistentes e Paracompletos, da Costa (1989) não desenvolveu apenas *um* Cálculo Proposicional Não-Alético, mas sim uma hierarquia de Cálculos Proposicionais Não-Aléticos, $\mathscr{N}_n$ $(0 \leq n \leq \omega)$, tal que $\mathscr{N}_0$ é o Cálculo Proposicional Clássico (da Costa, 1989, p. 30) e, todo cálculo $\mathscr{N}_{n>0}$, $\mathscr{N}_n$ é um Cálculo Proposicional Não-Alético. Por questão de facilidade, trabalharemos inicialmente apenas com o cálculo $\mathscr{N}_1$. A hierarquia $\mathscr{N}_n$ $(0 \leq n \leq \omega)$ será tratada na seção 4.4.1 (p. 136).

esclarecidos.[7] Quatro conceitos importantes, que irão perpassar nosso trabalho, tratam das noções de *Consistência, Trivialidade, Completude* e *Contradição*. A julgar por suas importâncias, faz-se mister esclarecemos como vamos entender tais noções.

Definição 1 (Inconsistência). *Uma teoria $\mathcal{T}$, cuja linguagem possua um conectivo de negação, $\neg$, é dita inconsistente se existe uma fórmula α de sua linguagem tal que tanto α quanto $\neg\alpha$ são demonstráveis em $\mathcal{T}$. Caso contrário, chamamos $\mathcal{T}$ de "consistente".*

Note que as noções de consistência e inconsistência pressupõem teorias *com* negações, de modo que uma teoria será consistente ou inconsistente em relação a uma certa negação. Há, todavia, sistemas lógicos sem negação, como, por exemplo, a lógica positiva intuicionista de Griss (1944, 1951).

Definição 2 (Trivialidade). *Uma teoria $\mathcal{T}$ é dita trivial sse para toda fórmula α de sua linguagem, α é teorema. Caso contrário, $\mathcal{T}$ é dita "não-trivial".*

Em outros termos, uma teoria é dita *trivial* se toda fórmula de sua linguagem é demonstrável. Portanto, seja a linguagem de uma dada teoria tal que α e sua negação, $\neg\alpha$, sejam fórmulas. Uma teoria *trivial* terá como teorema tanto α quanto $\neg\alpha$. Podemos observar aqui uma relação importante entre consistência e trivialidade de uma teoria. Se uma teoria é *consistente*, então é *não-trivial*, visto que a definição de consistência implica em haver ao menos uma fórmula (α ou $\neg\alpha$) que não é demonstrável. Ou, em contraposição, se uma teoria é *trivial* e contém o símbolo de negação, então ela será inconsistente. Repare, todavia, que uma teoria *sem* negação pode ser trivial sem ser *inconsistente*, posto que não há negação e, desse modo, nunca serão demonstráveis uma fórmula e sua negação.

Definição 3 (Completude). *Consideraremos duas noções distintas para o conceito de completude, sendo elas:*

(i) Completude Sintática: Uma teoria $\mathcal{T}$, cuja linguagem possua um conectivo de negação, $\neg$, é dita "sintaticamente completa" se, e somente se, $\mathcal{T}$ é consistente e, para toda fórmula α de sua linguagem, α ou $\neg\alpha$ é teorema. Caso contrário, $\mathcal{T}$ é dita (sintaticamente) "incompleta".

7 Assumiremos aqui a familiaridade do leitor com noções gerais de lógica, como o vocabulário empregado, noções como *fórmula, sentença, proposição, conectivos lógicos, teoria, demonstração, teorema, tautologia, consequência sintática, consequência semântica*, etc. Todavia, ainda que seja esperada tal familiaridade, quando algum conceito em lógica for tópico de debate, tentaremos esclarecê-lo.

(ii) *Completude Semântica: A relação de completude semântica envolve as noções de consequência sintática de uma teoria $\mathcal{T}$ (usualmente simbolizada por $\vdash_T$, definida com relação a sintaxe de $\mathcal{T}$) e consequência semântica de $\mathcal{T}$ (usualmente simbolizada por $\models_T$, definida com relação a semântica de $\mathcal{T}$). Assim, uma teoria é dita completa com relação a uma semântica se, e somente se: $\models_T \alpha \Rightarrow \vdash_T \alpha$. Isto é, se toda fórmula válida é um teorema.*

A noção de *completude sintática* envolve a noção de trivialidade. Se uma teoria é *trivial* (e contém negação), então toda fórmula será teorema, o que satisfaz a condição de uma fórmula ou sua negação serem demonstráveis. Nesse caso, chamamos a teoria de "supercompleta". Por fim, se uma teoria é sintaticamente incompleta, então ela não será trivial, visto que não será o caso que toda fórmula e sua negação são teoremas.

Definição 4 (Contradição). *Compreenderemos aqui duas abordagens diferentes para a noção de contradição, que trataremos como:*

(i) *Contradição Sintática: Seja α uma fórmula de uma teoria com negação. Se a teoria contiver o conectivo de conjunção, uma contradição sintática será a conjunção de α e sua negação.*[8]

(ii) *Contradição Semântica: Em uma atribuição de valores-de-verdade para as fórmulas de uma teoria, uma contradição semântica é uma atribuição tanto de um valor designado como de um valor não-designado para uma mesma fórmula (em uma mesma atribuição).*

Repare que nos conceitos definidos acima, sempre recorremos a alguma noção de *negação*. No entanto, como veremos, há mais de um *tipo* de negação. De modo apropriado, portanto, sempre deveríamos compreender tais conceitos relativizando-os à negação em causa. Por exemplo, seja $\neg_i$ o símbolo de negação, as noções de consistência e inconsistência deveriam ser entendidas como $\neg_i$-inconsistente ou $\neg_i$-consistente. Utilizaremos, contudo, apenas os termos "consistência", "completude" ou "contradição" acerca de uma teoria assumindo que está claro para o leitor acerca de qual conceito e negação estamos nos referindo.

Ainda que outros conceitos e definições sejam oferecidas ao longo do texto, as noções até aqui definidas nos serão importantes para a avaliação geral

8 Todavia, note que uma teoria pode não conter o conectivo de conjunção como primitivo. Nesses casos, uma contradição será qualquer fórmula equivalente a conjunção de uma fórmula e sua negação. Por exemplo, em uma teoria clássica cujos conectivos primitivos sejam apenas a negação e a condicional, podemos definir a conjunção de $\alpha \wedge \beta \stackrel{\text{def}}{=} \neg(\alpha \to \neg\beta)$. Uma contradição, portanto, será uma fórmula como $\neg(\alpha \to \alpha)$ (ou, de modo equivalente: $\neg(\neg\alpha \to \neg\alpha)$).

das teorias que discutiremos. Veremos, por exemplo, que enquanto $\mathcal{LPC}$ é consistente e não-trivial, os outros sistemas que veremos ($\mathscr{C}_1$, $\mathscr{P}_1$ e $\mathscr{N}_1$) falham em uma ou mais dessas características. Há também um outro aspecto importante que já devemos levar em conta, que diz respeito à fixação de uma notação comum para nosso trabalho.

1.1.1 *Aspectos Notacionais*

Como bem sabido, há uma multiplicidade de notações e símbolos lógicos na literatura que, muitas vezes, servem para os mesmos propósitos. Por exemplo, uma notação pré-fixa, como a polonesa, se distingue de uma notação infixa, que é a notação mais comum nos livros de lógica atuais.[9] Além disso, os símbolos empregados variam bastante na literatura. A condicional material pode ser simbolizada como "$\supset$" ou "$\rightarrow$", enquanto que a conjunção como ".", "&" ou mesmo "$\wedge$". Dada essa multiplicidade, fixaremos aqui o uso de uma notação infixa com os seguintes símbolos:

Nome	**Símbolo**
Variáveis Proposicionais	$p, p_1, p_2, ..., q, q_1, q_2, ...$
Constante de Predicados	$P, P_1, P_2, ..., R, R_1, R_2, ...$
Constante funcionais	$f, f_1, f_2, ...$
Metavariáveis de Fórmulas	$\alpha, \beta, \gamma, ...$
Condicional Material	$\rightarrow$
Conjunção	$\wedge$
Disjunção	$\vee$
Bicondicional	$\leftrightarrow$
Negação	$\neg$
Barra de Sheffer	$\uparrow$
Quantificador Universal	$\forall$
Quantificador Existencial	$\exists$
Identidade	$=$
Pertinência	$\in$
Conjuntos	$\Gamma, \Omega, ...$
Conjunto Vazio	$\varnothing$
Consequência Sintática	$\vdash$
Consequência Semântica	$\models$

9 *C.f.* Simons (2017).

Note, contudo, que outros símbolos (ou índices aos símbolos vistos) serão introduzidos quando conveniente. Além da notação e desses símbolos, utilizaremos símbolos auxiliares (como parênteses e chaves) e as convenções notacionais usuais para uma linguagem infixa.[10]

1.2 LÓGICA CLÁSSICA

O que é a chamada "Lógica Clássica"? Há diversas lógicas que podem recair sob essa nomenclatura, como o cálculo proposicional clássico, a lógica elementar (cálculo clássico de predicados de primeira-ordem) e, se envolvermos também a chamada "grande lógica" (que contém alguma matemática), teríamos também os cálculos, as lógicas de ordem superior e até mesmo as teorias usuais de conjuntos, como $\mathcal{ZF}$.[11] A construção e o desenvolvimento da chamada "Lógica Clássica" remonta à antiguidade, nos trabalhos de filósofos e matemáticos gregos.[12] Não faremos aqui uma reconstrução histórica e, tampouco, pretendemos oferecer todas as condições necessárias e suficientes para definirmos o que permite uma lógica recair so a nomenclatura "clássica". Precisamos, todavia, tecer algumas considerações importantes sobre características comuns das chamadas "lógicas clássicas". Tais características que observaremos podem ser tratadas como condições necessárias (ainda que não suficiente) para que uma lógica seja clássica. No entanto, se elas são ou não condições necessárias, não será discutido aqui. Como dito anteriormente,

10 Diversos tópicos importantes, como *o que é uma lógica?*, *uma variação notacional modifica uma lógica?*, entre outros, não serão considerados aqui. Ainda que sejam tópicos importantes e mesmo relevantes para o trabalho que desenvolveremos, não podemos nos debruçar sobre todos eles. Como diz Décio Krause (comunicação pessoal), "precisamos partir de algum lugar", e se formos nos ater a todos os tópicos importantes sobre lógica, antes de fazermos lógica, teríamos um trabalho sem fim que não nos permitiria alcançar os objetivos deste trabalho.

11 Chamamos de "$\mathcal{ZF}$" a teoria de conjuntos apresentada por Fraenkel et al. (1973). Contudo, é questionável se podemos incluir teorias como *teorias de conjuntos*, *cálculos de ordem-superior* e até mesmo a matemática como parte do que chamamos de "Lógica Clássica". Portanto, utilizamos aqui a noção de "grande lógica" apenas como considerações didáticas, sem nos comprometermos com essa tese mais forte.

12 Note que esse ponto pode ser disputado, alegando que o que chamamos de "lógica clássica" é um produto do final do século XIX. No entanto, assumiremos uma leitura padrão de que a *lógica clássica*, tal como entendida hoje, se remonta aos trabalhos clássicos. *Cf.* Kneale and Kneale (1962).

restringiremos nossa análise aos sistemas lógicos *proposicionais*, de modo que trataremos especificamente da *Lógica Proposicional Clássica* ($\mathcal{LPC}$).[13]

1.2.1 *Escolha de Formalização*

Ao desenvolvermos a $\mathcal{LPC}$, além de fixarmos a notação, precisamos também escolher um dos diversos modos pelos quais podemos formalizá-la. Quais serão os conectivos primitivos e quais (se haverá algum) serão os conectivos definidos? O sistema será *estilo-Hilbert*, *i.e.*, será uma formalização axiomática?[14] Quais serão os axiomas e quais serão as regras de inferência?[15] Ou, de outro modo, a formalização não tomará uma abordagem axiomática, mas sim a chamada "dedução natural" tal como proposta por Jaśkowski (1929) e Gentzen (1935)? Essas e outras perguntas precisariam de uma resposta cuidadosa, pois altera-se radicalmente o modo como faríamos a apresentação da Lógica Clássica. Em nosso caso, vamos nos ater a uma formalização axiomática da $\mathcal{LPC}$. No entanto, em qual?

Por exemplo, em Whitehead and Russell (1910), os autores assumem como conectivos primitivos a disjunção e a negação, definindo então a condicional como $\alpha \to \beta \stackrel{\text{def}}{=} \neg\alpha \vee \beta$. Como regras de inferências introduzem o *Modus Ponens* e Substituição, sendo os (*esquemas* de) axiomas os seguintes:[16]

RW1 $(\alpha \vee \alpha) \to \alpha$

RW2 $\alpha \to (\alpha \vee \beta)$

RW3 $(\alpha \vee \beta) \to (\beta \vee \alpha)$

13 Doravante, quando nos referirmos à Lógica Clássica (a não ser que qualifiquemos), estamos tratando da $\mathcal{LPC}$. Utilizaremos também $\vdash_{lpc}$ e $\vDash_{lpc}$ para nos referirmos as noções de consequência sintática e consequência semântica, respectivamente, da Lógica Clássica. Se, porventura, utilizarmos apenas $\vdash$ ou $\vDash$ sem qualquer índice (ou qualificação), esperamos que o contexto esteja claro com relação ao sistema tratado.

14 *Cf.* Krause (2002).

15 Como bem apresentado por Carroll (1895), um sistema axiomático deve conter ao menos uma regra de inferência; por outro lado, uma lógica pode ser composta apenas por regras de inferência, sem qualquer axioma.

16 Utilizaremos o termo "axiomas" para nos designarmos, muitas vezes, ao chamados "esquemas de axiomas". Um axioma, de modo preciso, é uma fórmula de uma dada linguagem tomada como postulado. Uma vez que utilizaremos letras gregas minúsculas como *metavariáveis* para fórmulas, quando expressamos aquilo que chamamos de "axiomas" em termos dessas metavariáveis, o que obtemos é chamado, de modo mais preciso, de um "*esquema* de axiomas", cuja substituição uniforme das metavariáveis por fórmulas da linguagem resultam em instâncias do axioma em questão.

RW4 $(\alpha \vee (\beta \vee \gamma)) \rightarrow (\beta \vee (\alpha \vee \gamma))$

RW5 $(\alpha \rightarrow \beta) \rightarrow ((\gamma \vee \alpha) \rightarrow (\gamma \vee \beta))$

Por outro lado, Kleene (1971, p.82) introduz como conectivos primitivos a conjunção, disjunção, condicional e negação, tomando apenas o *Modus Ponens* como regra de inferência e os seguintes axiomas:

K1 $\alpha \rightarrow (\beta \rightarrow \alpha)$

K2 $(\alpha \rightarrow (\beta \rightarrow \gamma)) \rightarrow ((\alpha \rightarrow \beta) \rightarrow (\alpha \rightarrow \gamma))$

K3 $(\alpha \wedge \beta) \rightarrow \alpha$

K4 $(\alpha \wedge \beta) \rightarrow \beta$

K5 $\alpha \rightarrow (\beta \rightarrow (\alpha \wedge \beta))$

K6 $\alpha \rightarrow (\alpha \vee \beta)$

K7 $\beta \rightarrow (\alpha \vee \beta)$

K8 $(\alpha \rightarrow \gamma) \rightarrow ((\beta \rightarrow \gamma) \rightarrow ((\alpha \vee \beta) \rightarrow \gamma))$

K9 $(\alpha \rightarrow \beta) \rightarrow ((\alpha \rightarrow \neg\beta) \rightarrow \neg\alpha)$

K10 $\neg\neg\alpha \rightarrow \alpha$

Mendelson (1997, p.35), de outro modo, assume apenas a condicional e a negação como conectivos primitivos, o *Modus Ponens* como regra inferencial e apenas os seguintes três axiomas para $\mathcal{LPC}$:

M1 $\alpha \rightarrow (\beta \rightarrow \alpha)$

M2 $(\alpha \rightarrow (\beta \rightarrow \gamma)) \rightarrow ((\alpha \rightarrow \beta) \rightarrow (\alpha \rightarrow \gamma))$

M3 $(\neg\alpha \rightarrow \beta) \rightarrow ((\neg\alpha \rightarrow \neg\beta) \rightarrow \alpha)$

Em uma abordagem ainda mais econômica, Meredith (1953) introduz apenas a negação e condicional como conectivos primitivos, *Modus Ponens* como regra de inferência e, de modo espantoso, apenas *um* axioma:

Mer $[(((\alpha \rightarrow \beta) \rightarrow (\neg\gamma \rightarrow \neg\delta)) \rightarrow \gamma) \rightarrow \epsilon] \rightarrow [(\epsilon \rightarrow \alpha) \rightarrow (\delta \rightarrow \alpha)]$

Por fim, em um esforço de maior economia simbólica e formal, Nicod (1917), utilizando-se apenas da barra de Sheffer como conectivo primitivo, uma forma de *Modus Ponens* como regra de inferência,[17] e apenas *um* axioma:

Nic $(\alpha \uparrow (\beta \uparrow \gamma)) \uparrow \{[\delta \uparrow (\delta \uparrow \delta)] \uparrow [(\epsilon \uparrow \beta) \uparrow ((\alpha \uparrow \epsilon) \uparrow (\alpha \uparrow \epsilon))]\}$

Além dessas versões, há dezenas de outras abordagens axiomáticas equivalentes (ainda que diferentes) para a lógica clássica. Para nos fixarmos em apenas um conjunto de axiomas, tomaremos aqui a seguinte abordagem. Serão conectivos primitivos apenas a negação e a condicional, e os seguintes postulados:

Postulados 1 (Cálculo $\mathcal{LPC}$).

MP $\alpha, \alpha \rightarrow \beta / \beta$

A1 $\alpha \rightarrow (\beta \rightarrow \alpha)$

A2 $(\alpha \rightarrow \beta) \rightarrow ((\alpha \rightarrow (\beta \rightarrow \gamma)) \rightarrow (\alpha \rightarrow \gamma))$

A3 $(\alpha \rightarrow \beta) \rightarrow ((\alpha \rightarrow \neg\beta) \rightarrow \neg\alpha)$

A4 $\neg\neg\alpha \rightarrow \alpha$

Podemos então definir a conjunção, disjunção e bicondicional tal como se segue:

Conjunção: $\alpha \wedge \beta \overset{\text{def}}{=} \neg(\alpha \rightarrow \neg\beta)$

Disjunção: $\alpha \vee \beta \overset{\text{def}}{=} \neg\alpha \rightarrow \beta$

Bicondicional: $\alpha \leftrightarrow \beta \overset{\text{def}}{=} (\alpha \rightarrow \beta) \wedge (\beta \rightarrow \alpha)$

A partir dos postulados e das definições oferecidas, somos capazes da desenvolver a Lógica Proposicional Clássica.

1.2.2 *Três Princípios Famosos da Lógica Clássica*

Como dito anteriormente, há algumas características (ou princípios) da Lógica Clássica que são considerados condições necessárias (ainda que não suficientes) para toda e qualquer lógica que recaia sobre a nomenclatura de "clássica". Por exemplo, a caracterização dos sistemas entendidos como *não-clássicos*,

17 Chamada de "Modus Ponens de Nicod", a regra é a seguinte: $\alpha, (\alpha \uparrow (\alpha \uparrow \beta)) / \beta$

como nota Gomes and D'Ottaviano (2017, p.31), "[...] se deve, em parte, a como essas últimas facultam ou não validade aos princípios lógicos fundamentais do pensamento dedutivo clássico". Três princípios se tornaram famosos, cuja formulações mais comuns são:

I. Princípio da Identidade: $\alpha \rightarrow \alpha$

II. Princípio do Terceiro Excluído: $\alpha \vee \neg\alpha$

III. Princípio da Não-Contradição:[18] $\neg(\alpha \wedge \neg\alpha)$

Veremos à frente que nas lógicas categorizadas como Paraconsistentes, o Princípio da Não-Contradição não se aplica a todas as fórmulas de sua linguagem. De modo similar, nas lógicas categorizadas como Paracompletas, o Princípio do Terceiro Excluído tem um escopo reduzido, não abrangendo todas as fórmulas de sua linguagem. No entanto, como dito, esses princípios (ou formas equivalentes) devem ser satisfeitos em qualquer lógica caracterizada como clássica.

1.2.3 *Consistência e Trivialidade*

Seja na Lógica Clássica, seja nas teorias que a adotam como sua lógica subjacente (que chamaremos de "teorias clássicas"), as noções de consistência e trivialidade estão estritamente conectadas. Como vimos, se uma teoria é *consistente*, nem toda fórmula de sua linguagem é demonstrável (*i.e.*, a teoria não é trivial). Dito de outro modo, se uma teoria é trivial (e contém negação), então ela será inconsistente. Nas teorias clássicas, a demonstração de uma fórmula qualquer e sua negação acarreta *necessariamente* a sua trivialidade. Isto é, qualquer caso de contradição sintática na lógica clássica implicará na trivialidade do sistema. Portanto, buscamos teorias clássicas consistentes, o que as tornam não-triviais (com relação à sua negação), visto os princípios supracitados.[19]

18 Também conhecido como *Princípio da Contradição* – terminologia comum na comunidade filosófica anglófona. Todavia, chamá-lo como "Princípio da *Não*-Contradição" parece empregar uma terminologia mais adequada com o sentido do princípio em questão. *Cf.* Gomes and D'Ottaviano (2017, p.31, Nota 4)

19 Por questão de precisão, devemos salientar que não é meramente a satisfação desses princípios que garantem a consistência e não-trivialidade, mas outras definições importantes, como a noção de dedução empregada. Para uma abordagem mais cuidadosa sobre esses tópicos, veja Shoenfield (1967, Cap. 4).

1.2.4 *Negação, Ex Falso Sequitur Quodlibet e Trivialização*

Mas por que, em uma teoria clássica, a existência de uma contradição tem como consequência imediata sua trivialização? De modo geral, isso ocorre pelo funcionamento de sua *negação*. Conforme vimos nos axiomas da lógica clássica (p. 11), introduzimos a negação através de dois axiomas:

A3 $(\alpha \to \beta) \to ((\alpha \to \neg\beta) \to \neg\alpha)$

A4 $\neg\neg\alpha \to \alpha$

O axioma A3 nos afirma que se uma fórmula acarreta uma contradição sintática, isso implica na negação dessa fórmula. O axioma A4 nos garante que a negação da negação de uma fórmula (uma dupla negação) implica na afirmação dessa mesma fórmula.[20] Podemos dizer que a negação é *contextualmente definida* através desses axiomas. Repare, no entanto, que a negação (de acordo com os postulados apresentados) é um conectivo primitivo. De modo apropriado, dizemos que um conectivo é "definido" quando existe uma fórmula da linguagem (que não o utilize) e sirva como *definiens*.[21] Essa fórmula poderá conter apenas os conectivos primitivos da linguagem. Como, no sistema axiomático para a $\mathcal{LPC}$ que apresentamos, a negação é tomada como conceito primitivo, ela não é um conceito que podemos, de modo apropriado, chamar de "definido". Todavia, em uma acepção mais geral, podemos dizer que o conectivo também pode ser definido pelo contexto de seu uso. Como o uso da negação é determinado por seus postulados, podemos então dizer que a negação é contextualmente (mas não diretamente) definida por eles.[22]

Do ponto de vista sintático, a negação (em nosso sistema axiomático para $\mathcal{LPC}$) é compreendida por seus postulados. E, através deles, somos capazes de derivar uma tese da lógica clássica associada à sua trivialização e ao Princípio da Não-Contradição que leva o nome de *Ex Falso Sequitur Quodlibet*

20 Esse axioma se refere a um princípio clássico, conhecido como *duplex negatio affirmat*, que significa, em uma tradução livre, duplamente negar é afirmar.

21 Para esclarecimento, chamamos "definiendum" o termo (ou conceito) que queremos definir, e "definiens" a expressão da linguagem que o define.

22 Nem toda formalização da $\mathcal{LPC}$ tem a negação como primitiva, como visto na abordagem de Nicod (1917). Nesse sistema, utilizando-se da Barra de Sheffer, Nicod é capaz de definir a negação do seguinte modo: $\neg\alpha \overset{\text{def}}{=} (\alpha \uparrow \alpha)$. Outra possível abordagem é assumirmos uma constante proposicional, $\bot$, e algum conectivo primitivo, como a condicional, e assim introduzirmos a negação como definida através da seguinte expressão: $\neg\alpha \overset{\text{def}}{=} \alpha \to \bot$

(ou, simplesmente, *Ex Falso*).[23] Isto é, de uma contradição "tudo" se segue. Tal tese é denotada pelas fórmulas:[24]

$$(\alpha \wedge \neg\alpha) \rightarrow \beta$$

ou

$$\alpha \rightarrow (\neg\alpha \rightarrow \beta)$$

que exprimem precisamente o fato de que, se uma fórmula α e sua negação ($\neg\alpha$) são obtidas, então qualquer fórmula β da linguagem de $\mathcal{LPC}$ é demonstrada. Isto é, se há uma contradição na lógica clássica, visto o *Ex Falso*, qualquer fórmula é demonstrável e, portanto, o sistema é trivial. Dado que queremos preservar a consistência e não-trivialidade da lógica clássica, podemos dizer que *contradições não podem ser toleradas* em $\mathcal{LPC}$. Veremos, no entanto, que isso não será o caso para os sistemas paraconsistentes.

1.2.5 *Reductio Clássico*

Devemos ressaltar um aspecto importante. Dado o sistema axiomático que oferecemos para $\mathcal{LPC}$, podemos demonstrar a seguinte fórmula como teorema:[25]

Teorema 1 (Redução ao Absurdo Clássica).

$$\vdash_{lpc} (\neg\alpha \rightarrow \beta) \rightarrow ((\neg\alpha \rightarrow \neg\beta) \rightarrow \alpha)$$

Demonstração. Uma instância do axioma (A3) é: $(\neg\alpha \rightarrow \beta) \rightarrow ((\neg\alpha \rightarrow \neg\beta) \rightarrow \neg\neg\alpha)$ Assumindo a regra de substituição de fórmulas, dado o axioma (A4), podemos substituir qualquer instância de $\neg\neg\alpha$ por α. Portanto, da instância do axioma (A3) acima, obtemos que: $(\neg\alpha \rightarrow \beta) \rightarrow ((\neg\alpha \rightarrow \neg\beta) \rightarrow \alpha)$, que é o que gostaríamos de provar. □

23 Não apresentarei aqui a demonstração do *Ex Falso*, que é conhecida na literatura.

24 Há outras formulações equivalentes (em $\mathcal{LPC}$) do *Ex Falso*, além das duas que apresentaremos. Utilizaremos estas, uma vez que são as versões mais comuns de serem encontradas na literatura. Além disso, devemos notar que as fórmulas a seguir não são teses apenas acerca da negação, mas também sobre a condicional material.

25 Na demonstração do teorema seguinte assumiremos resultados, não apresentados aqui, mas já conhecidos na literatura, como a *regra de substituição de fórmulas equivalentes*. Nesse teorema em particular, posto que já é conhecida a equivalência das fórmulas α e $\neg\neg\alpha$, podemos substituir a ocorrência de uma dessas fórmulas pela outra.

E, se ao invés de introduzirmos os axiomas (A3) e (A4), introduzirmos a Redução ao Absurdo Clássica – a axiomatização de Mendelson para $\mathcal{LPC}$ (p. 10):[26]

MP $\alpha, \alpha \to \beta / \beta$

M1 $\alpha \to (\beta \to \alpha)$

M2 $(\alpha \to \beta) \to ((\alpha \to (\beta \to \gamma)) \to (\alpha \to \gamma))$

M3 $(\neg\alpha \to \beta) \to ((\neg\alpha \to \neg\beta) \to \alpha)$

Note, pois, que (M1) é igual ao axioma (A1) e (M2) igual ao (A2), diferindo assim (A3) e (M3). Introduzindo as definições dos operadores, obteríamos como teorema da axiomática de Mendelson as fórmulas de (A3) e (A4):

Teorema 2. *Através da axiomática de Mendelson, obtemos como teoremas as seguintes fórmulas:*[27]

(1) $\vdash_{lpc^*} \neg\neg\alpha \to \alpha$

(2) $\vdash_{lpc^*} \alpha \to \neg\neg\alpha$

(3) $\vdash_{lpc^*} (\alpha \to \beta) \to ((\alpha \to \neg\beta) \to \neg\alpha)$

Demonstração. As provas de (1) e (2) podem ser encontradas em Mendelson (1997, p.38-9). A prova de (3) pode ser facilmente obtida ao substituir $\neg\alpha$ por $\neg\neg\alpha$ no axioma (A3*), obtendo assim que $(\neg\neg\alpha \to \beta) \to ((\neg\neg\alpha \to \neg\beta) \to \neg\alpha)$. Como $\alpha \leftrightarrow \neg\neg\alpha$ (dado os teoremas provados acima), podemos substituir as fórmulas $\neg\neg\alpha$ por α, de modo que a instância do axioma dada acima ficaria como: $(\alpha \to \beta) \to ((\alpha \to \neg\beta) \to \neg\alpha)$ que é o que gostaria de provar em (3) □

Ou seja, ao introduzirmos a *Redução ao Absurdo Clássica* em um sistema com os postulados (MP), (A1)-(A2), obtemos as fórmulas (A3) e (A4); por outro lado, se substituirmos a *Redução ao Absurdo Clássica* no sistema com os postulado (MP), (A1)-(A2), introduzindo assim (A3) e (A4), obtemos então a fórmula que expressa a *Redução ao Absurdo Clássica* como teorema. Desse modo, fixaremos nossa terminologia chamando de "*Redução ao Absurdo Clássica*" a seguinte fórmula:

$$(\neg\alpha \to \beta) \to ((\neg\alpha \to \neg\beta) \to \alpha)$$

26 *Cf.* Mendelson (1997, p. 35).

27 Utilizarei $\vdash_{lpc^*}$ para referir a noção de consequência sintática de $\mathcal{LPC}$ utilizando a axiomática de Mendelson.

1.2.6 *A Semântica da Negação Clássica*

Enquanto que a negação [clássica] é sintaticamente caracterizada por seus postulados, nas semânticas *padrões* da lógica clássica ela é tratada como um operador que *inverte* o valor-de-verdade da fórmula a ele ligada.[28] Vejamos as definições.

Definição 5 (Valoração de $\mathcal{LPC}$). *Uma valoração para $\mathcal{LPC}$ é um mapeamento $v : \mathfrak{F} \longrightarrow \{1,0\}$ sendo $\mathfrak{F}$ o conjunto de fórmulas de $\mathcal{LPC}$ e $\{1,0\}$ o conjunto de valores-de-verdade, onde 1 é valor designado (verdadeiro) e 0 valor não-designado (falso), tal que:*

(0) $v(\alpha) = 1 \Leftrightarrow v(\alpha) \neq 0$

(1) $v(\neg\alpha) = 1 \Leftrightarrow v(\alpha) = 0$

(2) $v(\alpha \rightarrow \beta) = 1 \Leftrightarrow v(\alpha) = 0$ *ou* $v(\beta) = 1$

(3) $v(\alpha \wedge \beta) = 1 \Leftrightarrow v(\alpha) = v(\beta) = 1$

(4) $v(\alpha \vee \beta) = 1 \Leftrightarrow v(\alpha) = 1$ *ou* $v(\beta) = 1$

Ao analisarmos as condições da função-valoração v para $\mathcal{LPC}$ podemos encontrar quatro casos diferentes para a valoração da negação [clássica]:[29]

(1) $v(\neg\alpha) = 1 \Leftrightarrow v(\alpha) = 0$

O que se segue:

(1.1) $v(\neg\alpha) = 1 \Rightarrow v(\alpha) = 0$

(1.2) $v(\neg\alpha) = 0 \Rightarrow v(\alpha) = 1$

Ou, de modo equivalente:

(1.3) $v(\alpha) = 1 \Rightarrow v(\neg\alpha) = 0$

(1.4) $v(\alpha) = 0 \Rightarrow v(\neg\alpha) = 1$

---

28 Compreenderemos aqui como "semântica padrão" da $\mathcal{LPC}$ uma semântica bivalorada com suas definições usuais para os conectivos lógicos.

29 As consequências de (1) que veremos, *i.e.*, (1.1)-(1.4), podem parecer triviais, mas serão importantes para o que se segue, muito pelo qual estamos chamando a atenção para elas.

Obtemos da definição (1) da função-valoração para uma fórmula com negação [clássica] os quatro fatos acima (1.1-1.4) que, podemos dizer, caracterizam semanticamente a negação introduzida na $\mathcal{LPC}$. Esses fatos são importantes para compreendermos, posteriormente, as negações dos outros sistemas não-clássicos que trataremos, como a negação dos sistemas paraconsistente, paracompleto e não-alético. De acordo com as definições acima, obtemos como teoremas semânticos que:

Teorema 3 (Propriedades Semânticas da Negação (Clássica)). *Seja α uma fórmula de $\mathcal{LPC}$ e v uma função-valoração padrão para $\mathcal{LPC}$.*

$$(1)\ v(\alpha) \neq v(\neg\alpha)$$

Demonstração. Por absurdo, dada a semântica bivalorada e metalinguagem clássica, há duas situações possíveis de se negar (1): (a) $v(\alpha) = v(\neg\alpha) = 1$; ou (b) $v(\alpha) = v(\neg\alpha) = 0$. Vejamos o caso (a): dada a definição (1) da função-valoração v para a negação, de (1.1) obtemos que se $v(\neg\alpha) = 1$, então $v(\alpha) = 0$ – o que contradiz o que assumimos. Do mesmo modo, se $v(\alpha) = 1$, de (1.3) obtemos que $v(\neg\alpha) = 0$ – também contradizendo o que assumimos. Vejamos agora o caso (b): se $v(\neg\alpha) = 0$, dado (1.2) obtemos que $v(\alpha) = 1$ – o que contradiz o que assumimos. E, do mesmo modo, se $v(\alpha) = 0$, de (1.4) segue que $v(\neg\alpha) = 1$ – contradizendo, novamente, o que assumimos. □

Corolário 1. *Para toda fórmula α de $\mathcal{LPC}$,*

$$(A)\ v(\alpha) = 1 \text{ ou } v(\neg\alpha) = 1 \quad (B)\ v(\alpha) = 0 \text{ ou } v(\neg\alpha) = 0$$

Demonstração. As provas de (A) e (B) são obtidas diretamente do teorema 3. □

Dado os resultados anteriores, a semântica *padrão* da $\mathcal{LPC}$ satisfaz (como é esperado) o Princípio da Não-Contradição e o Princípio do Terceiro Excluído – tanto em sua versão sintática quanto semântica. Por fim, vejamos um outro resultado importante:[30]

Teorema 4 (Ex Falso I). $\alpha, \neg\alpha \vDash_{lpc} \beta$

Demonstração. Dada a definição de validade lógica (que assumimos conhecida pelo leitor) e as valorações apresentadas, é impossível que $v(\alpha) = v(\neg\alpha) = 1$. Portanto, não há circunstância onde todas as premissas (*i.e.*, α e $\neg\alpha$) sejam verdadeiras, o que torna o argumento trivialmente válido. □

30 Nos próximos dois teoremas suporemos a definição usual de validade lógica, que pode ser entendida como: um argumento é válido *sse* é impossível ter premissas verdadeiras e conclusão falsa.

Teorema 5 (Ex Falso II). $\vDash_{lpc} \alpha \rightarrow (\neg\alpha \rightarrow \beta)$

Demonstração. Dada a definição usual da função-valoração v para a condicional e a negação, $v(\alpha \rightarrow (\neg\alpha \rightarrow \beta)) = 0$ sse (i) $v(\alpha) = 1$ e (ii) $v(\neg\alpha \rightarrow \beta) = 0$. Suponha que esse seja o caso. Segue de (ii) que (ii.a) $v(\neg\alpha) = 1$ e (ii.b) $v(\beta) = 0$. No entanto, de (ii.a) obtemos que $v(\alpha) = 0$, o que contradiz (i), que é nossa suposição inicial. Portanto, $v(\alpha \rightarrow (\neg\alpha \rightarrow \beta)) = 1$. □

Como já era esperado, os dois teoremas anteriores demonstram que o *Ex Falso* é uma *tautologia* de $\mathcal{LPC}$ – condizendo com seus aspectos sintáticos, visto que as versões do *Ex Falso* são teoremas.

1.2.7 *Alguns Teoremas Importantes Sobre a Negação Clássica*

Vejamos agora alguns resultados importantes, na Lógica Clássica, que evidenciam a natureza de sua negação.[31]

(1) $\vdash_{lpc} \alpha \vee \neg\alpha$ (Princípio do Terceiro Excluído)

(2) $\vdash_{lpc} \neg(\alpha \wedge \neg\alpha)$ (Princípio da Não-Contradição)

(3) $\vdash_{lpc} \neg\neg\alpha \rightarrow \alpha$ (Eliminação da Dupla Negação)

(4) $\vdash_{lpc} \alpha \rightarrow \neg\neg\alpha$ (Introdução da Dupla Negação)

(5) $\vdash_{lpc} (\alpha \wedge \neg\alpha) \rightarrow \beta$ (*Ex Falso*)

(6) $\vdash_{lpc} (\alpha \rightarrow \beta) \rightarrow (\neg\beta \rightarrow \neg\alpha)$ (Contraposição)

(7) $\vdash_{lpc} (\neg\alpha \rightarrow \neg\beta) \rightarrow (\beta \rightarrow \alpha)$ (Forma de Contraposição)

(8) $\vdash_{lpc} (\alpha \rightarrow \neg\beta) \rightarrow (\beta \rightarrow \neg\alpha)$ (Forma de Contraposição)

(9) $\vdash_{lpc} \neg(\alpha \wedge \beta) \leftrightarrow (\neg\alpha \vee \neg\beta)$ (De Morgan I)

(10) $\vdash_{lpc} \neg(\alpha \vee \beta) \leftrightarrow (\neg\alpha \wedge \neg\beta)$ (De Morgan II)

(11) $\vdash_{lpc} (\alpha \rightarrow \neg\alpha) \rightarrow \neg\alpha$ (*Consequentia Mirabilis*)

(12) $\vdash_{lpc} (\neg\alpha \rightarrow \alpha) \rightarrow \alpha$ (Forma de *Consequentia Mirabilis*)

(13) $\vdash_{lpc} (\neg\alpha \rightarrow \neg\beta) \rightarrow ((\neg\alpha \rightarrow \beta) \rightarrow \alpha)$ (RAA Clássico)

31 Em uma semântica *padrão* da $\mathcal{LPC}$, a $\mathcal{LPC}$ é uma teoria semanticamente completa, de modo que todos os teoremas seguintes são tautologias, podendo então substituir "$\vdash_{lpc}$" por "$\vDash_{lpc}$".

(14) $\vdash_{lpc} (\alpha \to \beta) \to ((\alpha \to \neg\beta) \to \neg\alpha)$ (RAA Intuicionista)

Esses quatorze resultados evidenciam o peso da negação nas teorias clássicas.[32] Como veremos à frente, alguns desses teoremas não são obtidos quando utilizamos negações diferentes da negação clássica, como é o caso da negação paraconsistente e da paracompleta.

A negação clássica (*i.e.*, o conectivo de negação da *Lógica Clássica*) obedece tanto ao Princípio da Não-Contradição como ao Princípio do Terceiro Excluído e *Ex Falso*, de modo que todos os teoremas apresentados anteriormente são consequências desses fatos.[33] Para não criarmos confusões desnecessárias até esse momento, utilizamos o símbolo "$\neg$" para nos referirmos à negação clássica. Todavia, nas seções seguintes discutiremos sistemas não-clássicos cujas negações terão outras propriedades. Não pretendemos modificar o símbolo da negação. Portanto, para não criarmos confusão, toda vez que utilizarmos "$\neg_C$" como símbolo da negação, estamos nos referindo à negação clássica - apresentada até aqui.[34]

1.3 LÓGICA PARACONSISTENTE

Na seção anterior, vimos rapidamente alguns aspectos importantes sobre a Lógica Clássica, que podemos resumir do seguinte modo:

(1) **Lógica Clássica:**

(1.1) Consistente e Não-trivial

(1.2) Princípios: Identidade, Não-Contradição e Terceiro Excluído

(1.3) *Ex Falso* é teorema *geral* (*i.e.*, vale para *todas* as fórmulas)

(1.4) Semântica da *Negação Clássica*: $v(\neg_C\alpha) = 1 \Leftrightarrow v(\alpha) = 0$

32 Devemos notar que não são apenas os princípios e resultados que vimos até aqui que determinam a Lógica Clássica, mas também definições importantes que não apresentamos, como os operadores de consequência sintática e consequência semântica.

33 Devemos levar em consideração o que dito na nota anterior. Ou seja, não apenas satisfazer os princípios da Não-Contradição, Terceiro Excluído e *Ex Falso* que garante que a negação em questão será clássica - precisamos garantir, entre outras coisas, que o operadores de consequência (sintática e semântica) preservem certas propriedades.

34 Doravante, utilizaremos o símbolo "$\neg_p$" para nos referirmos a negação paraconsistente e "$\neg_q$" para a negação paracompleta. Se utilizarmos apenas "$\neg$", esperamos que o contexto esteja claro para identificarmos qual negação está em uso.

Ao discutirmos as propriedades de consistência e trivialidade, vimos também que uma teoria consistente implica em sua não-trivialidade – uma vez que, se a teoria contém negação e não é o caso que uma fórmula e sua negação sejam teoremas, segue que nem toda fórmula da linguagem é teorema. Do mesmo modo, vimos que se um sistema é trivial (e contém negação), isso acarreta em sua inconsistência (visto que todas as fórmulas serão teoremas, inclusive uma fórmula e sua negação). Mas podemos propor uma questão:

> Pode haver uma teoria inconsistente e não-trivial, mas na qual o Terceiro Excluído é tese?

Se sim, como seus conectivos (principalmente a *negação*) funcionariam? Quais princípios clássicos seriam satisfeitos e quais não? Teríamos o *Ex Falso* como teorema? Semanticamente, como a negação desse sistema se comporta? A esses desafios que se lançaram os lógicos paraconsistentes. Como podemos ver em Gomes and D'Ottaviano (2017), a construção das ideias que fundamentaram a Lógica Paraconsistente perpassou diversos autores ao longo da história, da antiguidade até os tempos atuais. No entanto, apenas com o trabalho de da Costa (1963) pudemos obter um sistema paraconsistente que pode ser dito *forte* o suficiente para suportar quantificação e, desse modo, estabelecer teorias mais robustas, como Teoria de Conjuntos Paraconsistentes e toda uma matemática.[35] Outros sistemas paraconsistentes foram oferecidos, como podemos ver em Priest (1979, 2008). No entanto, restringir-nos-emos aos cálculos proposicionais paraconsistentes desenvolvido por da Costa, conhecidos como hierarquia $\mathscr{C}_n$ $(0 \leq n \leq \omega)$.[36]

1.3.1 *Os Cálculos* $\mathscr{C}_n$ $(0 \leq n \leq \omega)$

A ideia geral das lógicas paraconsistentes é permitir condições nas quais tanto uma fórmula quanto sua negação [paraconsistente] passam ser obtidas sem que, com isso, trivializem todo o sistema. Se contradições são permitidas, então o Princípio da Não-Contradição precisa ser restringido (pois não valerá para todas as fórmulas). Além disso, como observamos na seção anterior, uma contradição na $\mathcal{LPC}$ a trivializa, posto o *Ex Falso*: de uma contradição, qualquer fórmula se segue. Portanto, um desafio geral é formalizarmos o

35 *Cf.* da Costa et al. (2007, 1998) e De Carvalho and D'Ottaviano (2005).

36 Como dito anteriormente, da Costa (1963) desenvolveu não apenas *um* cálculo proposicional paraconsistente, mas sim uma *hierarquia* de cálculos proposicionais $\mathscr{C}_n$ $(0 \leq n \leq \omega)$. Ao nos referirmos ao cálculo proposicional paraconsistente, nos restringiremos por enquanto ao cálculo $\mathscr{C}_1$ dessa hierarquia. Esses e outros detalhes podem ser visto em da Costa et al. (2007).

sistema paraconsistente de modo que nem o Princípio da Não-Contradição, e tampouco o *Ex Falso* sejam teoremas (para toda fórmula). Para isso, da Costa (1963) nos oferece os sistemas $\mathscr{C}_n$ $(0 \leq n \leq \omega)$.[37] Vamos apresentar aqui o sistema $\mathscr{C}_1$, começando por sua linguagem. Seja $\mathcal{P}$ um conjunto não-vazio, denumerável, de *variáveis proposicionais* e $\mathcal{F}$ o conjunto de *Fórmulas* de $\mathscr{C}_1$, definido indutivamente tal como se segue:

$$\alpha \stackrel{\text{def}}{=} p_i \,|\, \neg_p \alpha \,|\, \alpha \rightarrow \beta \,|\, \alpha \wedge \beta \,|\, \alpha \vee \beta \,|$$

onde $p_i \in \mathcal{P}$ e i é um número natural; α e β são fórmulas; e os símbolos $\neg_p$, $\rightarrow$, $\wedge$ e $\vee$ denotam os conectivos (primitivos) da negação paraconsistente, implicação material, conjunção e disjunção respectivamente.

Antes de apresentarmos os postulados de $\mathscr{C}_1$, precisamos ter em mente que o Princípio da Não-Contradição não será válido para *todas* as fórmulas. Todavia, da Costa (1963) define um operador de *bom comportamento* para algumas fórmulas. Em geral, não está garantido para toda fórmula α que $\neg_p(\alpha \wedge \neg_p \alpha)$. No entanto, se uma fórmula é dita *bem comportada* (ou seja, satisfaz a condição de ser "bem comportada [paraconsistente]"), então essa fórmula, sim, satisfará o Princípio da Não-Contradição. Ele define o operador de bom comportamento do seguinte modo:[38]

Definição 6 (Operador-°). $\alpha^\circ \stackrel{def}{=} \neg_p(\alpha \wedge \neg_p \alpha)$

Após essa definição, podemos então adentrar ao conjunto de postulados do cálculo proposicional paraconsistente $\mathscr{C}_1$.

Postulados 2 (Cálculo $\mathscr{C}_1$).

$\mathscr{C}1$ $\alpha \rightarrow (\beta \rightarrow \alpha)$

$\mathscr{C}2$ $(\alpha \rightarrow \beta) \rightarrow ((\alpha \rightarrow (\beta \rightarrow \gamma)) \rightarrow (\alpha \rightarrow \gamma))$

$\mathscr{C}3$ $\alpha, \alpha \rightarrow \beta / \beta$

$\mathscr{C}4$ $(\alpha \wedge \beta) \rightarrow \alpha$

$\mathscr{C}5$ $(\alpha \wedge \beta) \rightarrow \beta$

$\mathscr{C}6$ $\alpha \rightarrow (\beta \rightarrow (\alpha \wedge \beta))$

37 Devemos notar que, nos cálculos $\mathscr{C}_n$ $(0 \leq n \leq \omega)$ apresentados por da Costa (1989), a negação paraconsistente é um conectivo primitivo da linguagem.

38 Assumiremos aqui diversas outras definições prévias que devem ser feitas como, por exemplo, a noção de consequência sintática e semântica. Para mais, ver da Costa et al. (2007).

$\mathscr{C}7$ $\alpha \to (\alpha \vee \beta)$

$\mathscr{C}8$ $\alpha \to (\beta \vee \alpha)$

$\mathscr{C}9$ $(\alpha \to \gamma) \to ((\beta \to \gamma) \to ((\alpha \vee \beta) \to \gamma))$

$\mathscr{C}10$ $\beta^\circ \to ((\alpha \to \beta) \to ((\alpha \to \neg_p \beta) \to \neg_p \alpha))$

$\mathscr{C}11$ $(\alpha^\circ \wedge \beta^\circ) \to ((\alpha \wedge \beta)^\circ \wedge (\alpha \vee \beta)^\circ) \wedge (\alpha \to \beta)^\circ)$

$\mathscr{C}12$ $\alpha \vee \neg_p \alpha$

$\mathscr{C}13$ $\neg_p \neg_p \alpha \to \alpha$

Note que $\mathscr{C}_1$ satisfaz o Princípio do Terceiro Excluído, de modo que, uma vez que uma fórmula satisfaça o Princípio da Não-Contradição (*i.e.*, seja o caso que α°), essa fórmula se comportará como uma fórmula clássica. Podemos então definir a bicondicional como:

$$\alpha \leftrightarrow \beta \overset{\text{def}}{=} (\alpha \to \beta) \wedge (\beta \to \alpha)$$

Como é apresentado em da Costa et al. (2007, Th. 6), as seguintes fórmulas *não* são teoremas de $\mathscr{C}_1$:[39]

(1) $\neg_p \alpha \to (\alpha \to \beta)$

(2) $\neg_p \alpha \to (\alpha \to \neg_p \beta)$

(3) $\alpha \to (\neg_p \alpha \to \beta)$

(4) $\alpha \to (\neg_p \alpha \to \neg_p \beta)$

(5) $(\alpha \wedge \neg_p \alpha) \to \beta$

(6) $(\alpha \wedge \neg_p \alpha) \to \neg_p \beta$

(7) $(\alpha \to \beta) \to ((\alpha \to \neg_p \beta) \to \neg_p \alpha)$

(8) $\alpha \to \neg_p \neg_p \alpha$

(9) $(\alpha \leftrightarrow \neg_p \alpha) \to \beta$

(10) $(\alpha \leftrightarrow \neg_p \alpha) \to \neg \beta$

(11) $\neg_p(\alpha \wedge \neg_p \alpha)$

(12) $(\alpha \wedge \neg_p \alpha) \to \neg_p(\alpha \wedge \neg_p \alpha)$

Os resultados (1)-(4) apresentam formulações diferentes para o *Ex Falso*. Todas essas fórmulas são teoremas que podemos facilmente obter em $\mathcal{LPC}$, utilizando-se da negação daquele sistema (*i.e.*, negação clássica); são teoremas também em $\mathscr{C}_0$, mas que em $\mathscr{C}_1$ não são obtidas – a não ser que utilizemos da *negação forte*, que definiremos à frente.

39 Como dito anteriormente, e ressaltado por da Costa et al. (2007, p.807) quanto à hierarquia $\mathscr{C}_n$ $(0 \le n \le \omega)$, o sistema $\mathscr{C}_0$ é o cálculo proposicional clássico, sendo $\mathscr{C}_1$ o primeiro cálculo paraconsistente. Note, portanto, que as fórmulas seguintes não são satisfeitas no cálculo $\mathscr{C}_1$, enquanto que são satisfeitas no cálculo $\mathscr{C}_0$.

1.3.2 *Negação Paraconsistente, Bom Comportamento e Negação Forte*

O que vimos até agora evidencia um aspecto muito importante quanto à negação paraconsistente, que já deve ser óbvio ao leitor: a negação paraconsistente não é equivalente à negação clássica. No desenvolvimento do cálculo $\mathscr{C}_1$, da Costa (1963) também oferece uma definição do que ele chama de "negação forte" (para o cálculo paraconsistente).

Definição 7 (Negação (Paraconsistente) Forte). $\neg_p^\star \alpha \stackrel{def}{=} \neg_p \alpha \wedge \alpha^\circ$

Repare que essa definição nos diz que se uma fórmula satisfaz o Princípio da Não-Contradição e, ao mesmo tempo, obtemos sua negação [paraconsistente], então ela é *fortemente* negada. No fundo, o que isso quer dizer? Lembre-se que as fórmulas de $\mathscr{C}_1$ satisfazem o Princípio do Terceiro Excluído (como podemos ver no axioma $\mathscr{C}12$). Uma vez que uma fórmula de $\mathscr{C}1$ também satisfaça o Princípio da Não-Contradição (*i.e.*, seja uma fórmula bem comportada), a negação [paraconsistente] dessa fórmula terá as propriedades da negação clássica. Deste modo, podemos entender a *Negação Forte* como sendo a *negação clássica* de uma fórmula. Apenas como um exemplo, vejamos o *Ex Falso* utilizando-se da negação forte:

Teorema 6. $\vdash_{C_1} \alpha \rightarrow (\neg_p^\star \alpha \rightarrow \beta)$

Demonstração. Em da Costa et al. (2007, Th. 22). □

E obtemos como corolário desse teorema o seguinte resultado:

Corolário 2. $\vdash_{C_1} (\alpha \wedge \neg_p^\star \alpha) \rightarrow \beta$

Ou seja, se obtemos uma contradição com uma fórmula bem comportada, então trivializamos o sistema (pois inferimos qualquer fórmula β). No entanto, como vimos acima, todas as quatro versões do *Ex Falso*, (1)-(4), não são teoremas – uma vez que as fórmulas das quais obtemos contradições, naqueles casos, *não* são bem comportadas. De fato, se todas as fórmulas que vimos anteriormente que não são obtidas em $\mathscr{C}_1$, trocarmos a negação paraconsistente pela negação forte, todas aquelas fórmulas serão teoremas de $\mathscr{C}_1$. Isso é evidenciado em da Costa et al. (2007, Th.16, Th.17).

Outro aspecto importante que temos de ressaltar, que diz respeito ao operador de bom comportamento, é evidenciado pelo chamado "Teorema de Arruda":

Teorema 7 (A. I. Arruda). $\vdash_{C_1} \alpha^{\circ\circ}$

Demonstração. Em da Costa et al. (2007, Th. 18, p.804). □

O que leva a um outro teorema importante:

Corolário 3. $\vdash_{C_1} \alpha^\circ \to (\neg_p \alpha)^\circ$

Demonstração. Em da Costa et al. (2007, Th. 19, p.804). □

Para o corolário seguinte, utilizaremos a expressão $\neg_p^1 ... \neg_p^n \alpha$ para denotar uma fórmula (finita) com n reiterações da negação paraconsistente. Deste modo, para uma $n = 5$, a expressão $\neg_p^1 ... \neg_p^5 \alpha$ será equivalente a fórmula $\neg_p \neg_p \neg_p \neg_p \neg_p \alpha$.

Corolário 4. *Em $\mathscr{C}_1$ temos que, para todo n,* $\vdash_{C_1} \alpha^\circ \to (\neg_p^1 ... \neg_p^n \alpha)^\circ$

Demonstração. A prova se segue por indução. Suponha que (a) α°, pelo Corolário 3 (p. 24) obtemos que (a.1) $(\neg_p^1 \alpha)^\circ$. De (a.1), pelo Corolário 3, obtemos que (a.2) $(\neg_p^1 \neg_p^2 \alpha)^\circ$. Podemos repetir o procedimento até $\neg_p^1 ... \neg_p^{n-1} \alpha$ que, pelo Corolário 3 obteremos (b) $(\neg_p^1 ... \neg_p^n \alpha)^\circ$. Por esse resultado, e uma constante aplicação do *Silogismo Hipotético* (garantido pelo axioma $\mathscr{C}2$), obtemos que $\alpha^\circ \to (\neg_p^1 ... \neg_p^n \alpha)^\circ$. □

Podemos inferir desses teoremas que, se uma fórmula é bem comportada, a negação dessa fórmula também o é. Em outras palavras, se a fórmula α satisfaz o Princípio de Não-Contradição, então a fórmula $\neg_p \alpha$ também o satisfaz. Desse modo, se α° é o caso, obtemos (trivialmente, dada a definição do operador de bom comportamento) que *não* poderá ocorrer que $\alpha \wedge \neg_p \alpha$. Todavia, também se seguirá que não poderá ocorrer de $\neg_p \alpha \wedge \neg_p \neg_p \alpha$, nem $\neg_p \neg_p \alpha \wedge \neg_p \neg_p \neg_p \alpha$, e assim por diante. Isso é equivalente a dizermos que, se uma fórmula α é bem comportada, seja qual for o número de negações $\neg_p$ que colocarmos à sua frente, todas elas serão *negações fortes* (*i.e.*, terão o comportamento da negação clássica).

1.3.3 *Reductio Paraconsistente e Reductio Clássico*

Vejamos agora um outro aspecto importante do cálculo $\mathscr{C}_1$, que é o axioma $\mathscr{C}10$, que chamaremos de "Redução ao Absurdo Paraconsistente":

$$\beta^\circ \to ((\alpha \to \beta) \to ((\alpha \to \neg_p \beta) \to \neg_p \alpha))$$

Interpretamos esse axioma como: se α implica uma contradição de uma fórmula *bem comportada* β, então isso implica que $\neg_p \alpha$. Mas note que, de acordo com as definições apresentadas anteriormente, se é o caso que β° e $\neg_p\beta$, então temos um caso de $\neg_p^\star\beta$ – *i.e.*, temos que a negação paraconsistente de β se comporta como a negação clássica (entendendo a *negação forte* como uma negação com as mesmas propriedades da *negação clássica*). Deste modo, podemos utilizar a definição da *negação forte* (Def. 7) e reescrever o axioma $\mathscr{C}10$ como:

$$(\alpha \to \beta) \to ((\alpha \to \neg_p^\star\beta) \to \neg_p\alpha))$$

E, uma vez que a negação forte ($\neg_p^\star$) preserva as propriedades da negação clássica, poderíamos *compreender intuitivamente* o axioma $\mathscr{C}10$ como:[40]

$$(\alpha \to \beta) \to ((\alpha \to \neg_c\beta) \to \neg_p\alpha))$$

Esse fato será importante para o que viremos a desenvolver.

1.3.4 *A Semântica da Negação Paraconsistente*

Não desenvolveremos toda a semântica dos cálculos $\mathscr{C}_n$ $(0 \leq n \leq \omega)$ aqui. Todavia, existem alguns aspectos semânticos da negação paraconsistente que precisam ser levados em consideração. Como vimos na Lógica Clássica, a valoração da negação clássica é dada como:

1 $v(\neg_c\alpha) = 1$ sse $v(\alpha) = 0$

O que se segue:

1.1 Se $v(\neg_c\alpha) = 1$, então $v(\alpha) = 0$

1.2 Se $v(\neg_c\alpha) = 0$, então $v(\alpha) = 1$

Ou, de modo equivalente:

1.3 Se $v(\alpha) = 1$, então $v(\neg_c\alpha) = 0$

1.4 Se $v(\alpha) = 0$, então $v(\neg_c\alpha) = 1$

40 Note que $\neg_c$ não é um conectivo de negação dos cálculos $\mathscr{C}_n$ $(0 \leq n \leq \omega)$, mas sim o conectivo de negação de $\mathcal{LPC}$. Assim, a fórmula a seguir tem como característica apenas uma compreensão intuitiva do funcionamento da Redução ao Absurdo Paraconsistente.

A definição (1) da função-valoração v para a negação clássica, e suas quatro consequências (1.1-1.4) coadunam-se com o fato de que a negação clássica satisfaz tanto o Princípio da Não-Contradição quanto o Princípio do Terceiro Excluído. No entanto, como vimos, a negação paraconsistente (quando não ligada a uma fórmula bem comportada) satisfaz o Princípio do Terceiro Excluído (visto o axioma $\mathscr{C}12$), mas não o Princípio da Não-Contradição. Por conta desses fatos, a definição da função-valoração para a negação paraconsistente irá divergir da definição (1) para a negação clássica.

Pensemos sobre isso. Uma vez que pode ser obtido uma fórmula como $\alpha \wedge \neg_p \alpha$, e como a definição da função-valoração da conjunção é a mesma,[41] tanto a fórmula α quanto a sua negação paraconsistente, $\neg_p \alpha$, podem ser verdadeiras sob uma mesma valoração. Todavia, não pode ocorrer que tanto α quanto sua negação paraconsistente sejam *falsas* ao mesmo tempo – dado o Terceiro Excluído, que é um postulado. Tendo isso em mente, podemos inferir que se $v(\alpha) = 0$, segue que $v(\neg_p \alpha) = 1$; ou, de outro modo, se $v(\neg_p \alpha) = 0$, então $v(\alpha) = 1$. Mas o contrário não acontece. Isso é, se temos que $v(\alpha) = 1$, não podemos garantir que a valoração da fórmula $\neg_p \alpha$ será 0 (ou, de modo equivalente, se $v(\neg_p \alpha) = 1$, não podemos garantir que $v(\alpha) = 0$) – uma vez que ambas podem ser verdadeiras. Portanto, podemos definir uma valoração para a negação paraconsistente do seguinte modo:

2 Se $v(\neg_p \alpha) = 0$, então $v(\alpha) = 1$

Do que se segue:

2.1 Se $v(\alpha) = 0$, então $v(\neg_p \alpha) = 1$

O que vemos nessa definição (2) é um aspecto central para a valoração de $\mathscr{C}_1$: só obtemos que uma fórmula (ou sua negação paraconsistente) é verdadeira se soubermos que sua negação paraconsistente (ou a fórmula sem negação) é falsa. Vejamos a definição completa de valoração para $\mathscr{C}_1$:[42]

Definição 8 (Valoração de $\mathscr{C}_1$). *Uma valoração para $\mathscr{C}_1$ é uma mapeamento v : $\mathfrak{F} \longrightarrow \{1,0\}$ sendo $\mathfrak{F}$ o conjunto de fórmulas de $\mathscr{C}_1$ e $\{1,0\}$ o conjunto de valores-de-verdade, onde 1 é valor designado e 0 valor não-designado, tal que:*

(0) $v(\alpha) = 1 \Leftrightarrow v(\alpha) \neq 0$

(1) $v(\alpha) = 0 \Rightarrow v(\neg_p \alpha) = 1$

41 Isto é, $v(\alpha \wedge \beta) = 1 \Leftrightarrow v(\alpha) = v(\beta) = 1$.

42 *Cf.* da Costa and Alves (1977) e da Costa et al. (2007, p.821, Def. 102).

(2) $v(\neg_p\neg_p\alpha) = 1 \Rightarrow v(\alpha) = 1$

(3) $v(\beta^\circ) = v(\alpha \rightarrow \beta) = v(\alpha \rightarrow \neg_p\beta) = 1 \Rightarrow v(\alpha) = 0$

(4) $v(\alpha \rightarrow \beta) = 1 \Leftrightarrow v(\alpha) = 0$ *ou* $v(\beta) = 1$

(5) $v(\alpha \wedge \beta) = 1 \Rightarrow v(\alpha) = v(\beta) = 1$

(6) $v(\alpha \vee \beta) = 1 \Rightarrow v(\alpha) = 1$ *ou* $v(\beta) = 1$

(7) $v(\alpha^\circ) = v(\beta^\circ) = 1 \Rightarrow v((\alpha \wedge \beta)^\circ) = v((\alpha \vee \beta)^\circ) = v((\alpha \rightarrow \beta)^\circ) = 1$

Com essa definição para a função-valoração para $\mathscr{C}_1$, podemos provar que o Princípio da Não-Contradição não é uma tautologia dessa lógica.

Teorema 8. $\nvDash_{C_1} \neg_p(\alpha \wedge \neg_p\alpha)$

Demonstração. Se $\neg_p(\alpha \wedge \neg_p\alpha)$ fosse uma tautologia, então qualquer valoração que atribua 0 a essa fórmula implicaria em uma contradição semântica. Portanto, suponha que (a) $v(\neg_p(\alpha \wedge \neg_p\alpha)) = 0$. A partir de (a), dada a valoração da negação paraconsistente (2), obtemos que (b) $v(\alpha \wedge \neg_p\alpha) = 1$. Dada a valoração da conjunção, de (b) obtemos que (c.1) $v(\alpha) = 1$ e (c.2) $v(\neg_p\alpha) = 1$. No entanto, a partir de (c.1) e (c.2) – utilizando da definição da valoração para a negação paraconsistente (2) – não conseguimos obter algo como $v(\alpha) = 1$ e $v(\alpha) = 0$ ou, de outro modo, que $v(\neg\alpha) = 1$ e $v(\neg\alpha) = 0$. Ou seja, não geramos qualquer *contradição semântica*. Uma vez que não obtivemos contradição ao supormos a *falsidade* do Princípio da Não-Contradição, segue-se que ele não é um tautologia de $\mathscr{C}_1$. □

Por outro lado, podemos ver também que o Princípio do Terceiro Excluído segue como uma tautologia:

Teorema 9. $\vDash_{C_1} \alpha \vee \neg_p\alpha$

Demonstração. Suponha que (a) $v(\alpha \vee \neg_p\alpha) = 0$. Dada a valoração da disjunção, obtemos que (b.1) $v(\alpha) = 0$ e (b.2) $v(\neg_p\alpha) = 0$. A partir de (b.2) e da valoração da negação paraconsistente (2), obtemos que (c) $v(\alpha) = 1$. No entanto, (c) contradiz semanticamente (b.1), visto que α terá, sob uma mesma valoração, valores 0 e 1. Logo, a fórmula $\alpha \vee \neg_p\alpha$ não pode ser *falsa* – *i.e.*, ela é uma tautologia. □

Vejamos agora a fórmula que expressa o *Ex Falso*:

Teorema 10. $\nvDash_{C_1} \alpha \rightarrow (\neg_p\alpha \rightarrow \beta)$

Demonstração. Se a fórmula $\alpha \rightarrow (\neg_p\alpha \rightarrow \beta)$ fosse uma tautologia, então a suposição da falsidade dessa fórmula levaria a uma contradição semântica. Suponha então que (a) $v(\alpha \rightarrow (\neg_p\alpha \rightarrow \beta)) = 0$. De (a) segue que (b.1) $v(\alpha) = 1$ e (b.2) $v(\neg_p\alpha \rightarrow \beta) = 0$. De (b.2) obtemos que (c.1) $v(\neg_p\alpha) = 1$ e (c.2) $v(\beta) = 0$. No entanto, dada a valoração da negação paraconsistente, de (c.1) não obtemos que α é falso – não gerando, desse modo, uma contradição semântica. Portanto, a fórmula $\alpha \rightarrow (\neg_p\alpha \rightarrow \beta)$ não é uma tautologia. □

No entanto, vejamos o que acontece se supusermos que α é bem comportado:

Teorema 11. *Dada a definição de valoração para o cálculo $\mathscr{C}_1$ (Def. 8), obtemos que:*

$$\alpha^\circ \nvDash_{C_1} \alpha \rightarrow (\neg_p\alpha \rightarrow \beta)$$

Demonstração. Suponha portanto que (a) $v(\alpha^\circ) = 1$ e (b) $v(\alpha \rightarrow (\neg_p\alpha \rightarrow \beta)) = 0$. Dada a definição do operador de bom comportamento $^\circ$, (a) significa $v(\neg_p(\alpha \wedge \neg_p\alpha)) = 1$. De (b) segue que (c.1) $v(\alpha) = 1$ e (c.2) $v(\neg_p\alpha \rightarrow \beta) = 0$. De (c.2) obtemos que (d.1) $v(\neg_p\alpha) = 1$ e (d.2) $v(\beta) = 0$. □

Mas não é isso o que queremos. Repare que, ao aceitarmos a valoração apresentada em da Costa et al. (2007, Def. 102) (Def. 8 apresentada acima), não conseguimos obter algo importante: se uma fórmula é bem comportada, então da sua contradição segue qualquer coisa (*Ex Falso*). Mas nós esperávamos que isso se seguisse, uma vez que, dada toda a construção da teoria, se uma fórmula é bem comportada, então ela satisfaz tanto o Princípio do Terceiro Excluído como o Princípio da Não-Contradição – e isso, espera-se, torna tal fórmula *clássica*, de modo que sua negação tenha propriedades equivalentes à negação clássica. Para o *Ex Falso* seguir como tautologia para fórmulas bem comportadas, precisamos então adicionar mais uma condição à Def. 8 acima:

(8) $v(\neg_p\alpha) = v(\alpha^\circ) = 1 \Rightarrow v(\alpha) = 0$

O que seguirá também que:

(8.1) $v(\alpha) = v(\alpha^\circ) = 1 \Rightarrow v(\neg_p\alpha) = 0$

Através da adição dessas cláusulas na definição da valoração, podemos obter, por fim, o *Ex Falso*.[43]

43 Parece um fato comum os autores esquecerem de adicionar a cláusula (8) na definição de valoração para $\mathscr{C}_1$. *Cf.* da Costa et al. (2007, Def. 102, p.821), Grana (2007, p.59-61) e Grana (1990b, p.38). Mas note que tais autores, quando oferecem uma definição para conjunto maximal não-trivial Γ, tratam de determinar que $\neg_p\alpha, \alpha^\circ \in \Gamma \Rightarrow \alpha \notin \Gamma$ (da Costa et al., 2007, Th. 101, p.821) – o que garante a cláusula (8) – esquecendo-se apenas de introduzir tal característica na definição da valoração para $\mathscr{C}_1$.

Teorema 12. $\alpha^\circ \vDash_{C_1} \alpha \rightarrow (\neg_p\alpha \rightarrow \beta)$

Demonstração. Suponha portanto que (a) $v(\alpha^\circ) = 1$ e (b) $v(\alpha \rightarrow (\neg_p\alpha \rightarrow \beta)) = 0$. Dada a definição do operador de bom comportamento $^\circ$, (a) significa $v(\neg_p(\alpha \wedge \neg_p\alpha)) = 1$. De (b) segue que (c.1) $v(\alpha) = 1$ e (c.2) $v(\neg_p\alpha \rightarrow \beta) = 0$. De (c.2) obtemos que (d.1) $v(\neg_p\alpha) = 1$ e (d.2) $v(\beta) = 0$. Visto a cláusula (8), temos que $v(\neg_p\alpha) = v(\alpha^\circ) = 1$, o que segue que (d) $v(\alpha) = 0$. Mas de (d) e (c.1) obtemos uma contradição semântica. Logo, $\alpha^\circ \vDash_{C_1} \alpha \rightarrow (\neg_p\alpha \rightarrow \beta)$ é tautologia. □

Corolário 5 (Variantes do *Ex Falso* em $\mathscr{C}_1$).

a) $\vDash_{C_1} \alpha^\circ \rightarrow (\alpha \rightarrow (\neg_p\alpha \rightarrow \beta))$

b) $\alpha^\circ \vDash_{C_1} (\alpha \wedge \neg_p\alpha) \rightarrow \beta)$

c) $\vDash_{C_1} \alpha^\circ \rightarrow ((\alpha \wedge \neg_p\alpha) \rightarrow \beta))$

Demonstração. A prova de (a) se segue diretamente do Teo. 12 aplicando-se a versão semântica do *teorema da dedução* – que é válido para o sistema $\mathscr{C}_1$.[44] A prova de (b) é similar a demonstração do Teo. 12 e (c) segue-se de (b) aplicando-se, novamente, o *teorema da dedução*. □

1.4 LÓGICA PARACOMPLETA

Nas seções anteriores, vimos alguns aspectos importantes sobre a Lógica Clássica e a Lógica Paraconsistente, que seguem abaixo:

(1) **Lógica Clássica ($\mathcal{LPC}$):**

(1.1) Consistente e Não-trivial

(1.2) Princípios: Identidade, Não-Contradição e Terceiro Excluído

(1.3) *Ex Falso* é teorema *geral* (*i.e.*, vale para *todas* as fórmulas)

(1.4) Semântica da *Negação Clássica*: $v(\neg_c\alpha) = 1 \Leftrightarrow v(\alpha) = 0$

(2) **Lógica Paraconsistente ($\mathscr{C}_1$):**

(2.1) Paraconsistente,[45] e Não-trivial

44 *Cf.* da Costa et al. (2007, Th. 5, p. 800).

45 Note que $\mathscr{C}_n$ $(0 \leq n \leq \omega)$ *não é* inconsistente, de modo propriamente dito. Ele permite que, de conjuntos inconsistentes de premissas, não derivemos qualquer fórmula da linguagem. Por outro lado, a partir dos postulados de $\mathscr{C}_n$ nós não obtemos como teorema uma fórmula e sua negação [paraconsistente].

(2.2) Princípios: Identidade e Terceiro Excluído (a Não-Contradição fica restrita apenas para as fórmulas que são *bem comportadas*)

(2.3) *Ex Falso* é teorema *apenas* para as fórmulas *bem comportadas* (não é um teorema que vale irrestritamente)

(2.4) Semântica da *Negação Paraconsistente:* $v(\neg_p\alpha) = 0 \Rightarrow v(\alpha) = 1$

(2.5) A negação de uma fórmula bem comportada (*i.e.*, negação forte) preserva as propriedades da negação clássica

(2.6) Se uma fórmula for bem comportada, então toda negação paraconsistente conectada a ela (independente do número) será uma negação [paraconsistente] forte – Teo. 3

Ao discutirmos as propriedades de consistência e trivialidade, vimos que se uma teoria é *trivial*, então toda fórmula será teorema – caso esse que chamamos teoria "supercompleta". E, do mesmo modo, se uma teoria é incompleta, então ela não será trivial, visto que não será o caso que toda fórmula ou sua negação são teoremas. Mas podemos agora propor uma outra questão:

Pode então haver uma teoria consistente, não-trivial, mas que o Terceiro Excluído não é tese?

Se sim, como seus conectivos (principalmente a *negação*) funcionaria? Quais princípios clássicos seriam satisfeitos e quais não? Teríamos o *Ex Falso* como teorema? E o *Terceiro Excluído*? Semanticamente, como a negação desse sistema se comporta? A esses desafios que se lançaram aqueles que desenvolveram as lógicas categorizadas como *paracompletas*. De modo geral, a história das lógicas paracompletas remonta àqueles que, de algum modo, queriam impedir a aplicação geral do *Terceiro Excluído*. Desse modo, os primeiros sistemas paracompletos foram os desenvolvidos para tratar da teoria *intuicionista*, cuja validade do *Terceiro Excluído* é posta em causa, como aponta Heyting (1956, p.1):

> "You ought to consider what Brouwer's program was Brouwer (1907). It consisted in the investigation of mental mathematical construction as such, without reference to questions regarding the nature of the constructed objects, such as whether these objects exist independently of our knowledge of them. That this point of

view leads immediately to the rejection of the principle of excluded middle [...]"[46]

Todavia, note que a Teoria Intuicionista tem como ponto de discussão a natureza do raciocínio matemático, sendo uma tese em *Filosofia da Matemática* – que, posteriormente, também permitiu desenvolver o que foi chamado de "matemática intuicionista". De acordo com o intuicionismo, a verdade de uma afirmação matemática (ou a afirmação de *existência*) precisa ser estabelecida através de uma *construção* mental, como aponta Heyting (1956, p.2): "Brouwer's program entails [...] [i]n the study of mental mathematical constructions 'to exist' must be synonymous with 'to be constructed'."[47] Do mesmo modo, para afirmarmos a falsidade de alguma fórmula, precisamos ter uma *construção* que leve a uma contradição. A Teoria Intuicionista, portanto, envolve uma filosofia adicional ao seu *formalismo*. Isto é, enquanto que os sistemas lógicos intuicionistas rejeitem o *Terceiro Excluído*, a semântica oferecida – para ser precisa com o programa intuicionista – não será uma semântica de valorações tal como apresentamos para a lógica clássica ou paraconsistente, mas deverá envolver noções como *construção* e *intuição mental*. Poderíamos dizer que, associada ao formalismo paracompleto, uma lógica *intuicionista* assume uma *semântica construtivista*.

Não queremos nos adentrar nas especificidades do intuicionismo e suas relações com as lógicas paracompletas. Portanto, restringiremos nossa análise a um sistema paracompleto específico, chamado "Cálculo Proposicional Paracompleto", desenvolvido por da Costa and Marconi (1986).[48]

1.4.1 *Os Cálculos* $\mathscr{P}_n$ $(0 \leq n \leq \omega)$

A ideia geral das lógicas paracompletas, como visto, é restringir o *Princípio do Terceiro Excluído*. No entanto, como vimos tanto em $\mathcal{LPC}$ como em $\mathscr{C}_1$, o

46 "Você deveria considerar o que o programa de Brouwer era Brouwer (1907). Consistia na investigação da construção mental da matemática como tal, sem referência a questões relativas à natureza dos objetos construídos, tais como se esses objetos existem independentemente de nosso conhecimento deles. Que este ponto de vista leva imediatamente à rejeição do princípio do terceiro excluído." (Heyting, 1956, p.1, trad. nossa).

47 "O programa de Brouwer implica [...] no estudo de construções mentais matemáticas [onde] 'existe' deve ser sinônimo de 'é construído'." (Heyting, 1956, p.2, trad. nossa)

48 Em da Costa and Marconi (1986), tal como o cálculo proposicional paraconsistente $\mathscr{C}_n$ $(1 \leq n \leq \omega)$, desenvolveram não apenas *um* cálculo proposicional paracompleto, mas sim uma *hierarquia* de Cálculos Proposicionais Paracompletos $\mathscr{P}_n$ $(0 \leq n \leq \omega)$. Ao nos referirmos ao cálculo proposicional paracompleto, nos restringiremos ao cálculo $\mathscr{P}_1$ dessa hierarquia. Devemos notar que, nos cálculos $\mathscr{P}_n$ $(0 \leq n \leq \omega)$, a negação paracompleta é um conectivo primitivo da linguagem.

Terceiro Excluído é uma tese. Vamos apresentar aqui o sistema $\mathscr{P}_1$, começando por sua linguagem. Seja $\mathcal{P}$ um conjunto não-vazio, denumerável, de *variáveis proposicionais* e $\mathcal{F}$ o conjunto de *Fórmulas* de $\mathscr{P}_1$, definido indutivamente tal como se segue:

$$\alpha \overset{\text{def}}{=} p_i \,|\, \neg_q\alpha \,|\, \alpha \rightarrow \beta \,|\, \alpha \wedge \beta \,|\, \alpha \vee \beta \,|$$

onde $p_i \in \mathcal{P}$ e i é um número natural; α e β são fórmulas; e os símbolos $\neg_q$, $\rightarrow$, $\wedge$ e $\vee$ denotam os conectivos (primitivos) da negação paracompleta, implicação material, conjunção e disjunção respectivamente.[49]

Como dito anteriormente, posto que o Princípio do Terceiro Excluído é restringido, a fórmula $\alpha \vee \neg_q\alpha$ não pode figurar entre os teoremas. Todavia, da Costa and Marconi (1986) definem um operador de *bom comportamento*, similar ao operador-$^\circ$ do cálculo $\mathscr{C}_1$, para algumas fórmulas. Em geral, não está garantido a todas as fórmulas α que $\alpha \vee \neg_q\alpha$. No entanto, se uma fórmula é dita *bem comportada* (ou seja operada pelo operador-$^\bullet$, conhecido como "bola fechada" ou de "bom comportamento [paracompleto]"), então essa fórmula, sim, satisfará o terceiro excluído. Eles definem então o operador de bom comportamento do seguinte modo:

Definição 9 (Operador-$^\bullet$). $\alpha^\bullet \overset{def}{=} \alpha \vee \neg_q\alpha$

Após a definição do operador de *bom comportamento* podemos ver o conjunto de postulados do cálculo proposicional paracompleto $\mathscr{P}_1$.

Postulados 3 (Cálculo $\mathscr{P}_1$).

$\mathscr{P}1$ $(\alpha \rightarrow \beta) \rightarrow ((\alpha \rightarrow (\beta \rightarrow \gamma)) \rightarrow (\alpha \rightarrow \gamma))$

$\mathscr{P}2$ $\alpha \rightarrow (\beta \rightarrow \alpha)$

$\mathscr{P}3$ $\alpha, \alpha \rightarrow \beta / \beta$

$\mathscr{P}4$ $((\alpha \rightarrow \beta) \rightarrow \alpha) \rightarrow \alpha$

$\mathscr{P}5$ $(\alpha \wedge \beta) \rightarrow \alpha$

$\mathscr{P}6$ $(\alpha \wedge \beta) \rightarrow \beta$

$\mathscr{P}7$ $\alpha \rightarrow (\beta \rightarrow (\alpha \wedge \beta))$

49 Utilizaremos o símbolo "$\neg_q$" para simbolizar a *negação paracompleta*. Do mesmo modo, utilizaremos $\vdash_{P_1}$ e $\vDash_{P_1}$ para as noções de consequência sintática e semântica, respectivamente, da Lógica Paracompleta. Assumiremos aqui diversas outras definições prévias que devem ser feitas como, por exemplo, a noção de consequência sintática e semântica. Para mais, ver Grana (2007).

$\mathscr{P}8$ $\alpha \to (\alpha \vee \beta)$

$\mathscr{P}9$ $\beta \to (\alpha \vee \beta)$

$\mathscr{P}10$ $(\alpha \to \gamma) \to ((\beta \to \gamma) \to ((\alpha \vee \beta) \to \gamma))$

$\mathscr{P}11$ $\alpha^\bullet \to ((\alpha \to \beta) \to ((\alpha \to \neg_q \beta) \to \neg_q \alpha))$

$\mathscr{P}12$ $(\alpha^\bullet \wedge \beta^\bullet) \to ((\alpha \to \beta)^\bullet \wedge (\alpha \wedge \beta)^\bullet \wedge (\alpha \vee \beta)^\bullet) \wedge (\neg_q \alpha)^\bullet)$

$\mathscr{P}13$ $\neg_q(\alpha \wedge \neg_q \alpha)$

$\mathscr{P}14$ $\alpha \to (\neg_q \alpha \to \beta)$

$\mathscr{P}15$ $\alpha \to \neg_q \neg_q \alpha$

Note que $\mathscr{P}_1$ satisfaz o Princípio do Não-Contradição (axioma $\mathscr{P}13$), de modo que, uma vez que uma fórmula satisfaça o Princípio da Terceiro Excluído (*i.e.*, seja o caso que $\alpha^\bullet$), essa fórmula se comportará como uma fórmula clássica. Podemos então definir a bicondicional como:

$$\alpha \leftrightarrow \beta \stackrel{\text{def}}{=} (\alpha \to \beta) \wedge (\beta \to \alpha)$$

Como é apresentado em Grana (2007, p.70), as seguintes fórmulas *não* são teoremas de $\mathscr{P}_1$:

(1) $\alpha \vee \neg_q \alpha$

(2) $\neg_q(\alpha \vee \beta) \leftrightarrow (\neg_q \alpha \wedge \neg_q \beta)$

(3) $\neg_q(\alpha \wedge \beta) \leftrightarrow (\neg_q \alpha \vee \neg_q \beta)$

(4) $\neg_q \neg_q \alpha \to \alpha$

(5) $(\alpha \to \beta) \to (\neg_q \beta \to \neg_q \alpha)$

Em contrapartida, as seguintes fórmulas são teoremas de $\mathscr{P}_1$:

(1) $\vdash_{P_1} (\alpha \wedge \neg_q \alpha) \to \beta$

(2) $\vdash_{P_1} \alpha \vee (\alpha \to \beta)$

(3) $\vdash_{P_1} \alpha^\bullet \to (\neg_q \neg_q \alpha \to \alpha)$

Repare que (1) é o *Ex Falso*, enquanto que em (3) obtemos que, se uma fórmula é *bem comportada*, então a *eliminação da dupla negação* se segue – uma vez que, em fórmulas bem comportadas, a negação paracompleta terá as propriedades da negação clássica.

1.4.2 Negação Paracompleta, Bom Comportamento e Negação Forte

O que vimos até agora nos evidencia um aspecto muito importante da negação paracompleta, que já deve ser óbvio ao leitor: a negação paracompleta não é equivalente nem à negação clássica, nem à negação paraconsistente. Nos desenvolvimentos dos cálculos $\mathscr{P}_n$ $(0 \leq n \leq \omega)$, da Costa and Marconi (1986) também oferecem uma definição do que chamam de "negação forte" (para o cálculo paracompleto):

Definição 10 (Negação (Paracompleta) Forte). $\neg_q^* \alpha \stackrel{def}{=} \neg_q \alpha \wedge \alpha^\bullet$

Essa definição nos diz que, se uma fórmula satisfaz o Princípio do Terceiro Excluído (*i.e.*, é *bem comportada*) e, ao mesmo tempo, obtemos sua negação [paracompleta], então ela é *fortemente* negada. O que isso quer nos dizer? Lembrando que as fórmulas de $\mathscr{P}_1$ satisfazem o Princípio da Não-Contradição (dado o axioma $\mathscr{P}13$), uma vez que uma fórmula de $\mathscr{P}_1$ também satisfaça o Princípio do Terceiro Excluído, a negação [paracompleta] dessa fórmula terá as propriedades da negação clássica. Desse modo, podemos entender a *Negação (Paracompleta) Forte* como sendo a *negação clássica* de uma fórmula.

Um aspecto importante que temos de ressaltar, que diz respeito ao operador de bom comportamento do cálculo paracompleto, é evidenciado por uma variação do teorema 3 para $\mathscr{P}_1$:

Corolário 6. *Em* $\mathscr{P}_1$, *temos que* $\vdash_{P_1} \alpha^\bullet \rightarrow (\neg_q \alpha)^\bullet$

Demonstração. $\alpha^\bullet \rightarrow (\neg_q \alpha)^\bullet$ significa que $(\alpha \vee \neg_q \alpha) \rightarrow (\neg_q \alpha \vee \neg_q \neg_q \alpha)$. Suponha que (a) $\alpha \vee \neg_q \alpha$. Ou seja, ou temos (a.1) α ou temos (a.2) $\neg_q \alpha$. De (a.1) α, aplicando o axioma $\mathscr{P}15$ obtemos (a.1.1) $\neg_q \neg_q \alpha$ e, de (a.1.1) pelo axioma $\mathscr{P}9$ obtemos (b) $\neg_q \alpha \vee \neg_q \neg_q \alpha$. De (a.2) $\neg_q \neg_q \alpha$, aplicando o axioma $\mathscr{P}8$ obtemos novamente (c) $\neg_q \alpha \vee \neg_q \neg_q \alpha$. Dado o axioma $\mathscr{P}10$, de (a.1) obtemos (c) – $\alpha \rightarrow (\neg_q \alpha \vee \neg_q \neg_q \alpha)$; e de (a.2) obtemos (c) – $\neg_q \alpha \rightarrow (\neg_q \alpha \vee \neg_q \neg_q \alpha)$. Portanto, por $\mathscr{P}10$, obtemos que $(\alpha \vee \neg_q \alpha) \rightarrow (\neg_q \alpha \vee \neg_q \neg_q \alpha)$. □

Para o corolário seguinte, utilizaremos a expressão $\neg_q^1 ... \neg_q^n \alpha$ para denotar uma fórmula (finita) com n reiterações da negação paracompleta.

Corolário 7. *Em* $\mathscr{P}_1$ *temos que, para todo* n, $\vdash_{P_1} \alpha^\bullet \rightarrow (\neg_q^1 ... \neg_q^n \alpha)^\bullet$

Demonstração. A prova se segue por indução. Suponha que (a) $\alpha^\bullet$, pelo Corolário 6 (p. 34) obtemos que (a.1) $(\neg_q^1 \alpha)^\bullet$. De (a.1), pelo Corolário 6, obtemos que (a.2) $(\neg_q^1 \neg_q^2 \alpha)^\bullet$. Podemos repetir o procedimento até $\neg_q^1 ... \neg_q^{n-1} \alpha$ que, pelo

Corolário 6 obteremos (b) $(\neg_q^1 ... \neg_q^n \alpha)^\bullet$. Por esse resultado, e uma constante aplicação do *Silogismo Hipotético* (garantido pelo axioma $\mathscr{P}$1), obtemos que $\alpha^\bullet \rightarrow (\neg_q^1 ... \neg_q^n \alpha)^\bullet$. □

Podemos inferir desses teoremas que, se uma fórmula é bem comportada, a negação dessa fórmula também o é. Em outras palavras, se a fórmula α satisfaz o Princípio do Terceiro Excluído, então a fórmula $\neg_q \alpha$ também o satisfaz. Desse modo, se $\alpha^\bullet$ é o caso, obtemos (dada a definição do operador de bom comportamento) que é o caso que $\alpha \vee \neg_q \alpha$, $\neg_q \alpha \vee \neg_q \neg_q \alpha$, como também $\neg_q \neg_q \alpha \vee \neg_q \neg_q \neg_q \alpha$ e assim por diante. Isso é equivalente dizermos que, se uma fórmula é bem comportada, não importa o número de negações paracompletas que colocarmos a sua frente, todas elas serão *negações (paracompletas) fortes* (*i.e.*, terão o comportamento da negação clássica).

1.4.3 *Reductio Paracompleta, Paraconsistente e Clássica*

Vejamos agora um outro aspecto importante do cálculo $\mathscr{P}_1$, que é o axioma $\mathscr{P}$11, que chamaremos de "Redução ao Absurdo Paracompleta":

$$\alpha^\bullet \rightarrow ((\alpha \rightarrow \beta) \rightarrow ((\alpha \rightarrow \neg_q \beta) \rightarrow \neg_q \alpha))$$

Interpretamos esse axioma como: se a partir de uma fórmula *bem comportada* α, obtemos que α implica em uma contradição, então obtemos a negação paracompleta de α – *i.e.*, $\neg_q \alpha$. De acordo com as definições apresentadas anteriormente, se é o caso que $\alpha^\bullet$ e $\neg_q \alpha$, então temos um caso de $\neg_q^\star \alpha$ – *i.e.*, temos que a negação paracompleta de α se comporta como a negação clássica (entendendo a *negação forte* paracompleta como uma negação com as mesmas propriedades da *negação clássica*). Desse modo, podemos utilizar a definição da *negação forte (Def. 10)* e reescrever o axioma $\mathscr{P}$11 como:

$$(\alpha \rightarrow \beta) \rightarrow ((\alpha \rightarrow \neg_q \beta) \rightarrow \neg_q^\star \alpha)$$

E, uma vez que a *negação [paracompleta] forte* ($\neg_q^\star$) preserva as propriedades da negação clássica, poderíamos *compreender intuitivamente* o axioma $\mathscr{P}$11 como:

$$(\alpha \rightarrow \beta) \rightarrow ((\alpha \rightarrow \neg_q \beta) \rightarrow \neg_c \alpha)$$

Essa leitura nos permite comparar as três formas de *reductio* apresentadas até aqui:

(1) **Clássica:**[50] $(\alpha \to \beta) \to ((\alpha \to \neg_c \beta) \to \neg_c \alpha)$

(2) **Paraconsistente:**[51] $(\alpha \to \beta) \to ((\alpha \to \neg_c \beta) \to \neg_p \alpha)$

(3) **Paracompleta:**[52] $(\alpha \to \beta) \to ((\alpha \to \neg_q \beta) \to \neg_c \alpha)$

E essa comparação nos será importante com o trabalho que à frente desenvolveremos.

1.4.4 *A Semântica da Negação Paracompleta*

Não desenvolveremos toda a semântica para $\mathscr{P}_1$ aqui. Todavia, existem alguns aspectos semânticos da negação paracompleta que precisam ser levados em consideração. Como vimos na Lógica Clássica, a função-valoração para a negação clássica é definida como (1):

$$v(\neg_c \alpha) = 1 \Leftrightarrow v(\alpha) = 0$$

E, como vimos na Lógica Paraconsistente, a função-valoração para a negação paraconsistente é definida como (2):

$$v(\neg_p \alpha) = 0 \Rightarrow v(\alpha) = 1$$

A definição (1) da função-valoração para a negação clássica coaduna com o fato de que essa negação satisfaz tanto o Princípio da Não-Contradição quanto o Terceiro Excluído. Por outro lado, a definição (2) da função-valoração para a negação paraconsistente coaduna com o fato de que essa negação satisfaz o Princípio do Terceiro Excluído, mas não o Princípio da Não-Contradição. No entanto, como também vimos, no caso das fórmulas *bem comportadas* do cálculo paraconsistente, a Não-Contradição vale. Precisamos então oferecer uma valoração para a negação paracompleta que permita que tal negação satisfaça o Princípio da Não-Contradição, mas não o Terceiro Excluído. Tal definição deve também permitir que, para algumas fórmulas do cálculo paracompleto (*viz.*, as fórmulas bem comportadas) satisfaçam o Terceiro Excluído.

Vamos pensar sobre isso então. Uma vez que não obtemos $\alpha \vee \neg_q \alpha$ como teorema, e como a função-valoração da disjunção é a mesma,[53] nos casos nos quais $\alpha \vee \neg_q \alpha$ não é obtido é um caso no qual tanto α quanto $\neg_q \alpha$ tem valor

50 Visto na página 14.
51 Visto na página 25.
52 Visto na página 35.
53 Isto é, $v(\alpha \vee \beta) = 1$ sse $v(\alpha) = 1$ ou $v(\beta) = 1$.

falso. Isto é, será um caso que $v(\alpha) = v(\neg_q\alpha) = 0$. Todavia, uma vez que vale o Princípio da Não-Contradição (visto o axioma $\mathscr{P}13$), não podemos obter uma situação na qual tanto α quanto $\neg_q\alpha$ sejam tomados como *verdadeiros*. Portanto, as duas fórmulas (a fórmula e sua negação paracompleta) podem ser falsas ao mesmo tempo, mas não verdadeiras ao mesmo tempo. Podemos então definir uma valoração para a negação paracompleta do seguinte modo:

(3) Se $v(\neg_q\alpha) = 1$, então $v(\alpha) = 0$

O que se segue:

(3.1) Se $v(\alpha) = 1$, então $v(\neg_q\alpha) = 0$

A semântica valorativa para $\mathscr{P}_1$ foi oferecida em Loparić and da Costa (1984), sendo a função-valoração definida como:

Definição 11 (Valoração para $\mathscr{P}_1$ (A. Loparic)). *Uma valoração para $\mathscr{P}_1$ é um mapeamento $v : \mathfrak{F} \longrightarrow \{1,0\}$ sendo $\mathfrak{F}$ o conjunto de fórmulas de $\mathscr{P}_1$ e $\{1,0\}$ o conjunto de valores-de-verdade, onde 1 é valor designado e 0 valor não-designado, tal que:*

(0) $v(\alpha) = 1 \Leftrightarrow v(\alpha) \neq 0$

(1) $v(\alpha) = 1 \Rightarrow v(\neg_q\alpha) = 0$

(2) $v(\alpha) \neq v(\neg_q\alpha) \Rightarrow v(\neg_q\alpha) \neq v(\neg_q\neg_q\alpha)$

(3) Se $v(\alpha) \neq v(\neg_q\alpha)$ e $v(\beta) \neq v(\neg_q\beta)$, então $v(\alpha \to \beta) \neq v(\neg_q(\alpha \to \beta))$, $v(\alpha \wedge \beta) \neq v(\neg_q(\alpha \wedge \beta))$ e $v(\alpha \vee \beta) \neq v(\neg_q(\alpha \vee \beta))$

(4) $v(\neg_q(\alpha \wedge \neg_q\alpha)) = 1$

A partir dessa valoração, obtemos que $\mathscr{P}_1$ é decidível pelo método de valoração e há um tableau semântico e decidível por esse método.[54]

Com essa definição para a função-valoração para $\mathscr{P}_1$, podemos provar que o Princípio do Terceiro Excluído não é uma tautologia.

Teorema 13. $\nvDash_{P_1} \alpha \vee \neg_q\alpha$

54 *Cf.* Loparić and da Costa (1984) e Marconi (1980).

Demonstração. Se a fórmula $\alpha \vee \neg_q \alpha$ é uma tautologia, então a suposição de sua falsidade implicará em uma contradição semântica. Portanto, suponha que (a) $v(\alpha \vee \neg_q \alpha) = 0$. De (a) obtemos que (a.1) $v(\alpha) = 0$ e (a.2) $v(\neg_q \alpha) = 0$. Todavia, note que de (a.1) e (a.2) não podemos aplicar mais nenhuma cláusula da definição 11 e, desse modo, não somos capazes de obter uma contradição semântica. □

Por outro lado, dada a cláusula (4) da valoração, obtemos trivialmente que o Princípio da Não-Contradição é uma tautologia.

Teorema 14. $\vDash_{P_1} \neg_q(\alpha \wedge \neg_q \alpha)$

Demonstração. Obtêm-se diretamente pela cláusula (4) da definição 11. □

Repare que, uma vez obtido que o Princípio da Não-Contradição é tautologia, o *Ex Falso* segue trivialmente:

Teorema 15. $\vDash_{P_1} \alpha \rightarrow (\neg_q \alpha \rightarrow \beta)$

Demonstração. Suponha que (a) $v(\alpha \Rightarrow (\neg_q \alpha \rightarrow \beta)) = 0$. De (a) obtemos que (a.1) $v(\alpha) = 1$ e (a.2) $v(\neg_q \alpha \rightarrow \beta) = 0$. De (a.2) obtemos que (a.2.1) $v(\neg_q \alpha) = 1$ e (a.2.2) $v(\beta) = 0$ e, de (a.2.1), obtemos que (b) $v(\alpha) = 0$. Todavia, de (b) e (a.1) obtemos uma contradição semântica. □

Sabemos que se uma fórmula é bem comportada ($\alpha^\bullet$), então ela satisfaz o Princípio do Terceiro Excluído. A essas fórmulas obtemos resultados importantes:

Teorema 16.

(1) $\alpha^\bullet \vDash_{P_1} \alpha \vee \neg_q \alpha$

(2) $\alpha^\bullet, \beta^\bullet \vDash_{P_1} \neg_q(\alpha \vee \beta) \leftrightarrow (\neg_q \alpha \wedge \neg_q \beta)$

(3) $\alpha^\bullet, \beta^\bullet \vDash_{P_1} \neg_q(\alpha \wedge \beta) \leftrightarrow (\neg_q \alpha \vee \neg_q \beta)$

(4) $\alpha^\bullet \vDash_{P_1} \neg_q \neg_q \alpha \rightarrow \alpha$

(5) $\alpha^\bullet, \beta^\bullet \vDash_{P_1} (\alpha \rightarrow \beta) \rightarrow (\neg_q \beta \rightarrow \neg_q \alpha)$

Por questão de brevidade, deixaremos as demonstrações dos resultados anteriores para o leitor, que poderá facilmente obter tais resultados com os axiomas oferecidos e a função-valoração definida para $\mathscr{P}_1$. Outro resultado interessante é que a versão do Teorema de Arruda (Teo. 7) para o cálculo paracompleto não é uma tautologia de $\mathscr{P}_1$.

Teorema 17 (A. I. Arruda II). $\nvDash_{P_1} \alpha^{\bullet\bullet}$

Demonstração. Sabemos que a fórmula $\alpha^{\bullet\bullet}$ significa $\alpha^{\bullet} \vee \neg_q \alpha^{\bullet}$, sendo equivalente à $(\alpha \vee \neg_q \alpha) \vee \neg_q(\alpha \vee \neg_q \alpha)$. Suponha que $v(\alpha^{\bullet\bullet}) = 0$, isto é, (a) $v((\alpha \vee \neg_q \alpha) \vee \neg_q(\alpha \vee \neg_q \alpha)) = 0$. De (a) obtemos que (a.1) $v(\alpha \vee \neg_q \alpha) = 0$ e (a.2) $v(\neg_q(\alpha \vee \neg_q \alpha)) = 0$. De (a.1) obtemos (a.1.1) $v(\alpha) = 0$ e (a.1.2) $v(\neg_q \alpha) = 0$. Note, contudo, que não podemos aplicar mais nenhuma das cláusulas da Def. 11 e, deste modo, não obtemos qualquer contradição semântica. Portanto, a fórmula $(\alpha \vee \neg_q \alpha) \vee \neg_q(\alpha \vee \neg_q \alpha))$ não é um teorema de $\mathscr{P}_1$. □

1.5 LÓGICA NÃO-ALÉTICA

Nas seções anteriores vimos alguns aspectos importantes sobre as Lógicas Clássica, Paraconsistente e Paracompleta. Podemos sintetizar alguns dos pontos que discutimos na seguinte lista:

(1) **Lógica Clássica ($\mathcal{LPC}$):**

(1.1) Consistente e Não-trivial

(1.2) Princípios: Identidade, Não-Contradição e Terceiro Excluído

(1.3) *Ex Falso* é teorema *geral* (*i.e.*, vale para *todas* as fórmulas)

(1.4) Semântica da *Negação Clássica*: $v(\neg_c \alpha) = 1 \Leftrightarrow v(\alpha) = 0$

(2) **Lógica Paraconsistente ($\mathscr{C}_1$):**

(2.1) Paraconsistente e Não-trivial

(2.2) Princípios: Identidade e Terceiro Excluído (a Não-Contradição fica restrita apenas para as fórmulas que são *bem comportadas*)

(2.3) *Ex Falso* é teorema *apenas* para as fórmulas *bem comportadas* (não é um teorema que vale irrestritamente)

(2.4) Semântica da *Negação Paraconsistente*: $v(\neg_p \alpha) = 0 \Rightarrow v(\alpha) = 1$

(2.5) A negação de uma fórmula bem comportada (*i.e.*, negação [paraconsistente] forte) preserva as propriedades da negação clássica.

(2.6) Se uma fórmula for bem comportada, então toda negação paraconsistente conectada a ela (independente do número) será uma negação [paraconsistente] forte – Teo. 3

(3) **Lógica Paracompleta ($\mathscr{P}_1$):**

(3.1) Consistente e Não-trivial

(3.2) Princípios: Identidade e Não-Contradição, mas não o Terceiro Excluído

(3.3) *Ex Falso* é teorema em geral, mas o *terceiro excluído* é teorema *apenas* para as fórmulas *bem comportadas* (não é um teorema que vale irrestritamente)

(3.4) Semântica da *Negação Paracompleta*: $v(\neg_q \alpha) = 1 \Rightarrow v(\alpha) = 0$

(3.5) A negação de uma fórmula bem comportada (*i.e.*, negação [paracompleta] forte) preserva as propriedades da negação clássica

(3.6) Se uma fórmula for bem comportada, então toda negação paracompleta conectada a ela (independente do número) será uma negação [paracompleta] forte - Teo. 6

Após observarmos os cálculos paraconsistentes e paracompletos, que permitem introduzirmos a negação clássica através dos operadores de *bom comportamento*, percebemos que cada um desses sistemas, de modo independente, contém a lógica clássica. Podemos então propor uma nova pergunta:

Poderia haver um sistema no qual podemos obter as três negações vistas até agora (*viz.*, negação clássica, paraconsistente e paracompleta)?

Se sim, como seus conectivos, principalmente a *negação* (ou as *negações*), funcionariam? Quais seriam os princípios clássicos que seriam satisfeitos, quais não seriam e em quais circunstâncias? Teríamos o *Ex Falso* como teorema? E o *Terceiro Excluído*? Semanticamente, como a(s) negação(ões) desse sistema se comportaria(m)? Ou melhor, haveria apenas *uma* negação que teria um comportamento diferente de acordo com cada fórmula ou, de outro modo, teríamos três negações independentes? Poderíamos compreender as relações entre os diferentes tipos de negação? Newton da Costa da Costa (1989) desenvolveu uma hierarquia de cálculos que chamou de *"Não-Aléticos"* ($\mathscr{N}_n$ $(0 \leq n \leq \omega)$) que seriam tratados tanto como paraconsistentes quanto paracompletos (e que também obteria a lógica clássica). Vejamos suas principais características.[55]

55 Note que da Costa (1989) desenvolveu não apenas *um* cálculo proposicional não-alético, mas sim uma *hierarquia* de cálculos proposicionais. Ao nos referirmos ao cálculo proposicional não-alético, nos restringiremos ao cálculo $\mathscr{N}_1$ dessa hierarquia. Devemos notar que, nos cálculos $\mathscr{N}_n$ $(0 \leq n \leq \omega)$, a negação não-alética é um conectivo primitivo da linguagem. Esses e outros detalhes podem ser visto com cuidado em da Costa (1989); Grana (2007) ou Grana (1990a).

1.5.1 *Os Cálculos* $\mathcal{N}_n$ $(0 \leq n \leq \omega)$

A ideia geral da Lógica Não-Alética, como visto, é obter um sistema que permita tanto casos de paraconsistência quanto de paracompletude sem que, com isso, se perca a lógica clássica. No entanto, como vimos nas seções anteriores, essas características implicam em propriedades sintáticas importantes. Se desejamos permitir paraconsistência, então o Princípio da Não-Contradição não pode vigorar para toda fórmula; por outro lado, se desejamos permitir paracompletude, então o Princípio do Terceiro Excluído que não pode vigorar para toda fórmula. Além do mais, se há paraconsistência, então o sistema é *paraconsistente* e não-trivial; e, por outro lado, se há paracompletude, o sistema não preserva o Terceiro Excluído. Como podemos então introduzir tanto paraconsistência e paracompletude de modo que nos seja permissível obter, posteriormente, fórmulas ditas *clássicas*?

Vamos apresentar aqui o sistema $\mathcal{N}_1$, começando por sua linguagem. Seja $\mathcal{P}$ um conjunto não-vazio, denumerável, de *variáveis proposicionais* e $\mathcal{F}$ o conjunto de *Fórmulas* de $\mathcal{N}_1$, definido indutivamente tal como se segue:

$$\alpha \overset{\text{def}}{=} p_i \,|\, \neg_n\alpha \,|\, \alpha \rightarrow \beta \,|\, \alpha \wedge \beta \,|\, \alpha \vee \beta \,|$$

onde $p_i \in \mathcal{P}$ e i é um número natural; α e β são fórmulas; e os símbolos $\neg_q$, $\rightarrow$, $\wedge$ e $\vee$ denotam os conectivos (primitivos) da negação não-alética, implicação material, conjunção e disjunção respectivamente. Antes de apresentarmos os postulados de $\mathcal{N}_1$ precisamos definir *dois* operadores de *bom comportamento*.[56]

Definição 12 (Operadores de Bom Comportamento em $\mathcal{N}_1$).

$$\alpha^{\circ} \overset{def}{=} \neg_n(\alpha \wedge \neg_n\alpha)$$

$$\alpha^{\bullet} \overset{def}{=} \alpha \vee \neg_n\alpha$$

Chamaremos o operador $^{\circ}$ *de "bom comportamento paraconsistente" (ou "bola aberta") e o operador* $^{\bullet}$ *de "bom comportamento paracompleto" (ou "bola fechada").*

Podemos reparar que introduzimos na definição 12 os operadores de bom comportamento da lógica paraconsistente (Def. 6, p. 21) e o operador de bom comportamento da lógica paracompleta (Def. 9, p. 32). Vejamos agora os postulados do cálculo proposicional não-alético.

56 Assumiremos aqui diversas outras definições prévias que devem ser feitas como, por exemplo, a noção de consequência sintática e semântica. Para mais, ver da Costa (1989); Grana (2007) ou Grana (1990a).

Postulados 4 (Cálculo $\mathcal{N}_1$).

$\mathcal{N}1$ $(\alpha \to \beta) \to ((\alpha \to (\beta \to \gamma)) \to (\alpha \to \gamma))$

$\mathcal{N}2$ $\alpha \to (\beta \to \alpha)$

$\mathcal{N}3$ $\alpha, \alpha \to \beta / \beta$

$\mathcal{N}4$ $((\alpha \to \beta) \to \alpha) \to \alpha$

$\mathcal{N}5$ $(\alpha \wedge \beta) \to \alpha$

$\mathcal{N}6$ $(\alpha \wedge \beta) \to \beta$

$\mathcal{N}7$ $\alpha \to (\beta \to (\alpha \wedge \beta))$

$\mathcal{N}8$ $\alpha \to (\alpha \vee \beta)$

$\mathcal{N}9$ $\beta \to (\alpha \vee \beta)$

$\mathcal{N}10$ $(\alpha \to \gamma) \to ((\beta \to \gamma) \to ((\alpha \vee \beta) \to \gamma))$

$\mathcal{N}11$ $\alpha^\bullet \wedge \beta^\circ \to ((\alpha \to \beta) \to ((\alpha \to \neg_n \beta) \to \neg_n \alpha))$

$\mathcal{N}12$ $(\alpha^\bullet \wedge \beta^\bullet) \to ((\alpha \to \beta)^\bullet \wedge (\alpha \wedge \beta)^\bullet \wedge (\alpha \vee \beta)^\bullet) \wedge (\neg_n \alpha)^\bullet)$

$\mathcal{N}13$ $(\alpha^\circ \wedge \beta^\circ) \to ((\alpha \to \beta)^\circ \wedge (\alpha \wedge \beta)^\circ \wedge (\alpha \vee \beta)^\circ) \wedge (\neg_n \alpha)^\circ)$

$\mathcal{N}14$ $\alpha^\circ \to ((\alpha \to \neg_n \neg_n \alpha) \wedge (\alpha \to (\neg_n \alpha \to \beta)))$

$\mathcal{N}15$ $\alpha^\bullet \to (\neg_n \neg_n \alpha \to \alpha)$

$\mathcal{N}16$ $\alpha^\circ \vee \alpha^\bullet$

Note que $\mathcal{N}_1$ não tem como axioma *nem* o Princípio da Não-Contradição e *nem* o Princípio do Terceiro Excluído. Esse sistema, *prima facie*, é tanto paraconsistente quanto paracompleto.

1.5.2 *A Negação Não-Alética e as Negações Aléticas*

O cálculo $\mathcal{N}_1$ tem como característica, como podemos ver em seus postulados, introduzir apenas *um* conectivo de negação. Através dele podemos obter, através dos *bons comportamentos* das fórmulas, a negação clássica, a negação paraconsistente e, por fim, a negação paracompleta. Dado o axioma $\mathcal{N}16$, sabemos que ou uma fórmula é *bem comportada* no sentido paraconsistente, ou ela é *bem comportada* no sentido paracompleto. Isso impede, portanto, uma fórmula ser *mal comportada* em ambos os sentidos. Visto isso, podemos obter três casos: (1) ser bem comportada no sentido paraconsistente, mas ser má comportada no sentido paracompleto - ou seja, a fórmula satisfaz a Não-Contradição, mas não satisfaz o Terceiro Excluído; (2) ser bem comportada no sentido paracompleto, mas ser má comportada no sentido paraconsistente - ou seja, a fórmula satisfaz o Terceiro Excluído, mas não satisfaz a Não-Contradição; e, por fim, (3) ser bem comportada em ambos os sentidos - satisfazendo assim tanto a Não-Contradição quanto o Terceiro Excluído - posto que a disjunção é inclusiva. Através desses três casos nós podemos definir as negações paraconsistente, paracompleta e clássica:

Definição 13 (Negações Aléticas em $\mathscr{N}_1$).

(1) *Negação Paraconsistente:* $\neg_p\alpha \stackrel{def}{=} \neg_n(\alpha^\circ) \wedge (\alpha^\bullet \wedge \neg_n\alpha)$

(2) *Negação Paracompleta:* $\neg_q\alpha \stackrel{def}{=} \neg_n(\alpha^\bullet) \wedge (\alpha^\circ \wedge \neg_n\alpha)$

(3) *Negação Clássica:* $\neg_c\alpha \stackrel{def}{=} (\alpha^\bullet \wedge \alpha^\circ) \wedge \neg_n\alpha$

Apenas para estabelecermos uma terminologia, no cálculo proposicional $\mathscr{N}_n$ $(0 \leq n \leq \omega)$, chamaremos uma fórmula de

Fórmula Clássica se a fórmula satisfaz tanto o Terceiro Excluído quanto a Não-Contradição (*i.e.*, se a fórmula for bem comportada no sentido paracompleto e paraconsistente)

Fórmula Paraconsistente: se a fórmula satisfizer o Terceiro Excluído, mas não satisfizer a Não-Contradição (*i.e.*, é bem comportada no sentido paracompleto, mas não no sentido paraconsistente)

Fórmula Paracompleta: se a fórmula satisfizer a Não-Contradição, mas não satisfizer o Terceiro Excluído (*i.e.*, é bem comportada no sentido paraconsistente, mas não no sentido paracompleto)

Através das características apresentadas acima nós obtemos metateoremas importantes quanto ao cálculo $\mathscr{N}_1$:

Teorema 18. *Se adicionarmos o Princípio do Terceiro Excluído à* $\mathscr{N}_1$, *i.e., o esquema* $\alpha \vee \neg_n\alpha$, *obtemos o cálculo paraconsistente* $\mathscr{C}_1$.

Demonstração. Em da Costa (1989, p.30). □

Teorema 19. *Se adicionarmos o Princípio da Não-Contradição à* $\mathscr{N}_1$, *i.e., o esquema* $\neg_n(\alpha \wedge \neg_n\alpha)$, *obtemos o cálculo paracompleto* $\mathscr{P}_1$

Demonstração. Em da Costa (1989, p.30). □

Teorema 20. *Se adicionarmos tanto o Princípio da Não-Contradição como do Terceiro Excluído como esquemas de* $\mathscr{N}_1$ *nós obtemos* $\mathcal{LPC}$.

Demonstração. Em da Costa (1989, p.30). □

Outro aspecto importante que temos de ressaltar, que diz respeito aos operadores de bom comportamento do cálculo $\mathscr{N}_1$, é evidenciado por uma variação do teorema 3 (p. 24) e 6 (p. 34) para $\mathscr{C}_1$ e $\mathscr{P}_1$, respectivamente:

Corolário 8. *Em* $\mathscr{N}_1$, *temos que:*

(a) $\vdash_{N_1} \alpha^{\bullet} \rightarrow (\neg_n\alpha)^{\bullet}$

(b) $\vdash_{N_1} \alpha^{\circ} \rightarrow (\neg_n\alpha)^{\circ}$

(c) $\vdash_{N_1} (\alpha^{\circ} \wedge \alpha^{\bullet}) \rightarrow ((\neg_n\alpha)^{\circ} \wedge (\neg_n\alpha)^{\bullet})$

Isto é, em (a) obtemos que, se α *é uma fórmula paracompletamente bem comportada, então* $\neg_n\alpha$ *será uma "fórmula paraconsistente" (i.e., a negação se comportará como a negação paraconsistente); em (b) obtemos que, se* α *é uma fórmula paraconsistentemente bem comportada, então* $\neg_n\alpha$ *será uma fórmula paracompleta (i.e., sua negação se comportará como a negação paracompleta); e, por fim, em (c) obtemos que, se* α *é uma fórmula paracompleta e paraconsistentemente bem comportada, então* $\neg_n\alpha$ *será uma fórmula clássica (i.e., sua negação se comportará como a negação clássica).*

Demonstração. (a) é obtido diretamente pelo postulado $\mathscr{N}12$; (b) é obtido diretamente pelo postulado $\mathscr{N}13$; e (c) é obtido pela aplicação direta tanto de $\mathscr{N}12$ quanto $\mathscr{N}13$. □

Para o corolário seguinte, utilizaremos a expressão $\neg_n^1 ... \neg_n^n\alpha$ para denotar uma fórmula (finita) com n reiterações da negação não-alética.

Corolário 9. *Em* $\mathscr{N}_1$ *temos que, para todo n:*

(a) $\vdash_{N_1} \alpha^{\bullet} \rightarrow (\neg_n^1 ... \neg_n^n\alpha)^{\bullet}$

(b) $\vdash_{N_1} \alpha^{\circ} \rightarrow (\neg_n^1 ... \neg_n^n\alpha)^{\circ}$

(c) $\vdash_{N_1} (\alpha^{\circ} \wedge \alpha^{\bullet}) \rightarrow ((\neg_n^1 ... \neg_n^n\alpha)^{\circ} \wedge (\neg_n^1 ... \neg_n^n\alpha)^{\bullet})$

Isto é, em (a) obtemos que, se α é uma fórmula paraconsistente, então seja n o número de ocorrências de negação não-alética ligadas à α (i.e., $\neg_n^1 ... \neg_n^n$) a fórmula resultante $\neg_n^1 ... \neg_n^n \alpha$ será uma fórmula paraconsistente; do mesmo modo, em (b) obtemos que, se α é uma fórmula paracompleta, então $\neg_n^1 ... \neg_n^n \alpha$ será uma fórmula paracompleta; e, por fim, em (c) obtemos que, se α é uma fórmula clássica, então $\neg_n^1 ... \neg_n^n \alpha$ será uma fórmula clássica.

Demonstração. Será obtido utilizando o mesmo método dos corolários do teoremas 3 (p. 24) e 6 (p. 34), mas aplicando tal método sobre os resultados do teorema 8 (p. 44). □

1.5.3 *Reductio Não-Alética, Paracompleta, Paraconsistente e Clássica*

O axioma $\mathcal{N}11$ introduz o que chamaremos de "Redução ao Absurdo Não-Alética". Esse axioma nos diz que, se uma fórmula α for paracompletamente bem comportada (ou seja, que satisfaça o Terceiro Excluído) implique na contradição de uma fórmula β paraconsistentemente bem comportada (ou seja, que satisfaça a Não-Contradição), então isso implica que $\neg_n \alpha$ – *i.e.*, introduzimos a negação alética de α.

Tal como fizemos nas sessões anteriores, e dada a definição das negações aléticas em termos da negação não-alética (Def. 13), podemos tentar compreender (de alguns modos diferentes) o axioma $\mathcal{N}11$

$$\alpha^{\bullet} \wedge \beta^{\circ} \rightarrow ((\alpha \rightarrow \beta) \rightarrow ((\alpha \rightarrow \neg_n \beta) \rightarrow \neg_n \alpha))$$

Dada a definição 13 (p. 43), se uma fórmula é bola aberta (bem comportada no sentido paraconsistente), então ela *ou* é uma fórmula paracompleta, *ou* é uma fórmula clássica (no caso de ser também bola fechada, *i.e.*, bem comportada no sentido paracompleto). Por outro lado, se uma fórmula é bola fechada, então *ou* ela é uma fórmula paraconsistente, *ou* é uma fórmula clássica (no caso de ser bola aberta também). Portanto, se obtivermos apenas que ela é *bem comportada* de um modo específico, não podemos decidir qual a natureza da sua negação até sabermos se ela é ou não má comportada no outro sentido. Disso se segue *quatro* interpretações diferentes do axioma $\mathcal{N}11$.

(I) $\neg_n(\alpha^{\circ}) \wedge \alpha^{\bullet}, \neg_n(\beta^{\bullet}) \wedge \beta^{\circ} \vdash_{N_1} ((\alpha \rightarrow \beta) \rightarrow ((\alpha \rightarrow \neg_q \beta) \rightarrow \neg_p \alpha))$

(II) $\alpha^{\circ} \wedge \alpha^{\bullet}, \neg_n(\beta^{\bullet}) \wedge \beta^{\circ} \vdash_{N_1} ((\alpha \rightarrow \beta) \rightarrow ((\alpha \rightarrow \neg_q \beta) \rightarrow \neg_c \alpha))$

(III) $\neg_n(\alpha^{\circ}) \wedge \alpha^{\bullet}, \beta^{\bullet} \wedge \beta^{\circ} \vdash_{N_1} ((\alpha \rightarrow \beta) \rightarrow ((\alpha \rightarrow \neg_c \beta) \rightarrow \neg_p \alpha))$

(IV) $\alpha^{\circ} \wedge \alpha^{\bullet}, \beta^{\bullet} \wedge \beta^{\circ} \vdash_{N_1} ((\alpha \rightarrow \beta) \rightarrow ((\alpha \rightarrow \neg_c \beta) \rightarrow \neg_c \alpha))$

Em (I) temos uma situação na qual a fórmula α é má comportada paraconsistentemente (ou seja, não satisfaz a Não-Contradição), mas é bem comportada no sentido paracompleto (ou seja, satisfaz o Terceiro Excluído) e, por outro lado, a fórmula β é bem comportada paraconsistentemente, mas má comportada no sentido paracompleto. Assim, sabemos que qualquer negação de α se comportará como a negação paraconsistente e qualquer negação de β será paracompleta (dada a definição 13).

Em (II) temos um caso no qual α é bem comportada nos dois sentidos, mas β continua sendo má comportada no sentido paracompleto. Desse modo, a negação de α se comportará como clássica e, ainda, a negação de β será paracompleta.

Em (III) obtemos o inverso, sendo α má comportada no sentido paraconsistente e bem comportada no sentido paracompleto, enquanto que β é bem comportada nos dois sentidos. Portanto, qualquer negação de α se comportará como uma negação paraconsistente, enquanto que as negações de β serão clássicas.

Por fim, em (IV) tanto α quanto β satisfazem o bom comportamento paraconsistente e o bom comportamento paracompleto, o que segue que qualquer negação de α ou de β se comportará como a negação clássica.

Essas quatro situações são importantes, pois podemos compreendê-los intuitivamente (dada a definição 13 das negações aléticas) do seguinte modo:

(I) $((\alpha \to \beta) \to ((\alpha \to \neg_q \beta) \to \neg_p \alpha))$

(II) $((\alpha \to \beta) \to ((\alpha \to \neg_q \beta) \to \neg_c \alpha))$

(III) $((\alpha \to \beta) \to ((\alpha \to \neg_c \beta) \to \neg_p \alpha))$

(IV) $((\alpha \to \beta) \to ((\alpha \to \neg_c \beta) \to \neg_c \alpha))$

Agora note que em $\mathscr{C}_1$, dado que todas as fórmulas satisfazem o Terceiro Excluído, se ela satisfaz a Não-Contradição (*i.e.*, satisfaz o operador bola aberta), então ela é clássica. Assim, a Redução ao Absurdo obtida em (III) é equivalente à Redução ao Absurdo Paraconsistente. Por outro lado, em $\mathscr{P}_1$, dado que todas as fórmulas satisfazem a Não-Contradição, se ela satisfaz o Terceiro Excluído (*i.e.*, satisfaz o operador bola fechada), então ela é clássica. Desse modo, a Redução ao Absurdo obtida em (II) é equivalente à Redução ao Absurdo Paracompleta. E, por fim, como todas as fórmulas de $\mathcal{LPC}$ satisfazem o Terceiro Excluído e a Não-Contradição (*i.e.*, satisfazem tanto o operador bola aberto quanto o operador bola fechada), segue que a Redução ao Absurdo obtida em (IV) é equivalente à Redução ao Absurdo Clássica. O que obtemos de diferente nessa análise, como podemos ver, é o caso (I), que chamaremos de "Redução ao Absurdo Não-Alética" (haja visto o sistema que estamos trabalhando).[57]

1.5.4 *A Semântica da Negação Não-Alética*

Não desenvolveremos toda a semântica de $\mathscr{N}_n$ $(0 \leq n \leq \omega)$ aqui. Todavia, existem alguns aspectos semânticos da negação não-alética que precisam ser levados em consideração. Como vimos na Lógica Clássica ($\mathcal{LPC}$), a função-valoração para a negação clássica é definida como (1):

$$v(\neg_c \alpha) = 1 \Leftrightarrow v(\alpha) = 0$$

Já no Cálculo Proposicional Paraconsistente ($\mathscr{C}_1$), a função-valoração para a negação paraconsistente é definida como (2):

$$v(\neg_p \alpha) = 0 \Rightarrow v(\alpha) = 1$$

E, como visto no Cálculo Proposicional Paracompleto ($\mathscr{P}_1$), a função valoração para a negação paracompleta é definida como (3)

$$v(\neg_q \alpha) = 1 \Rightarrow v(\alpha) = 0$$

No entanto, como podemos perceber no Cálculo Proposicional Não-Alético, a negação não-alética não tem significado independente da *natureza* da fórmula – *i.e.*, a negação não-alética, $\neg_n$, ao ser ligada em uma fórmula qualquer α, não terá significado a não ser que α seja uma fórmula paraconsistente, paracompleta ou clássica. Sendo assim, não podemos definir a função-valoração da negação não-alética sem apelarmos para o comportamento da fórmula que está a ela ligada. Em da Costa (1989, p.31), é oferecida uma valoração para $\mathscr{N}_1$ como se segue.

Definição 14 (Valoração de $\mathscr{N}_1$). *Uma valoração para $\mathscr{N}_1$ é um mapeamento $v : \mathfrak{F} \longrightarrow \{1,0\}$, sendo $\mathfrak{F}$ o conjunto de fórmulas de $\mathscr{N}_1$ e $\{1,0\}$ o conjunto de valores-de-verdade, onde 1 é valor designado e 0 valor não-designado, tal que:*

(1) Se α é um axioma de $\mathscr{N}_1$, então $v(\alpha) = 1$

57 Devemos notar que a *Redução ao Absurdo Não-Alética* parece caracterizar uma noção *minimal* de Redução ao Absurdo: se fórmula α satisfaz o Princípio do Terceiro Excluído e implica em uma fórmula β, que satisfaz o Princípio da Não-Contradição, como também implica na negação de β, então obtemos a negação de α.

(2) *Se* $v(\alpha) = v(\alpha \to \beta) = 1$, *então* $v(\beta) = 1$

(3) *Existe ao menos uma fórmula* β *tal que* $v(\beta) = 0$

Contudo, note que não há uma definição explícita para a negação não-alética. No entanto, de acordo com o que vimos, podemos definir a função-valoração para a negação não-alética do seguinte modo:[58]

Definição 15 (Valoração da Negação de $\mathscr{N}_1$).

(4) *Se* $v(\alpha^\circ) = v(\alpha^\bullet) = 1$, *então* $v(\neg_n \alpha) = 1 \Leftrightarrow v(\alpha) = 0$

(5) *Se* $v(\alpha^\circ) = 1$ *e* $v(\alpha^\bullet) = 0$, *então* $v(\neg_n \alpha) = 0 \Rightarrow v(\alpha) = 1$

(6) *Se* $v(\alpha^\circ) = 0$ *e* $v(\alpha^\bullet) = 1$, *então* $v(\neg_n \alpha) = 1 \Rightarrow v(\alpha) = 0$

No entanto, repare que tivemos que impôr como condição para valorarmos a negação não-alética, que tenhamos como antecedente a valoração do comportamento da fórmula a qual a negação está conectada. Sem isso, *i.e.*, se obtermos apenas o valor-de-verdade da fórmula α, não é possível caracterizar semanticamente a negação não-alética de α.

1.6 QUADRO COMPARATIVO

No começo das subseções (1.3), (1.4) e (1.5) nós introduzimos um quadro que, de modo geral, apresentava um panorama dos sistemas que tínhamos analisando anteriormente. Podemos agora ampliar esse quadro para incluir o Cálculo $\mathscr{N}_1$.

- **Consistências e Trivialidade:**

  $\mathcal{LPC}$: Consistente e Não-Trivial

  $\mathscr{C}_1$: *Paraconsistente* e Não-trivial

  $\mathscr{P}_1$: Consistente, Não-trivial

  $\mathscr{N}_1$: *Paraconsistente* e Não-trivial

- **Princípio da Identidade, Terceiro Excluído e Não-Contradição:**

58 Note que a definição a seguir é oferecida por nós, não sendo ela encontrada na literatura.

$\mathcal{LPC}$: Satisfaz Identidade, Não-Contradição e Terceiro Excluído

$\mathscr{C}_1$: Satisfaz Identidade e Terceiro Excluído, mas não satisfaz a Não-Contradição

$\mathscr{P}_1$: Satisfaz Identidade e Não-Contradição, mas não satisfaz o Terceiro Excluído

$\mathscr{N}_1$: Satisfaz Identidade, mas não satisfaz Terceiro Excluído e Não-Contradição

- ***Ex Falso* e *Terceiro Excluído*:**

  $\mathcal{LPC}$: Ambos são teoremas

  $\mathscr{C}_1$: Terceiro Excluído é teorema, mas não *Ex Falso* (que só vale para as fórmulas que são "bola aberta")

  $\mathscr{P}_1$: *Ex Falso* é teorema, mas não Terceiro Excluído (que só vale para as fórmulas que são "bola fechada")

  $\mathscr{N}_1$: Nenhum é teorema em geral, mas *Ex Falso* é teorema para as fórmulas que são "bola aberta" e Terceiro Excluído é teorema para as fórmulas que são "bola fechada"

- **Semântica da Negação:**

  $\mathcal{LPC}$: $v(\neg_c\alpha) = 1 \Leftrightarrow v(\alpha) = 0$

  $\mathscr{C}_1$: $v(\neg_p\alpha) = 0 \Rightarrow v(\alpha) = 1$

  $\mathscr{P}_1$: $v(\neg_q\alpha) = 1 \Rightarrow v(\alpha) = 0$

  $\mathscr{N}_1$: Não é caracterizada de modo independente da fórmula a qual está ligada, dependendo assim do comportamento desta fórmula

- **Fórmulas Bem Comportadas e Negação Forte:**

  $\mathcal{LPC}$: Não é definido operador de bom comportamento, uma vez que todas as fórmulas de $\mathcal{LPC}$ seriam bem comportadas tanto no sentido paraconsistente quanto no sentido paracompleto

$\mathscr{C}_1$: Se uma fórmula é bem comportada no sentido paraconsistente (α°), então a negação dessa fórmula (*i.e.*, negação [paraconsistente] forte) preserva as propriedades da negação clássica

$\mathscr{P}_1$: Se uma fórmula é bem comportada no sentido paracompleto ($\alpha^\bullet$), então a negação dessa fórmula (*i.e.*, negação [paracompleta] forte) preserva as propriedades da negação clássica

$\mathscr{N}_1$: A negação de uma fórmula bem comportada no sentido paraconsistente (α°) e é uma negação paracompleta ou clássica; A negação de uma fórmula bem comportada no sentido paracompleto ($\alpha^\bullet$) é uma negação paraconsistente ou clássica; por fim, a negação de uma fórmula bem comportada tanto no sentido paraconsistente como no sentido paracompleto preserva as propriedades da negação clássica

- **Reiteração de Negações em Fórmulas Bem Comportadas:**

  $\mathcal{LPC}$: Como não há operadores de bom comportamento, as ocorrências de n negações em uma fórmula clássica serão, todas, negações clássicas

  $\mathscr{C}_1$: Se uma fórmula for bem comportada, então todas as negações paraconsistentes conectadas a ela (independente do número) serão negações [paraconsistentes] fortes - Teo. 3

  $\mathscr{P}_1$: Se uma fórmula for bem comportada, então todas as negações paracompletas conectadas a ela (independente do número) serão negações [paracompletas] fortes - Teo. 6

  $\mathscr{N}_1$: Se uma fórmula for (i) paraconsistente (ii) paracompleta ou (iii) clássica, então todas negações não-aléticas conectadas a ela (independente do número) serão negações (i) paraconsistentes (ii) paracompletas ou (iii) clássicas - Teo. 8

Tendo em vista essas propriedades gerais que cada sistema apresentado preserva (ou não), podemos observar que parte crucial desses sistemas depende do modo como a *negação* funciona (atrelado, obviamente, ao bom ou mau comportamento das fórmulas que a negação está conectada). No entanto, as quatro negações discutidas (clássica, paraconsistente, paracompleta e não-alética) preservam propriedades diferentes umas das outras. Poderíamos nos perguntar: em face a tanta diferença, o que elas preservam em comum para que seja correto chamá-las, todas, de "negações"? Em outras palavras, o que faz delas *negações* ou, de modo geral, o que torna um conectivo ser uma negação? Para oferecermos uma resposta satisfatória a essa pergunta deveríamos nos adentrar a um trabalho muito maior, envolvendo desde um projeto exegético que remonta aos trabalhos desenvolvido na Grécia Antiga, até mesmo análise do uso de frases negativas em linguagens naturais. Todavia, este não é o foco do presente trabalho. Assumiremos, por enquanto, tal como encontramos na tradição lógico-filosófica, que os referidos conectivos apresentam três *tipos* de negação (ou *modos* de se negar), que podem ser caracterizadas utilizando o famigerado *quadrado das oposições*. Deixaremos algumas discussões filosóficas a esse respeito para o capítulo 7 (p. 197–216).[59]

1.7 NEGAÇÕES E O QUADRADO DAS OPOSIÇÕES

O quadrado das oposições remonta originalmente aos trabalhos de Aristóteles, sendo esta uma análise de frases assertivas e suas negações. De modo usual, sua apresentação analisa quatro tipos de expressões: (A) Universais Afirmativas: *Todo S é P*; (E) Universais Negativas: *Nenhum S é P*; (I) Particulares Afirmativas: *Algum S é P*; (O) Particulares Negativas: *Algum S não é P*. Essas expressões são dispostas em um quadrado (visto abaixo) que as relacionam.[60]

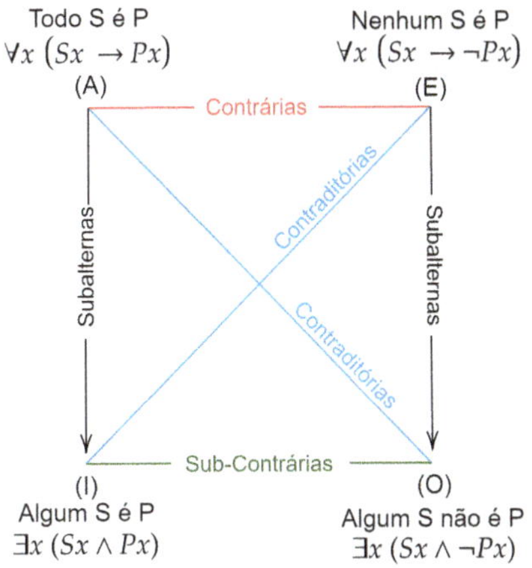

Figura 1: Quadrado das Oposições

59 Note que trataremos das negações clássica, paraconsistente e paracompleta, sendo a quarta negação supracitada, a negação não-alética, um *tipo* de negação (ou modo de se negar) que se comporta de acordo com alguma dessas três negações.

60 Utiliza-se fórmulas da lógica clássica de primeira ordem para representar as afirmações analisadas no quadrado de oposição. *Cf.* Parsons (2017)

Como podemos facilmente observar, as proposições do tipo (A) Universais Afirmativas e as do tipo (O) Particulares Negativas são contraditórias, do mesmo modo que as proposições do tipo (E) Universais Negativas e as do tipo (I) Particulares Afirmativas. Isto é, as proposições do tipo (A) e (O) não podem (em uma semântica padrão) ter o mesmo valor-de-verdade ao mesmo tempo – *i.e.*, em uma mesma valoração. O mesmo se segue para as proposições do tipo (E) e (I). Por outro lado, as proposições do tipo (A) Universais Afirmativas e as do tipo (E) Universais Negativas são chamadas de contrárias, podendo ser ambas *falsas* ao mesmo tempo, ainda que não possam ser ambas *verdadeiras* ao mesmo tempo. Por fim, as proposições do tipo (I) Particulares Afirmativas e as proposições do tipo (O) Particulares Negativas podem, por outro lado, ser *verdadeiras* ao mesmo tempo, ainda que não possam ser *falsas* ao mesmo tempo.

As relações de contraditoriedade, contrariedade e sub-contradiedade parecem refletir aspectos importantes das três negações que avaliamos.[61] Uma fórmula α e sua negação clássica, $\neg_c\alpha$, parecem refletir uma relação de contradição, posto que α e $\neg_c\alpha$ não podem ter *o mesmo* valor-de-verdade ao mesmo tempo (*i.e.*, em uma mesma valoração). Por outro lado, uma fórmula α e sua negação paracompleta, $\neg_q\alpha$, parecem refletir uma relação de contrariedade, uma vez que α e $\neg_q\alpha$ podem ser falsas ao mesmo tempo, ainda que não verdadeiras. Por fim, uma fórmula α e sua negação paraconsistente, $\neg_p\alpha$, parecem refletir uma relação de sub-contrariedade, visto que α e $\neg_p\alpha$ podem ser verdadeiras ao mesmo tempo, mas não falsas. Poderíamos observar essas relações na seguinte figura:[62]

61 *Cf.* Slater (1995); Béziau (2003); Arenhart (2015).

62 Como destaca (Arenhart, 2015, p. 528): "[...] this terminology applies when we consider that the relations of opposition encapsulated by these negations mimic the relations of opposition described in terms of the traditional square". Além disso, outro aspecto importante ressaltado pelo autor é que "[...] the usual procedure in logic texts is to keep calling an expression of the form $[\alpha \wedge \neg_p\alpha]$ a contradiction (it could be called a 'paraconsistent contradiction'), and the same is usually done for paracomplete negation" (Arenhart, 2015, p. 528).

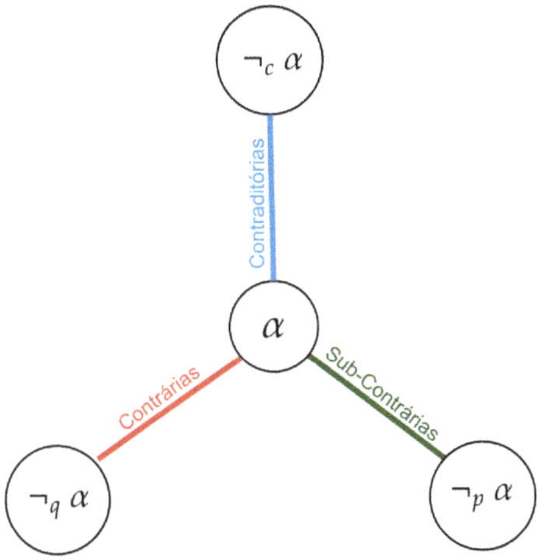

Figura 2: Tetraedro Simples das Oposições

De modo geral, parece que podemos aceitar tal representação para compreendermos as relações de *contrariedade*, *sub-contrariedade* e *contradição* que há entre uma fórmula e os três tipos de negações que vimos. Mas haveria alguma relação de subalternação? Pensemos nas relações semânticas que vimos anteriormente. A negação clássica nos garante que se uma fórmula for verdadeira, sua negação clássica é falsa e, do mesmo modo, se a negação clássica de uma fórmula for verdadeira, então a fórmula é falsa. Por outro lado, se uma fórmula for falsa, sua negação paraconsistente é verdadeira (ou, se a negação paraconsistente de uma fórmula for falsa, então a fórmula é verdadeira). Por fim, se uma fórmula for verdadeira, sua negação paracompleta é falsa (ou, do mesmo modo, se a negação paracompleta de uma fórmula for verdadeira, a fórmula é falsa). Isso é descrito em:

(i) $v(\neg_c\alpha) = 1 \Leftrightarrow v(\alpha) = 0$

(ii) $v(\neg_p\alpha) = 0 \Rightarrow v(\alpha) = 1$

(iii) $v(\neg_q\alpha) = 1 \Rightarrow v(\alpha) = 0$

Como podemos observar, se $\neg_q\alpha$ é verdadeiro, então α é falso. Se α é falso, então $\neg_c\alpha$ é verdadeiro. Ou seja, $v(\neg_q\alpha) = 1 \Rightarrow v(\neg_c\alpha) = 1$. Temos, portanto, uma relação de subalternação entre a negação paracompleta e a negação clássica.

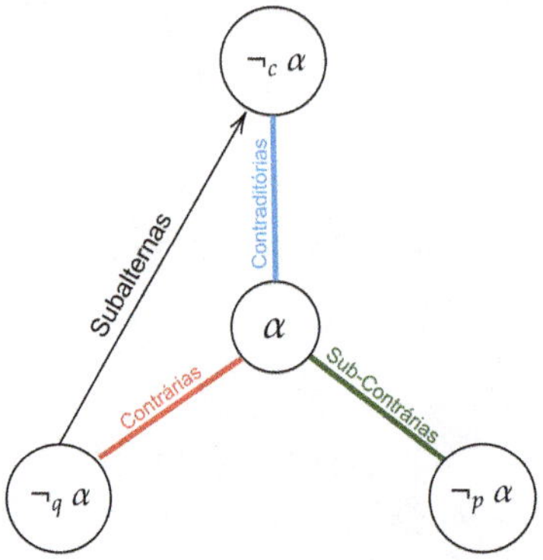

Figura 3: Tetraedro Simples das Oposições

Suponhamos agora que $\neg_C\alpha$ é verdadeira. Disso se segue que α é falso. Como vimos anteriormente, se α é falso, então $\neg_P\alpha$ é verdadeiro. Portanto, temos uma segunda relação de subalternação: $v(\neg_C\alpha) = 1 \Rightarrow v(\neg_P\alpha) = 1$.

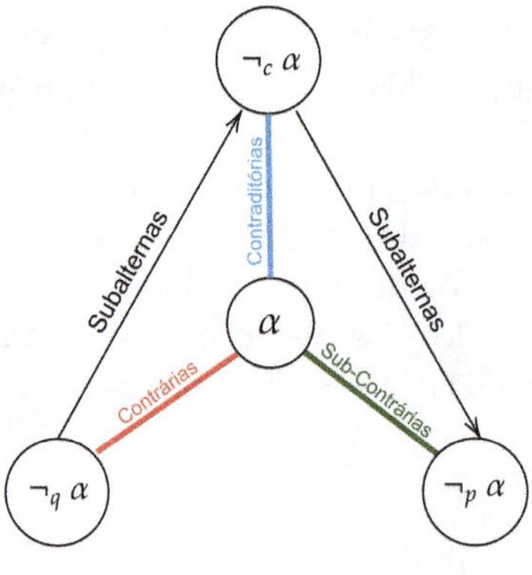

Figura 4: Tetraedro Simples das Oposições

Por fim, posto que $v(\neg_q\alpha) = 1 \Rightarrow v(\neg_C\alpha) = 1$ e $v(\neg_C\alpha) = 1 \Rightarrow v(\neg_P\alpha) = 1$, disso se segue que: $v(\neg_q\alpha) = 1 \Rightarrow v(\neg_P\alpha) = 1$. Ou seja, obtemos uma terceira relação de subalternação:

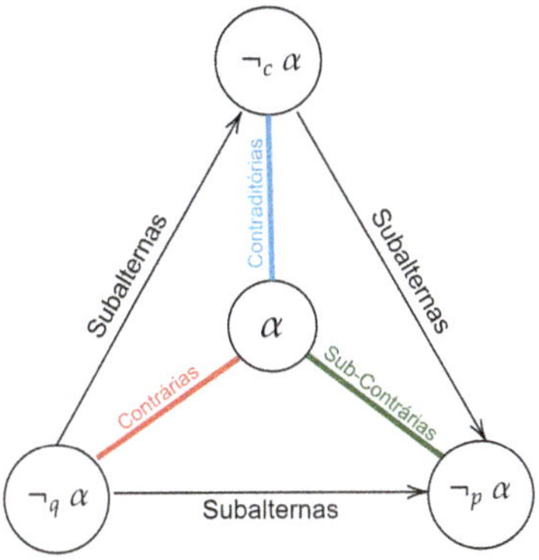

Figura 5: Tetraedro Simples das Oposições

Parece apropriado dizer que essas relações entre as três negações fazem sentido. Mas podemos compreendê-las em algum dos sistemas vistos anteriormente? O único sistema lógico que nos permite tratar das *três negações* é o Cálculo Proposicional Não-Alético $\mathcal{N}_n$ $(0 \leq n \leq \omega)$. Deste modo, parece que estamos justificados a nos questionar: podemos compreender essas relações no cálculo $\mathcal{N}_n$? Como foi ressaltado anteriormente, no tocante a reiteração de negações, nos cálculos $\mathcal{N}_n$, se uma fórmula for (i) paraconsistente (ii) paracompleta ou (iii) clássica, então todas negações não-aléticas conectadas a ela (independente do número) serão negações (i) paraconsistentes (ii) paracompletas ou (iii) clássicas – isso por conta do Teorema 8, p. 44. Portanto, se uma fórmula α for bem comportada no sentido paraconsistente (satisfizer o Princípio da Não-Contradição) e no sentido paracompleto (satisfizer o Princípio do Terceiro Excluído), então toda negação conectada a α será uma negação clássica – independente do número de negações reiteradas. Deste modo, nunca poderemos obter em $\mathcal{N}_n$ uma fórmula como $\neg_c\alpha \rightarrow \neg_p\alpha$ ou, por exemplo, uma fórmula como $\neg_c\neg_p\neg_q\alpha$. Sem essas fórmulas nós não poderíamos compreender relações importantes entre as três negações (que exigiriam estar conectadas a uma mesma fórmula). No entanto, seria possível construir um sistema que permita tratar de casos como esses? Isto é, haveria algum sistema lógico que figuram as três negações e que permita relacioná-las, mantendo o *espírito* (*i.e.*, as características teóricas e metateóricas que esperamos encontrar) de cada negação? Nos próximos capítulos dirigiremos nossos esforços para responder esses problemas, desenvolvendo um conjunto de sistemas que deem conta de compreender tais relações entre as três negações vistas.

Parte II

SISTEMAS KG

2

SISTEMAS KG: SINTAXE

> “[...] a tarefa não é ver o que ninguém viu ainda, mas pensar aquilo que ninguém pensou a respeito daquilo que todo mundo vê.”
>
> ARTHUR SCHOPENHAUER
> *Sobre a filosofia e seu método*

Como declarado, o cálculo $\mathscr{N}_1$ nos fornece um sistema que, introduzindo apenas uma negação (que chamamos de "não-alética", representada por "$\neg_n$"), capaz de *simular* as três principais negações que estudamos ao longo deste trabalho (*viz.*, clássica, paraconsistente e paracompleta).[63] Devido ao seu comportamento ser determinado pelo comportamento da fórmula a ela conectada, vimos que não somos capazes de, em $\mathscr{N}_1$, compreender as relações e interações entre as três negações. Isto é, não é possível obtermos uma fórmula como, por exemplo, $\neg_p\neg_c\alpha$ ou $\neg_c(\alpha \wedge \neg_q\alpha)$. Não sendo possível, portanto, obtermos fórmulas complexas cujas sub-fórmulas estão conectadas a diferentes tipos de negações, não podemos analisar de modo rigoroso dúvidas como: será que $\neg_p\neg_c\alpha$ é equivalente à $\neg_q\neg_p\alpha$? Ou será que a fórmula $\neg_q\neg_c\alpha \rightarrow \alpha$ pode ser obtida como teorema?

Para tratarmos desse problema introduziremos quatro sistemas lógicos, que chamaremos de "$\mathcal{KG}$-Minimal" ($\mathcal{KG}_m$), "$\mathcal{KG}$-paraconsistente" ($\mathcal{KG}_p$), "$\mathcal{KG}$-paracompleto" ($\mathcal{KG}_q$) e "$\mathcal{KG}$-Completo" ($\mathcal{KG}_c$).[64] Em suas construções sintáticas, os quatro compartilham a mesma linguagem, alterando-se apenas alguns axiomas entre eles.

63 Como visto a partir da página 39.
64 Devemos notar que os quatro sistemas $\mathcal{KG}$ são trabalhos originais, não apresentados antes na literatura especializada.

2.1 LINGUAGEM

Seja $\mathfrak{L}$ uma linguagem proposicional, cujo alfabeto e regras de formação de fórmulas são definidas como se segue.

Definição 16 (Alfabeto de $\mathfrak{L}$). *Serão os símbolos básicos de $\mathfrak{L}$ os que se seguem:*

(a) Símbolos Proposicionais: $p, q, r, s, p^1, p^2, \ldots$

(b) Conectivos Lógicos:

(b.1) $\neg_c$ – que chamaremos de "negação clássica"

(b.2) $\neg_q$ – que chamaremos de "negação paracompleta"

(b.3) $\neg_p$ – que chamaremos de "negação paraconsistente"

(b.4) $\rightarrow$ – que chamaremos de "condicional" ou "implicação"

(c) Símbolos Auxiliares: parênteses, chaves, vírgulas

Definição 17 (Expressão). *Uma expressão de $\mathfrak{L}$ é qualquer sequência finita de símbolos do alfabeto de $\mathfrak{L}$.*

Podemos agora definir as *expressões bem formadas* de $\mathfrak{L}$, que chamaremos de "fórmulas".

Definição 18 (Fórmula). *Seja $\mathcal{F}$ o conjunto das fórmulas de $\mathfrak{L}$, definido indutivamente do seguinte modo:*

(i) Se p é um símbolo proposicional de $\mathfrak{L}$, então $p \in \mathcal{F}$ (i.e., p é uma fórmula);

(ii) Se α é uma fórmula, então as expressões $\neg_c\alpha$, $\neg_q\alpha$ e $\neg_p\alpha$ são fórmulas;

(iv) Se α e β são fórmulas, então a expressão $(\alpha \rightarrow \beta)$ é uma fórmula;

(v) Apenas essas expressões são fórmulas.

Dada as definições anteriores, podemos então oferecer as expressões de $\mathfrak{L}$ que chamaremos de "postulados" e "axiomas" dos sistemas $\mathcal{KG}$ que desenvolveremos.[65]

65 Por questão de precisão devemos notar que ofereceremos *esquemas de axiomas*, figurando metavariáveis proposicionais ao invés de símbolos proposicionais.

2.2 POSTULADOS

Tomaremos como postulado inicial a *regra de inferência* (sendo esta uma relação entre conjunto de fórmulas e fórmula) conhecida como *Modus Ponens*, seguindo então dos esquemas de axiomas para os sistemas $\mathcal{KG}$.

Postulado 1 (MP). $\alpha, \alpha \to \beta / \beta$

Axioma 1 (C1). $\alpha \to (\beta \to \alpha)$

Axioma 2 (C2). $(\alpha \to \beta) \to ((\alpha \to (\beta \to \gamma)) \to (\alpha \to \gamma))$

Axioma 3 (N1). $(\alpha \to \beta) \to ((\alpha \to \neg_c \beta) \to \neg_c \alpha)$

Axioma 4 (N2). $\neg_q \alpha \to \neg_c \alpha$

Axioma 5 (N3). $\neg_c \alpha \to \neg_p \alpha$

Axioma 6 (N4). $\neg_c \neg_c \alpha \to \alpha$

Axioma 7 (N5). $\neg_p \neg_p \alpha \to \alpha$

Axioma 8 (N6). $\alpha \to \neg_q \neg_q \alpha$

Podemos agora definir os conectivos clássicos, como a *conjunção, disjunção* e *bicondicional* através da condicional e negação clássica.

Definição 19 (Conectivos Clássicos). *Podemos definir os conectivos clássicos do seguinte modo:*

Conjunção: $\alpha \wedge \beta \stackrel{def}{=} \neg_c(\alpha \to \neg_c \beta)$

Disjunção: $\alpha \vee \beta \stackrel{def}{=} \neg_c \alpha \to \beta$

Bicondicional: $\alpha \leftrightarrow \beta \stackrel{def}{=} (\alpha \to \beta) \wedge (\beta \to \alpha)$

2.3 OPERADORES ESPECIAIS

Definiremos a seguir três operadores especiais de *bom comportamento*. Vejamos suas definições e sua importância, começando com o operador de bom comportamento para a negação paraconsistente.

Definição 20 (Operador-p). $\alpha^p \stackrel{def}{=} (\neg_p \alpha \to \neg_c \alpha)$

O operador definido acima, que chamaremos de "operador-p", tem características similares ao operador de *bom comportamento* do cálculo $\mathscr{C}_1$ (Def. 6, p. 21), que em $\mathscr{C}_1$ é definido como

$$\alpha^{\circ} \stackrel{\text{def}}{=} \neg_p(\alpha \wedge \neg_p \alpha)$$

O bom comportamento de uma fórmula (ou ser operado pela bola aberta, no cálculo $\mathscr{C}_1$), significa que não é o caso que tanto a fórmula quanto sua negação paraconsistente são o caso. Do mesmo modo, quando α^p é o caso, segue que não poderemos obter tanto α quanto $\neg_p\alpha$ – o que é equivalente dizermos que a fórmula α satisfaz o Princípio da Não-Contradição. Em $\mathcal{KG}$ isso será compreendido como: a negação paraconsistente de uma fórmula implica na negação clássica dessa mesma fórmula.

Como podemos observar no axioma (N3), é garantido que a negação clássica de uma fórmula implica na negação paraconsistente dessa mesma fórmula. Portanto, quando a fórmula é bem comportada, temos uma bi-implicação entre uma fórmula ser classicamente negada e paraconsistentemente negada. Em outras palavras, nos casos em que uma fórmula é bem comportada (ou é operada por ^{p}), segue que a negação paraconsistente é equivalente a negação clássica desta fórmula.

Definição 21 (Operador-q). $\alpha^q \stackrel{\text{def}}{=} (\neg_c\alpha \rightarrow \neg_q\alpha)$

O operador que definimos acima, que chamaremos de "operador-q", tem características similares ao operador de *bom comportamento* do cálculo $\mathscr{P}_1$ (Def. 9, p.32) que em $\mathscr{P}_1$ é definido como

$$\alpha^{\bullet} \stackrel{\text{def}}{=} \alpha \vee \neg_q \alpha$$

De modo semelhante ao operador de *bom comportamento* do cálculo paraconsistente, que garante que uma fórmula α satisfaz o Princípio da Não-Contradição, o operador de *bom comportamento* do cálculo paracompleto garante que uma dada fórmula α satisfaz o Princípio do Terceiro-Excluído. Deste modo o *operador-q* significa que não é o caso que tanto uma fórmula quanto sua negação paracompleta são falsas – em outros termos, não é o caso que tanto $\neg_c\alpha$ quanto $\neg_c\neg_q\alpha$. Em nosso sistema isso é equivalente a dizer que a negação clássica de uma fórmula implica a negação paracompleta dessa mesma fórmula. E como podemos observar no axioma (N2), é garantido que a negação paracompleta implica a negação clássica de uma fórmula. Portanto, quando a fórmula é operada pelo *operador-q*, temos uma bi-implicação entre uma fórmula ser paracompletamente negada e classicamente negada, *i.e.*, nesses casos se segue que a negação paracompleta de uma fórmula é equivalente a negação clássica dessa fórmula.

Com as duas definições anteriores, podemos observar que se uma fórmula for operada tanto pelo operador-p quanto pelo operador-q, as negações clássica, paraconsistente e paracompleta serão todas equivalentes. Podemos, por fim, definir o seguinte operador:

Definição 22 (Operador-*c*). $\alpha^c \stackrel{def}{=} (\neg_p\alpha \rightarrow \neg_q\alpha)$

Através das definições anteriores, podemos facilmente perceber que: α^c é equivalente a $\alpha^p \wedge \alpha^q$.

2.4 DIFERENTES SISTEMAS KG

Como apontado anteriormente, há quatro sistemas que podemos construir através das definições e postulados apresentados. Vejamos suas diferenças no que toca à construção de tais sistemas. Deve-se ressaltar que as alterações sintáticas criadas pelos quatro sistemas que veremos implica em alterações na semântica que ofereceremos a seguir.

2.4.1 *KG-minimal*

Chamaremos de "$\mathcal{KG}$-Minimal" ($\mathcal{KG}_m$) o sistema lógico desenvolvido sobre a linguagem apresentada, mas que contém (MP) e os axiomas de (C1)-(N4). Note, portanto, que no sistema $\mathcal{KG}_m$ nós não obtemos (i) a introdução da dupla negação paracompleta e tampouco (ii) a eliminação da dupla negação paraconsistente. No cálculo paracompleto $\mathscr{P}_1$, o princípio (i) é aceito – no caso, é um axioma do sistema; já no cálculo $\mathscr{C}_1$, o princípio (ii) é aceito – e também é um axioma daquele sistema. Dado que não obtemos

(i) $\alpha \rightarrow \neg_q\neg_q\alpha$

(ii) $\neg_p\neg_p\alpha \rightarrow \alpha$

a negação paraconsistente nesse sistema é estritamente mais fraca que a negação do cálculo $\mathscr{C}_1$; e, do mesmo modo, a negação paracompleta é estritamente mais fraca que a negação do cálculo $\mathscr{P}_1$.

2.4.2 *KG-paraconsistente*

Chamaremos de "$\mathcal{KG}_p$" o sistema lógico desenvolvido sobre a linguagem apresentada, mas que contém (MP) e os axiomas de (C1)-(N4) e o axioma (N5). Dado o axioma (N5), a eliminação da dupla negação paraconsistente se torna um teorema do nosso sistema – sendo assim uma negação paraconsistente com as propriedades da negação do sistema $\mathscr{C}_1$. Todavia, a negação paracompleta continua preservando as propriedades do sistema $\mathcal{KG}_m$, sendo, portanto, estritamente mais fraca que a negação do cálculo $\mathscr{P}_1$.

2.4.3 *KG-paracompleto*

Chamaremos de "$\mathcal{KG}_q$" o sistema lógico desenvolvido sobre a linguagem apresentada, mas que contém (MP) e os axiomas de (C1)-(N4) e o axioma (N6). Do modo inverso, tendo o axioma (N6), a introdução da dupla negação paracompleta se torna um teorema do nosso sistema – o que torna a negação paracompleta equivalente a negação do sistema $\mathscr{P}_1$. Em contrapartida, a negação paraconsistente tem as mesmas propriedades do sistema $\mathcal{KG}_m$, sendo, portanto, estritamente mais fraca que a negação do cálculo $\mathscr{C}_1$.

2.4.4 *KG-completo*

Chamaremos de "$\mathcal{KG}_c$" o sistema lógico desenvolvido sobre a linguagem apresentada contendo (MP) e todos os axiomas (*i.e.*, dos axiomas (C1)-(N6)). Por fim, tanto (i) quanto (ii) são teoremas do nosso sistema, o que torna ambas negações (paracompleta e paraconsistente) *completas* no sentido de terem as mesmas propriedades das negações dos cálculos $\mathscr{P}_1$ e $\mathscr{C}_1$, respectivamente.

Como vimos, todos os postulados de $\mathcal{KG}_m$ são postulados de $\mathcal{KG}_p$, $\mathcal{KG}_q$ e $\mathcal{KG}_c$. Portanto, todos os teoremas de $\mathcal{KG}_m$ serão facilmente obtidos como teoremas dos outros três sistemas.

2.5 DEDUÇÃO E TEOREMA

Podemos agora definir as noções de *Dedução* como também de *Teorema* de um Sistema $\mathcal{KG}$.

Definição 23 (Dedução). *Seja i algum dos sistemas de $\mathcal{KG}$ (i.e., seja i = $\mathcal{KG}_m$, $\mathcal{KG}_p$, $\mathcal{KG}_q$ ou $\mathcal{KG}_c$) e $\mathcal{L} = \langle \mathfrak{L}, A_i, R_i \rangle$ uma estrutura onde $\mathfrak{L}$ é a linguagem previamente definida, A_i é o conjunto de axiomas e R_i o conjunto de regras de inferência de i.*

Dizemos que uma fórmula $\alpha \in \mathfrak{L}$ é dedutível de um conjunto de fórmulas $\Gamma \subseteq \mathfrak{L}$ (o que representamos por $\Gamma \vdash_i \alpha$) sse há uma sequência finita de fórmulas $\langle \beta_1, ..., \beta_n \rangle \in \mathfrak{L}$ tal que:

(a) $\beta_n = \alpha$; *e*

(b) para toda β_j, onde $j \leqslant n$: ou

(i) $\beta_j \in A_i$, *i.e, é um axioma de i; ou*

(ii) $\beta_j \in \Gamma$; *ou*

(iii) há um subconjunto de fórmulas $\{\beta_1, ..., \beta_i\}_{i<j}$ de $\beta_1, ..., \beta_j$ onde $\langle \{\beta_1, ..., \beta_i\}, \beta_j \rangle \in r$ para uma regra de inferência $r \in R_i$ – i.e., há uma regra $r \in R_i$ onde β_j é uma consequência das fórmulas anteriores $(\beta_1, ..., \beta_i)$ quando aplicamos r.

Na definição anterior dissemos "conjunto de axiomas" e "conjunto de regras de inferência de *i*". Como vimos, há quatro sistemas diferentes a partir das definições e postulados oferecidos (*viz.*, $\mathcal{KG}_m$, $\mathcal{KG}_p$, $\mathcal{KG}_q$ e $\mathcal{KG}_c$), sendo que o que diferencia esses sistemas serão os conjuntos de axiomas que cada sistema adota. Portanto, utilizando a definição de dedução oferecida, se adotarmos os postulados de $\mathcal{KG}_m$, por exemplo, teremos então um operador de dedução (ou *consequência sintática*) que representaremos por $\vdash_{km}$. O mesmo ocorrerá para $\mathcal{KG}_p$ ($\vdash_{kp}$), $\mathcal{KG}_q$ ($\vdash_{kq}$) e, por fim, $\mathcal{KG}_c$ ($\vdash_{kc}$).

Definição 24 (Teorema). *Nós dizemos que "α é um teorema de i" (sendo i um Sistema $\mathcal{KG}$) se, e somente se, $\varnothing \vdash_i \alpha$. Nós representaremos que α é um teorema de i como*

$$\vdash_i \alpha$$

Definição 25. *Sejam $\Delta, \Gamma \subseteq \mathfrak{L}$ dois conjuntos de fórmulas. Nós dizemos que Δ é dedutível em i de Γ (i.e., $\Gamma \vdash_i \Delta$) se, e somente se, para toda $\alpha \in \Delta$, $\Gamma \vdash_i \alpha$.*

Note que, pela definição da dedução (Def. 23, p. 64), $\vdash_i$ é uma relação entre conjuntos de fórmulas e fórmulas. Todavia, pela definição anterior (def. 25), nós estendemos a aplicação de $\vdash_i$ a uma relação entre conjuntos de fórmulas. Daqui em diante, a não ser que dito de outro modo, quando usarmos o termo "dedução", nós estamos nos referindo a noção definida em 23.

2.6 ALGUNS METATEOREMAS

Os metateoremas apresentados a seguir são resultados, principalmente, do modo como definimos a consequência sintática (dedução) e dos postulados

(MP)-(N1). Portanto, são metateoremas para os quatro sistemas discutidos anteriormente (sendo i um dos sistemas $\mathcal{KG}$).

Metateorema 1 (Autodedutibilidade).

$$\alpha \in \Gamma \quad \Rightarrow \quad \Gamma \vdash_i \alpha$$

Demonstração. Suponha que $\alpha \in \Gamma$. Nós podemos facilmente construir uma sequência unitária $\langle \alpha \rangle$ a partir de Γ e, pela definição da dedução (Def. 23, p. 64), a sequência satisfaz (a), *i.e.*, α é a última fórmula da sequência unitária $\langle \alpha \rangle$; e satisfaz a condição (ii) de (b), *i.e.*, $\alpha \in \Gamma$. Portanto, $\Gamma \vdash_i \alpha$ □

Corolário 10. $\Delta \subseteq \Gamma \quad \Rightarrow \quad \Gamma \vdash_i \Delta$

Demonstração. A prova deste corolário é uma aplicação trivial do metateorema 1. Assumindo que $\Delta \subseteq \Gamma$, uma vez que $\alpha \in \Delta$ é tal que $\alpha \in \Gamma$ (pela Def. 25, p. 65), através do metateorema 1 nós temos que $\Gamma \vdash_i \alpha$. No entanto, uma vez que para todo $\alpha \in \Delta$, de acordo com a definição 25 (p. 65), nós temos que $\Gamma \vdash_i \Delta$. □

Metateorema 2 (Monotonicidade).

$$\Gamma \vdash_i \alpha \quad \Rightarrow \quad \Gamma \cup \Delta \vdash_i \alpha$$

Demonstração. Suponha que $\Gamma \vdash_i \alpha$. Pela definição da dedução (Def. 23, p. 64), há uma sequência de fórmulas $\langle \beta, \beta_1, ..., \alpha \rangle \in \Gamma$ onde α é a última fórmula. Se $\Gamma \cup \Delta$, então, pela definição de União de Conjuntos, para todo elemento $x \in \Gamma$, $x \in \Gamma \cup \Delta$. Uma vez que a sequência $\langle \beta, \beta_1, ..., \alpha \rangle \in \Gamma$, segue-se que $\langle \beta, \beta_1, ..., \alpha \rangle \in \Gamma \cup \Delta$. Portanto, uma vez que a derivação de α pertence a $\Gamma \cup \Delta$, segue-se pela definição da dedução (Def. 23, p. 64) que $\Gamma \cup \Delta \vdash_i \alpha$. □

Metateorema 3 (Regra do Corte).

$$\Gamma \vdash_i \Delta \quad e \quad \Delta \vdash_i \Phi \quad \Rightarrow \quad \Gamma \vdash_i \Phi$$

Demonstração. Pela definição 25 (p. 65), $\Gamma \vdash_i \Delta$ se, e somente se, para toda fórmula $\beta \in \Delta$, $\Gamma \vdash_i \beta$. Disso se segue que nós temos de Γ uma derivação para toda fórmula $\beta \in \Delta$. Pelo mesmo raciocínio, nós temos que, para toda fórmula $\alpha \in \Phi$, há uma derivação de α a partir de Δ. Pela definição da dedução (Def. 23, p. 64), para toda $\alpha \in \Phi$, se α é dedutível de Δ, então há uma sequência de fórmulas pertencentes a Δ tal que α é sua última fórmula. Como já dito, qualquer fórmula de Δ é dedutível de Γ. Portanto, para qualquer sequência de fórmulas de Δ que deduzimos α (para toda $\alpha \in \Phi$), esta sequência é dedutível a partir de Γ. Logo, $\Gamma \vdash_i \Phi$. □

Metateorema 4 (Teorema da Dedução).

$$\Gamma, \alpha \vdash_i \beta \quad \Rightarrow \quad \Gamma \vdash_i \alpha \to \beta$$

Demonstração. Seja $\Gamma, \alpha \vdash_i \beta$ e, a partir disso, a prova que $\Gamma \vdash_i \alpha \to \beta$ será feita através de *indução matemática* no comprimento de derivação. Pela Autodedutibilidade (Metateo. 1, p. 66) nós temos que $\Gamma, \alpha \vdash_i \alpha$. Isto é, há uma derivação Ω de α a partir de $\Gamma \cup \{\alpha\}$. Temos que provar que é possível transformar a derivação Ω em uma derivação de $\alpha \to \beta$ a partir de Γ. Primeiro vamos provar para o caso mais simples, com comprimento igual a 1. Após isso, vamos provar que se esse resultado vale para derivações com comprimento menor que n ($n > 0$), então o resultado vale para qualquer comprimento. Vejamos o caso mais simples: $\Omega = \{\beta\}$. Dada a definição de dedução (Def. 23, p. 64), há três situações possíveis: (1.a) β é um axioma; ou (1.b) β é uma das premissas; ou (1.c) $\beta = \alpha$. Em qualquer um dos casos podemos construir uma dedução de $\alpha \to \beta$ a partir de Γ como se segue:

(1.a) $\Gamma \vdash_i \alpha \to \beta$

	(1)	β	Axioma
	(2)	$\beta \to (\alpha \to \beta)$	C1
	(3)	$\alpha \to \beta$	1,2: MP

(1.b) $\Gamma \vdash_i \alpha \to \beta$

Prem	(1)	β	
	(2)	$\beta \to (\alpha \to \beta)$	C1
1	(3)	$\alpha \to \beta$	1,2: MP

(1.c) $\Gamma \vdash_i \alpha \to \beta$

	(1)	$\beta \to \beta$	Teorema de $\mathfrak{L}$

Vamos agora supor que $\Gamma, \alpha \vdash_i \beta$ e há uma dedução de tamanho menor que n de β a partir de $\Gamma \cup \{\alpha\}$, então $\Gamma \vdash_i \alpha \to \beta$ – daremos o nome dessa suposição de "hipótese de indução". Seja então $\Omega = \{\beta_1, ..., \beta_{n-1}, \beta\}$ uma dedução de β de comprimento n. Novamente, pela definição de dedução (Def. 23, p. 64) nós temos que: (2.a) β é um axioma; ou (2.b) β é uma das premissas; ou (2.c) $\beta = \alpha$; ou (2.d) β é obtido por regras de inferência a partir dos membros anteriores da dedução, o que significa que há um β_k e β_j $(k, j < n)$ tal que $\beta_j = \beta_k \to \beta$. Nosso objetivo é mostrar que, para qualquer uma das situações, podemos deduzir $\alpha \to \beta$ a partir de Γ. Para as situações (2.a), (2.b) e (2.c) o procedimento é idêntico, respectivamente, ao casos (1.a), (1.b) e (1.c). Vamos considerar então os casos (2.d). Uma vez que β_k e β_j são membros de Ω, que tem uma derivação de comprimento n de β a partir de $\Gamma \cup \{\alpha\}$, então β_k e β_j são tais que $\Gamma, \alpha \vdash_i \beta_k$ e $\Gamma, \alpha \vdash_i \beta_j$. Uma vez que k e j são menores que n, temos uma derivação de β_k a partir de $\Gamma \cup \{\alpha\}$ e a derivação de β_j a partir de $\Gamma \cup \{\alpha\}$ com comprimento menor que n. Assim, de acordo com a *hipótese da indução*, $\Gamma \vdash_i \alpha \to \beta_k$ e $\Gamma \vdash_i \alpha \to \beta_j$ o que, por sua vez $\Gamma \vdash_i \alpha \to (\beta_k \to \beta)$ – uma vez que $\beta_j = \beta_k \to \beta$, como estabelecido anteriormente. Portanto, há uma dedução de Ω_k de $\alpha \to \beta_k$ a partir de Γ, e uma dedução de Ω_j de $\alpha \to (\beta_k \to \beta)$ a partir de Γ. A partir dessas duas deduções, nós podemos então construir uma dedução de $\alpha \to \beta$ a partir de Γ como se segue:

(2.d) $\Gamma \vdash_i \alpha \to \beta$

	$\vdots$	membros de Ω_k
(k)	$\alpha \to \beta_k$	justificação em Ω_k
	$\vdots$	membros de Ω_j
(k+j)	$\alpha \to (\beta_k \to \beta)$	justificação em Ω_j
(k+j+1)	$(\alpha \to \beta_k) \to ((\alpha \to (\beta_k \to \beta)) \to (\alpha \to \beta))$	axioma C2
(k+j+2)	$(\alpha \to (\beta_k \to \beta)) \to (\alpha \to \beta)$	k, k+j+1: MP
(k+j+3)	$\alpha \to \beta$	k+j, k+j+2: MP

Portanto, nós provamos que se $\Gamma, \alpha \vdash_i \beta$ in $\mathfrak{L}$, então $\Gamma \vdash_i \alpha \to \beta$ em $\mathfrak{L}$. □

Metateorema 5 (Teorema da Implicatividade).

$$\Gamma \vdash_i \alpha \to \beta \quad \Rightarrow \quad \Gamma, \alpha \vdash_i \beta$$

Demonstração. Suponha que $\Gamma \vdash_i \alpha \to \beta$. Pelo metateorema da Monotonicidade (Metateo. 2, p. 66), nós temos que se $\Gamma \vdash_i \alpha \to \beta$, então $\Gamma, \alpha \vdash_i \alpha \to \beta$. Aplicando o metateorema da Autodedutibilidade (Metateo. 1, p. 66) ao resultado anterior, nós obtemos que $\Gamma, \alpha \vdash_i \alpha$. Uma vez que $\Gamma, \alpha \vdash_i \alpha \to \beta$ e $\Gamma, \alpha \vdash_i \alpha$, nós obtemos (por Modus Ponnens) que $\Gamma, \alpha \vdash_i \beta$. □

Metateorema 6 (Prova por Casos).

$$\Gamma, \alpha \vdash_i \gamma \quad e \quad \Gamma, \beta \vdash_i \gamma \quad \Rightarrow \quad \Gamma, \alpha \vee \beta \vdash_i \gamma$$

Demonstração. Suponha que (1) $\Gamma, \alpha \vdash_i \gamma$ e (2) $\Gamma, \beta \vdash_i \gamma$. Então, aplicando o Teorema da Dedução (Metateo. 4, p. 67) a (1), nós obtemos que (1') $\Gamma \vdash_i \alpha \to \gamma$;

e, do mesmo modo, quando aplicamos o Teorema da Dedução a (2), nós obtemos que (2′) $\Gamma \vdash_i \beta \rightarrow \gamma$. Nós conseguimos obter como teorema que (A) $\vdash_i (\alpha \rightarrow \gamma) \rightarrow ((\beta \rightarrow \gamma) \rightarrow ((\alpha \vee \beta) \rightarrow \gamma))$.[66] Aplicando os resultados (1′) ao teorema (A), nós obtemos (por Modus Ponnens) que $\Gamma \vdash_i (\beta \rightarrow \gamma) \rightarrow ((\alpha \vee \beta) \rightarrow \gamma))$. Aplicando (2′) ao resultado anterior, obtemos que $\Gamma \vdash_i (\alpha \vee \beta) \rightarrow \gamma$. Finalmente, se aplicarmos o Teorema da Implicatividade (Metateo. 5, p. 68), nós obtemos que $\Gamma, \alpha \vee \beta \vdash_i \gamma$. □

Metateorema 7 (Teorema da Finitude). $\Gamma \vdash_i \alpha$ *se, e somente se, existe um subconjunto finito* Δ *de* Γ *tal que* $\Delta \vdash_i \alpha$.

Demonstração. Provemos primeiro que (a) Se $\Gamma \vdash_i \alpha$, então há um subconjunto finito Δ de Γ tal que $\Delta \vdash_i \alpha$. Suponha que $\Gamma \vdash_i \alpha$. Pela definição de dedução, então há uma sequência *finita* de fórmulas $\langle \beta_1, ..., \beta_n \rangle$ tal que $\beta_n = \alpha$ e, para toda β_j ($j \leqslant n$), ou (i) $\beta_j \in A_i$, *i.e*, é um axioma de i; ou (ii) $\beta_j \in \Gamma$; ou (iii) β_j é obtida pela aplicação de uma regra de inferência das fórmulas anteriores (que, em última instância, ou são axiomas ou fórmulas que pertencem a Δ). Seja Δ o conjunto de toda fórmula β_j da sequência que satisfaz a condição (ii), *i.e.*, que são fórmulas de Γ. O conjunto Δ, por definição, será subconjunto de Γ (posto que todas as fórmulas de Δ pertencem a Γ), será finito (posto que a dedução de α a partir de Γ é finita) e $\Delta \vdash_i \alpha$ (posto que a mesma sequência $\langle \beta_1, ..., \beta_n \rangle$ pode ser aplicada a Δ para deduzir α). Provemos agora que (b) se existe um subconjunto finito Δ de Γ tal que $\Delta \vdash_i \alpha$, então $\Gamma \vdash_i \alpha$. Suponha que Δ é um subconjunto finito de Γ tal que $\Delta \vdash_i \alpha$. Posto que toda fórmula de Δ pertence a Γ, então a mesma derivação de α a partir das fórmulas de Δ será também uma derivação de α a partir (das mesmas fórmulas de Δ) de Γ. □

66 A prova será oferecida na Seção 5.3 (p. 147).

3

SISTEMAS KG: SEMÂNTICA

> “ The opposite of a correct statement is a false statement. But the opposite of a profound truth may well be another profound truth ”
>
> NIELS BOHR
> *Niels Bohr: His Life and Work*

A seguir apresentaremos uma semântica de valorações para os Sistemas $\mathcal{KG}$, seguida de algumas tabelas de verdade que podemos construir sobre tal semântica e um método de provas por *tableaux analíticos* para $\mathcal{KG}$.

3.1 VALORAÇÃO

Uma semântica de valorações para um sistema lógico consiste em estabelecermos uma função que irá mapear as fórmulas de nossa linguagem em um conjunto de valores-de-verdade, de modo que as condições impostas para essa função determinam os valores-de-verdade de cada fórmula. Primeiramente ofereceremos uma definição abrangente de conjunto de valores-de-verdade (conjunto-verdade), dado em termos de valores designados e não-designados.

Definição 26 (Valores-de-Verdade). *Seja $\mathcal{V} = D \cup D'$ um conjunto tal que $D \cap D' = \varnothing$. Chamaremos os elementos de $\mathcal{V}$ de "valores-de-verdade", tal que:*

i) Se $x \in D$, dizemos que x é valor designado

ii) Se $x \in D'$, dizemos que x é valor não-designado

Chamaremos $\mathcal{V}$ de "conjunto-verdade".

Estabelecido o conjunto-verdade, podemos então definir uma função de mapeamento (chamada de "função-valoração") que irá atribuir valores-de-verdade às fórmulas de nossa linguagem. Note que devemos definir quatro *tipos* de funções-valorações distintas, refentes a cada um dos sistemas $\mathcal{KG}$ – haja visto que, por exemplo, enquanto que $\mathcal{KG}_c$ contém todos os nove postulados dos sistemas $\mathcal{KG}$ (p. 61), $\mathcal{KG}_m$ tem apenas sete dos postulados. Essa diferença sintática altera algumas condições que serão impostas sobre a função-valoração. Todavia, por questão de brevidade, ofereceremos apenas uma definição da função-valoração para os Sistemas $\mathcal{KG}$, no qual somos capazes de obter as quatro funções, tal como se segue:

Definição 27 (Função-Valoração). *Seja i um sistema $\mathcal{KG}$. Uma valoração de i é uma função $v^i : \mathfrak{L}^i \Rightarrow \mathcal{V}$ que mapeia o conjunto das fórmulas de $\mathfrak{L}^i$ no conjunto-verdade $\mathcal{V}$, definido como se segue:*

Seja $i = \mathcal{KG}_m, \mathcal{KG}_p, \mathcal{KG}_q$ ou $\mathcal{KG}_c$:

(a) $v^i(\alpha) \in D$ sse $v^i(\alpha) \notin D'$

(b) $v^i(\neg_c\alpha) \in D$ sse $v^i(\alpha) \notin D$

(c) Se $v^i(\neg_p\alpha) \notin D$, então $v^i(\alpha) \in D$

(d) Se $v^i(\neg_q\alpha) \in D$, então $v^i(\alpha) \notin D$

(e) $v^i(\alpha \rightarrow \beta) \in D$ sse $v^i(\alpha) \notin D$ ou $v^i(\beta) \in D$

Seja $i = \mathcal{KG}_p$ ou $\mathcal{KG}_c$:

(f) Se $v^i(\neg_p\neg_p\alpha) \in D$, então $v^i(\alpha) \in D$

Seja $i = \mathcal{KG}_q$ ou $\mathcal{KG}_c$:

(g) Se $v^i(\alpha) \in D$, então $v^i(\neg_q\neg_q\alpha) \in D$

Se $v^i(\alpha) \in D$, dizemos que α tem valor designado; se $v^i(\alpha) \in D'$, dizemos que α tem valor não-designado.

Uma vez que estamos assumindo (ainda que implicitamente) uma teoria clássica de conjuntos na metalinguagem, como $\mathcal{ZF}$, obtemos facilmente como teorema que $v^i(\alpha) \notin D$ se, e somente se $v^i(\alpha) \in D'$. Isto é, ou uma fórmula α tem valor designado, ou tem valor não-designado (valendo assim o princípio do terceiro-excluído na metalógica).

Devemos notar que as definições anteriores não se restringem apenas a uma semântica chamada de "bivalorada", *i.e.*, cujos valores de verdade são apenas *verdadeiro* e *falso* – ou seja, onde $\mathcal{V}$ = {verdadeiro, falso}, tal que D = {verdadeiro} e D' = {falso}. Assim podemos construir uma semântica com n valores de verdade. Contudo, será do nosso interesse oferecer uma semântica bivalorada para os Sistemas $\mathcal{KG}$, obtendo a partir da definição da função-valoração o seguinte resultado:

Corolário 11 (Semântica Bivalorada dos Sistemas $\mathcal{KG}$). *Seja $D = \{1\}$ e $D' = \{0\}$, tal que $\mathcal{V} = \{1, 0\}$. De acordo com a definição da função-valoração anterior, obtemos os seguintes resultados:*

Seja $i = \mathcal{KG}_m, \mathcal{KG}_p, \mathcal{KG}_q$ ou $\mathcal{KG}_c$:

(a) $v^i(\alpha) = 1$ *sse* $v^i(\alpha) \neq 0$

(b) $v^i(\neg_c\alpha) = 1$ *sse* $v^i(\alpha) = 0$

(c) Se $v^i(\neg_p\alpha) = 0$, *então* $v^i(\alpha) = 1$

(d) Se $v^i(\neg_q\alpha) = 1$, *então* $v^i(\alpha) = 0$

(e) $v^i(\alpha \rightarrow \beta) = 1$ *sse* $v^i(\alpha) = 0$ *ou* $v^i(\beta) = 1$

Seja $i = \mathcal{KG}_p$ ou $\mathcal{KG}_c$:

(f) $v^i(\neg_p\neg_p\alpha) = 1$, *então* $v^i(\alpha) = 1$

Seja $i = \mathcal{KG}_q$ ou $\mathcal{KG}_c$:

(g) Se $v^i(\alpha) = 1$, *então* $v^i(\neg_q\neg_q\alpha) = 1$

Se $v^i(\alpha) = 1$, dizemos que α é "verdadeira"; se $v^i(\alpha) = 0$, dizemos que α é "falsa".

Doravante, quando nos referirmos à semântica de valorações dos Sistemas $\mathcal{KG}$, estaremos nos referindo à semântica bivalorada apresentada no corolário anterior. Podemos agora estabelecer precisamente as definições de *satisfação*, *modelo*, *consequência*, *equivalência semântica* e *tautologia*.

Definição 28 (Satisfação). *Seja α uma fórmula de $\mathfrak{L}^i$ e v_i uma função-valoração tal como definida anteriormente. Dizemos que se $v_i(\alpha) = 1$, então a valoração v_i satisfaz a fórmula α, e escrevemos $v_i \vDash_i \alpha$. Se esse não for o caso, i.e., $v_i(\alpha) = 0$, dizemos que v_i não-satisfaz α, escrevendo $v_i \nvDash_i \alpha$.*

Definição 29 (Modelo). *Seja Γ é um conjunto de fórmulas de $\mathfrak{L}^i$ e v_i uma função-valoração tal como definida anteriormente, então, se para toda fórmula $\alpha \in \Gamma$, $v_i \vDash_i \alpha$, dizemos que v_i é um modelo de Γ (e escrevemos $v_i \vDash_i \Gamma$). Caso contrário, dizemos que v_i não é um modelo de Γ, e escrevemos $v_i \nvDash_i \Gamma$.*

Repare que nas definições anteriores nós utilizamos v_i e $\vDash_i$. Devemos ressaltar que, dado que temos quatro sistemas $\mathcal{KG}$ e, consequentemente, quatro funções-valoração, para cada sistema particular que estivermos trabalhando, obteremos uma noção de satisfação e modelo para cada sistema. Isto é, teremos $\vDash_{km}$ para a função v^m referente ao sistema $\mathcal{KG}_m$; $\vDash_{kp}$ e v^p para o sistema $\mathcal{KG}_p$; $\vDash_{kq}$ e v^q para o sistema $\mathcal{KG}_q$; e, por fim, $\vDash_{kc}$ e v^c para o sistema $\mathcal{KG}_c$. Podemos agora introduzir a noção de *consequência semântica*.

Definição 30 (Consequência Semântica). *Dizemos que uma fórmula α é consequência semântica de um conjunto de fórmulas Γ em um dado sistema i (sendo i um dos quatro sistemas $\mathcal{KG}$) se, para toda valoração v_i que seja modelo de Γ, temos que $v_i(\alpha) = 1$. Isto é, em toda valoração v_i que atribui valor-designado para todas as fórmulas de Γ é também uma valoração que atribui valor-designado para α. Escrevemos $\Gamma \vDash_i \alpha$ se esse é o caso, e $\Gamma \nvDash_i \alpha$ caso contrário.*

A seguir, denotaremos por $\alpha \vDash_i \beta$ o caso no qual β é consequência semântica do conjunto-unitário $\{\alpha\}$. Podemos agora definir a noção de *equivalência semântica.*

Definição 31 (Equivalência Semântica). *Se para qualquer valoração v_i, $v_i(\alpha) = v_i(\beta)$, dizemos que, em i (sendo i um dos sistemas $\mathcal{KG}$) α é semanticamente equivalente a β.*

Trivialmente, se α e β são semanticamente equivalentes em um sistema $\mathcal{KG}$ (que continuaremos representando por *i*), então nesse sistema *i* obtemos que $\alpha \vDash_i \beta$ e $\beta \vDash_i \alpha$. Outro resultado direto que obtemos é que $\alpha \vDash_i \alpha$ (para toda valoração v_i de todo sistema *i* que seja um sistema $\mathcal{KG}$). Podemos enfim introduzir a noção de *tautologia* de um dado sistema $\mathcal{KG}$.

Definição 32 (Tautologia). *Se para toda valoração v_i, $v_i(\alpha) = 1$, dizemos que α é uma tautologia do sistema i (sendo i um dos sistemas $\mathcal{KG}$). Se esse for o caso, escrevemos que $\vDash_i \alpha$ e, caso contrário, $\nvDash_i \alpha$.*

3.1.1 *Alguns Teoremas das Valorações de KG*

Vejamos agora alguns resultados que podemos obter através das definições oferecidas anteriormente. Dadas as definições dos operadores (*viz.*, definições

20, 21 e 22) e a definição da função-valoração v^i, facilmente obtemos as seguintes funções-valoração para os operadores:

Teorema 21 (Semântica dos Operadores de Bom Comportamento).

(i) $v^i(\alpha^p) = 1$ *sse* $v^i(\neg_p\alpha) = 0$ *ou* $v^i(\neg_c\alpha) = 1$

(ii) $v^i(\alpha^q) = 1$ *sse* $v^i(\neg_c\alpha) = 0$ *ou* $v^i(\neg_q\alpha) = 1$

(iii) $v^i(\alpha^c) = 1$ *sse* $v^i(\neg_p\alpha) = 0$ *ou* $v^i(\neg_q\alpha) = 1$

Demonstração. (i) Dado que o operador ^{p} é definido como $\alpha^p \stackrel{\text{def}}{=} \neg_p\alpha \to \neg_c\alpha$ (Def. 20, p. 61), então $v^i(\alpha^p) = 1$ sse $v^i(\neg_p\alpha \to \neg_c\alpha) = 1$. E visto as condições de valoração para a condicional, obtemos que $v^i(\alpha^p) = 1$ sse $v^i(\neg_p\alpha) = 0$ ou $v^i(\neg_c\alpha) = 1$.
(ii) Dado que o operador ^{q} é definido como $\alpha^q \stackrel{\text{def}}{=} \neg_c\alpha \to \neg_q\alpha$ (Def. 21, p. 61), então $v^i(\alpha^q) = 1$ sse $v^i(\neg_c\alpha \to \neg_q\alpha) = 1$. E visto as condições de valoração para a condicional, obtemos que $v^i(\alpha^q) = 1$ sse $v^i(\neg_c\alpha) = 0$ ou $v^i(\neg_q\alpha) = 1$.
(iii) Dado que o operador ^{c} é definido como $\alpha^c \stackrel{\text{def}}{=} \neg_p\alpha \to \neg_q\alpha$ (Def. 22, p. 61), então $v^i(\alpha^c) = 1$ sse $v^i(\neg_p\alpha \to \neg_q\alpha) = 1$. E visto as condições de valoração para a condicional, obtemos que $v^i(\alpha^c) = 1$ sse $v^i(\neg_p\alpha) = 0$ ou $v^i(\neg_q\alpha) = 1$. □

Como resultado direto dessas valorações, podemos observar alguns fatos interessantes sobre o funcionamento das negações:

Corolário 12 (Relações dos Operadores ^{c}, ^{p} e ^{q}).

(a) Não há uma situação na qual $v^i(\alpha^p) = v^i(\alpha^q) = v^i(\alpha^c) = 0$. *Isto é, não há uma situação na qual uma fórmula é "mal comportada" de acordo com os três operadores de bom comportamento definidos.*

(b) Quando $v^i(\alpha^p) = v^i(\alpha^q) = 1$, *segue-se que as valoração das três negações são equivalentes, i.e.,* $v^i(\neg_c\alpha) = v^i(\neg_p\alpha) = v^i(\neg_q\alpha)$. *Isto é, se uma fórmula for paraconsistemente e paracompletamente bem comportada, então as valorações dessa fórmula com qualquer uma das três negações serão equivalente.*

Demonstração.
Provemos (a). (1) Se $v^i(\alpha^p) = 0$, então $v^i(\neg_p\alpha) = 1$ e $v^i(\neg_c\alpha) = 0$; (2) do mesmo modo, se $v^i(\alpha^q) = 0$, então $v^i(\neg_c\alpha) = 1$ e $v^i(\neg_q\alpha) = 0$. Todavia, repare que de (1) obtemos que $v^i(\neg_c\alpha) = 0$ e de (2) obtemos que $v^i(\neg_c\alpha) = 1$, o que não pode ser o caso.
Provemos (b). Seja o caso de que $v^i(\alpha^p) = v^i(\alpha^q) = 1$ o que, pelas funções-valoração, obtemos que $v^i(\neg_p\alpha) = 0$ ou $v^i(\neg_c\alpha) = 1$ e $v^i(\neg_c\alpha) = 0$ ou $v^i(\neg_q\alpha) = 1$.

Suponhamos, por hipótese, que seja falso que $v^i(\neg_c\alpha) = v^i(\neg_p\alpha) = v^i(\neg_q\alpha)$. Por exemplo, vejamos a situação na qual $v^i(\neg_c\alpha) = 1$, $v^i(\neg_p\alpha) = 1$ mas $v^i(\neg_q\alpha) = 0$. Se $v^i(\neg_q\alpha) = 0$, então para ser o caso que $v^i(\alpha^q) = 1$ (o que estamos assumindo), $v^i(\neg_c\alpha) = 0$ – mas esse não é o caso, dada a hipótese. Podemos observar os mesmos problemas para todas as hipóteses onde as negações clássicas, paraconsistente e paracompleta tomam valores distintos. Portanto, se $v^i(\alpha^p) = v^i(\alpha^q) = 1$, então $v^i(\neg_c\alpha) = v^i(\neg_p\alpha) = v^i(\neg_q\alpha)$. □

Vejamos agora o comportamento semântico dos axiomas de $\mathcal{KG}$ em cada um de seus sistemas.

Teorema 22. *Em $\mathcal{KG}_m$, obtemos que:*

(C1) $\vDash_{km} \alpha \rightarrow (\beta \rightarrow \alpha)$

(C2) $\vDash_{km} (\alpha \rightarrow \beta) \rightarrow ((\alpha \rightarrow (\beta \rightarrow \gamma)) \rightarrow (\alpha \rightarrow \gamma))$

(N1) $\vDash_{km} (\alpha \rightarrow \beta) \rightarrow ((\alpha \rightarrow \neg_c\beta) \rightarrow \neg_c\alpha)$

(N2) $\vDash_{km} \neg_q\alpha \rightarrow \neg_c\alpha$

(N3) $\vDash_{km} \neg_c\alpha \rightarrow \neg_p\alpha$

(N4) $\vDash_{km} \neg_c\neg_c\alpha \rightarrow \alpha$

(N5) $\nvDash_{km} \neg_p\neg_p\alpha \rightarrow \alpha$

(N6) $\nvDash_{km} \alpha \rightarrow \neg_q\neg_q\alpha$

Demonstração.
(C1) Suponha que haja uma valoração v^m de $\mathcal{KG}_m$ tal que (1) $v^m(\alpha \rightarrow (\beta \rightarrow \alpha)) = 0$. Então (2.a) $v^m(\alpha) = 1$ e (2.b) $v^m(\beta \rightarrow \alpha) = 0$. De (2.b) obtemos que (2.b.i) $v^m(\beta) = 1$ e (2.b.ii) $v^m(\alpha) = 0$. No entanto, (2.b.ii) contradiz (2.a). Portanto, $v^m(\alpha \rightarrow (\beta \rightarrow \alpha)) = 1$, para toda estrutura $\mathcal{A}$ de $\mathcal{KG}_m$.
(C2) Suponha que haja uma valoração v^m de $\mathcal{KG}_m$ tal que (1) $v^m((\alpha \rightarrow \beta) \rightarrow ((\alpha \rightarrow (\beta \rightarrow \gamma)) \rightarrow (\alpha \rightarrow \gamma))) = 0$. De (1) obtemos que (2.a) $v^m(\alpha \rightarrow \beta) = 1$ e (2.b) $v^m((\alpha \rightarrow (\beta \rightarrow \gamma)) \rightarrow (\alpha \rightarrow \gamma)) = 0$. De (2.b) obtemos que (3.a) $v^m(\alpha \rightarrow (\beta \rightarrow \gamma)) = 1$ e (3.b) $v^m(\alpha \rightarrow \gamma) = 0$. De (3.b) obtemos que (3.b.i) $v^m(\alpha) = 1$ e (3.b.ii) $v^m(\gamma) = 0$. De (2.a) obtemos que ou (2.a.i) $v^m(\alpha) = 0$ ou (2.a.ii) $v^m(\beta) = 1$. No entanto, (2.a.i) contradiz (3.b.i). Portanto, segue-se que (2.a.ii) De (3.a) obtemos que ou (3.a.i) $v^m(\alpha) = 0$ ou (3.a.ii) $v^m(\beta \rightarrow \gamma) = 1$. No entanto, (3.a.i) contradiz, novamente, (3.b.i). Portanto, segue-se que (3.a.ii). De (3.a.ii) obtemos que ou (3.a.ii.I) $v^m(\beta) = 0$ ou (3.a.ii.II) $v^m(\gamma) = 1$. No entanto, (3.a.ii.I) contradiz (2.a.ii)

e (3.a.ii.II) contradiz (3.b.ii). Logo, segue-se que não há uma valoração v^m para $\mathcal{KG}_m$ tal que $v^m((\alpha \to \beta) \to ((\alpha \to (\beta \to \gamma)) \to (\alpha \to \gamma))) = 0$.
(N1) Suponha que haja uma valoração v^m de $\mathcal{KG}_m$ tal que (1)$v^m((\alpha \to \beta) \to ((\alpha \to \neg_c\beta) \to \neg_c\alpha)) = 0$. De (1) obtemos que (2.a) $v^m(\alpha \to \beta) = 1$ e (2.b) $v^m((\alpha \to \neg_c\beta) \to \neg_c\alpha) = 0$. De (2.b) obtemos que (3.a) $v^m(\alpha \to \neg_c\beta) = 1$ e (3.b) $v^m(\neg_c\alpha) = 0$. De (3.b) obtemos que (3.b.i) $v^m(\alpha) = 1$. De (2.a) obtemos que ou (2.a.i) $v^m(\alpha) = 0$ ou (2.a.ii) $v^m(\beta) = 1$. No entanto, (2.a.i) contradiz (3.b.i). Portanto, segue-se que (2.a.ii). De (3.a) segue-se que (3.a.i) $v^m(\alpha) = 0$ ou (3.a.ii) $v^m(\neg_c\beta) = 1$. No entanto, como vimos anteriormente, (3.a.i) contradiz (3.b.i), seguindo-se que (3.a.ii). No entanto, de (3.a.ii) obtemos que (3.a.ii.I) $v^m(\beta) = 0$, que contradiz (2.a.ii). Logo, segue-se que não há uma valoração v^m para $\mathcal{KG}_m$ tal que $v^m((\alpha \to \beta) \to ((\alpha \to \neg_c\beta) \to \neg_c\alpha)) = 0$.
(N2) Suponha que haja uma valoração v^m de $\mathcal{KG}_m$ tal que (1) $v^m(\neg_q\alpha \to \neg_c\alpha) = 0$. De (1) se segue que (2) $v^m(\neg_q\alpha) = 1$ e (3) $v^m(\neg_c\alpha) = 0$. De (2) segue-se que (2.a) $v^m(\alpha) = 0$ e de (3) segue-se que (3.a) $v^m(\alpha) = 1$. Mas (2.a) e (3.a) se contradizem. Logo, não há uma valoração v^m para $\mathcal{KG}_m$ tal que $v^m(\neg_q\alpha \to \neg_c\alpha) = 0$.
(N3) Suponha que haja uma valoração v^m de $\mathcal{KG}_m$ tal que (1) $v^m(\neg_c\alpha \to \neg_p\alpha) = 0$. De (1) se segue que (2) $v^m(\neg_c\alpha) = 1$ e (3) $v^m(\neg_p\alpha) = 0$. De (2) segue-se que (2.a) $v^m(\alpha) = 0$ e de (3) segue-se que (3.a) $v^m(\alpha) = 1$. Mas (2.a) e (3.a) se contradizem. Logo, não há uma valoração v^m para $\mathcal{KG}_m$ tal que $v^m(\neg_c\alpha \to \neg_p\alpha) = 0$.
(N4) Suponha que haja uma valoração v^m de $\mathcal{KG}_m$ tal que (1) $v^m(\neg_c\neg_c\alpha \to \alpha) = 0$. De (1) se segue que (2) $v^m(\neg_c\neg_c\alpha) = 1$ e (3) $v^m(\alpha) = 0$. De (2) segue-se que (2.a) $v^m(\neg_c\alpha) = 0$ e de (2.a) segue-se que (2.b) $v^m(\alpha) = 1$. No entanto, (2.b) contradiz (3). Portanto, não há uma valoração v^m para $\mathcal{KG}_m$ tal que $v^m(\neg_c\neg_c\alpha \to \alpha) = 0$.
(N5) Se fosse o caso que $\vDash_{km} \neg_p\neg_p\alpha \to \alpha$, então obteríamos uma contradição semântica da suposição que há alguma valoração v^m de $\mathcal{KG}_m$ tal que (1) $v^m(\neg_p\neg_p\alpha \to \alpha) = 0$. Vejamos se esse é o caso. De (1) obtemos que (2) $v^m(\neg_p\neg_p\alpha) = 1$ e (3) $v^m(\alpha) = 0$. No entanto, de (2) não somos capazes de obter que $v^m(\alpha) = 1$ e, assim, seguir-se uma contradição. Portanto, $\nvDash_{km} \neg_p\neg_p\alpha \to \alpha$.
(N6) Se fosse o caso que $\vDash_{km} \alpha \to \neg_q\neg_q\alpha$, então obteríamos uma contradição semântica da suposição que há alguma valoração v^m de $\mathcal{KG}_m$ tal que (1) $v^m(\alpha \to \neg_q\neg_q\alpha) = 0$. Vejamos se esse é o caso. De (1) obtemos que (2) $v^m(\alpha) = 1$ e (3) $v^m(\neg_q\neg_q\alpha) = 0$. No entanto, de (1) não somos capazes de obter que $v^m(\alpha) = 0$ e, assim, seguir-se uma contradição. Portanto, $\nvDash_{km} \alpha \to \neg_q\neg_q\alpha$. □

Teorema 23. *Em $\mathcal{KG}_p$, obtemos que:*

(C1) $\models_{kp} \alpha \to (\beta \to \alpha)$

(C2) $\models_{kp} (\alpha \to \beta) \to ((\alpha \to (\beta \to \gamma)) \to (\alpha \to \gamma))$

(N1) $\models_{kp} (\alpha \to \beta) \to ((\alpha \to \neg_c\beta) \to \neg_c\alpha)$

(N2) $\models_{kp} \neg_q\alpha \to \neg_c\alpha$

(N3) $\models_{kp} \neg_c\alpha \to \neg_p\alpha$

(N4) $\models_{kp} \neg_c\neg_c\alpha \to \alpha$

(N5) $\models_{kp} \neg_p\neg_p\alpha \to \alpha$

(N6) $\not\models_{kp} \alpha \to \neg_q\neg_q\alpha$

Demonstração. As demonstração de (C1)-(N4) e (N6) são as mesmas vistas no teorema 22 (p. 76). Precisamos, portanto, avaliar (N5). Antes de iniciarmos a demonstração, devemos levar em consideração que a semântica para $\mathcal{KG}_p$ introduz, além de todas as condições de verdade para $\mathcal{KG}_m$, a condição: (g) $v^p(\neg_p\neg_p\alpha) = 1 \Rightarrow v^p(\alpha) = 1$. Através dessa condição, a demonstração de (N5) se torna direta. Suponha que haja uma estrutura v^p de $\mathcal{KG}_p$ tal que (1) $v^p(\neg_p\neg_p\alpha \to \alpha) = 0$. De (1) obtemos que (2) $v^p(\neg_p\neg_p\alpha) = 1$ e (3) $v^p(\alpha) = 0$. Dada a condição (j), segue-se de (2) que (2.a) $v^p(\alpha) = 1$, o que contradiz (3). Portanto, não há uma valoração v^p para $\mathcal{KG}_p$ tal que $v^p(\neg_p\neg_p\alpha \to \alpha) = 0$ □

Teorema 24. *Em $\mathcal{KG}_q$, obtemos que:*

(C1) $\models_{kq} \alpha \to (\beta \to \alpha)$

(C2) $\models_{kq} (\alpha \to \beta) \to ((\alpha \to (\beta \to \gamma)) \to (\alpha \to \gamma))$

(N1) $\models_{kq} (\alpha \to \beta) \to ((\alpha \to \neg_c\beta) \to \neg_c\alpha)$

(N2) $\models_{kq} \neg_q\alpha \to \neg_c\alpha$

(N3) $\models_{kq} \neg_c\alpha \to \neg_p\alpha$

(N4) $\models_{kq} \neg_c\neg_c\alpha \to \alpha$

(N5) $\not\models_{kq} \neg_p\neg_p\alpha \to \alpha$

(N6) $\models_{kq} \alpha \to \neg_q\neg_q\alpha$

Demonstração. As demonstração de (C1)-(N5) são as mesmas vistas no teorema 22 (p. 76). Precisamos, portanto, avaliar (N6). Antes de iniciarmos a demonstração, devemos levar em consideração que a semântica para $\mathcal{KG}_q$ introduz, além de todas as condições de verdade para $\mathcal{KG}_m$, a condição: (h) $v^q(\alpha) = 1 \Rightarrow v^q(\neg_q\neg_q\alpha) = 1$. Através dessa condição, a demonstração de (N6) se torna direta. Suponha que haja uma valoração v^q de $\mathcal{KG}_q$ tal que (1) $v^q(\alpha \to \neg_q\neg_q\alpha) = 0$. De (1) obtemos que (2) $v^q(\alpha) = 1$ e (3) $v^q(\neg_q\neg_q\alpha) = 0$. Dada a condição (k), segue-se de (2) que (2.a) $v^q(\neg_q\neg_q\alpha) = 1$, o que contradiz (3). Portanto, não há uma valoração v^q para $\mathcal{KG}_q$ tal que $v^q(\alpha \to \neg_q\neg_q\alpha) = 0$. □

Teorema 25. *Em $\mathcal{KG}_c$, obtemos que:*

(C1) $\vDash_{kc} \alpha \to (\beta \to \alpha)$

(C2) $\vDash_{kc} (\alpha \to \beta) \to ((\alpha \to (\beta \to \gamma)) \to (\alpha \to \gamma))$

(N1) $\vDash_{kc} (\alpha \to \beta) \to ((\alpha \to \neg_c\beta) \to \neg_c\alpha)$

(N2) $\vDash_{kc} \neg_q\alpha \to \neg_c\alpha$

(N3) $\vDash_{kc} \neg_c\alpha \to \neg_p\alpha$

(N4) $\vDash_{kc} \neg_c\neg_c\alpha \to \alpha$

(N5) $\vDash_{kc} \neg_p\neg_p\alpha \to \alpha$

(N6) $\vDash_{kc} \alpha \to \neg_q\neg_q\alpha$

Demonstração. As demonstrações (C1)-(N4) são as mesmas vistas no teorema 22 (p. 76). Posto que $\mathcal{KG}_c$ contém a condição (g), a demonstração de (N5) é a mesma que a vista no teorema 23 (p. 77). E, uma vez que $\mathcal{KG}_c$ contém a condição (h), a demonstração de (N6) é a mesma que a vista no teorema 24 (p. 78). □

3.1.2 *Correção e Completude das Valorações de KG*

Vamos demonstrar os metateoremas da Correção e Completude dos Sistemas $\mathcal{KG}$ dada a semântica de valorações que oferecemos. Para tal, precisamos oferecer algumas definições e obter alguns resultados preliminares. Seja $\mathfrak{L}^i$ o conjunto de fórmulas de i (sendo i algum dos sistemas $\mathcal{KG}$). Usaremos Γ^i e Δ^i para designar subconjuntos de $\mathfrak{L}^i$.

Definição 33. *Seja $\overline{\Gamma^i} = \{\alpha \in \mathfrak{L}^i : \Gamma^i \vdash_i \alpha\}$. Chamaremos $\overline{\Gamma^i}$ de conjunto das consequências de Γ^i.*

Definição 34 (Conjunto Trivial). *O conjunto Γ^i é dito "trivial" se $\overline{\Gamma^i} = \mathfrak{L}^i$. De outro modo, é dito "não-trivial".*

Ou seja, se $\Gamma^i \vdash_i \alpha$, para toda fórmula $\alpha \in \mathfrak{L}^i$, então Γ^i é dito "trivial".

Definição 35 (Conjunto Inconsistente). *O conjunto Γ^i é dito "inconsistente" se há ao menos uma fórmula α, tal que $\alpha, \neg_i\alpha \in \overline{\Gamma^i}$ – onde $\neg_i$ é $\neg_q$, $\neg_c$ ou $\neg_p$. Por questão notacional, chamaremos um conjunto Γ^i de:*

- *"$\neg_q$-inconsistente" se $\alpha, \neg_q\alpha \in \overline{\Gamma^i}$*
- *"$\neg_c$-inconsistente" se $\alpha, \neg_c\alpha \in \overline{\Gamma^i}$*
- *"$\neg_p$-inconsistente" se $\alpha, \neg_p\alpha \in \overline{\Gamma^i}$*

Teorema 26.
(i) se Γ^i for $\neg_q$-inconsistente, então Γ^i é também $\neg_c$-inconsistente;
(ii) se Γ^i for $\neg_c$-inconsistente, então Γ^i é também $\neg_p$-inconsistente.

Demonstração. Suponha que (i) Γ^i é $\neg_q$-inconsistente. Então $\alpha, \neg_q\alpha \in \overline{\Gamma^i}$. Dada a definição de $\overline{\Gamma^i}$, segue-se que (1) $\Gamma^i \vdash_i \neg_q\alpha$. Posto que (N2) $\neg_q\alpha \rightarrow \neg_c\alpha$ é axioma de todo sistema $\mathcal{KG}$, então (2) $\Gamma^i \vdash_i \neg_q\alpha \rightarrow \neg_c\alpha$. Portanto, de (1) e (2), obtemos que (3) $\Gamma^i \vdash_i \neg_c\alpha$. Temos assim que $\Gamma^i \vdash_i \alpha$ e $\Gamma^i \vdash_i \neg_c\alpha$. Consequentemente, $\alpha, \neg_c\alpha \in \overline{\Gamma^i}$, satisfazendo a condição de ser $\neg_c$-inconsistente.
Suponha que (ii) Γ^i é $\neg_c$-inconsistente. Então $\alpha, \neg_c\alpha \in \overline{\Gamma^i}$. Dada a definição de $\overline{\Gamma^i}$, segue-se que (1) $\Gamma^i \vdash_i \neg_c\alpha$. Posto que (N3) $\neg_c\alpha \rightarrow \neg_p\alpha$ é axioma de todo sistema $\mathcal{KG}$, então (2) $\Gamma^i \vdash_i \neg_c\alpha \rightarrow \neg_p\alpha$. Portanto, de (1) e (2), obtemos que (3) $\Gamma^i \vdash_i \neg_p\alpha$. Temos assim que $\Gamma^i \vdash_i \alpha$ e $\Gamma^i \vdash_i \neg_p\alpha$. Consequentemente, $\alpha, \neg_p\alpha \in \overline{\Gamma^i}$, satisfazendo a condição de ser $\neg_p$-inconsistente. □

Definição 36 (Conjunto Paracompleto). *O conjunto Γ^i é dito "paracompleto" se há ao menos uma fórmula α, tal que $\alpha, \neg_q\alpha \notin \overline{\Gamma^i}$.*

Definição 37 (Conjunto Maximal Não-Trivial). *Γ^i é dito "maximal não-trivial" se Γ^i é não-trivial e, para toda fórmula α, se $\alpha \notin \Gamma^i$, então $\Gamma^i \cup \{\alpha\}$ é trivial.*

Teorema 27. *Se Γ^i é um conjunto maximal não-trivial de fórmulas, então:*

1. $\Gamma^i \vdash_i \alpha \Leftrightarrow \alpha \in \Gamma^i$
2. $\vdash_i \alpha \Rightarrow \alpha \in \Gamma^i$
3. $\alpha \in \Gamma^i \Leftrightarrow \neg_c\alpha \notin \Gamma^i$
4. $\alpha \in \Gamma^i \Rightarrow \neg_q\alpha \notin \Gamma^i$
5. $\alpha \notin \Gamma^i \Rightarrow \neg_p\alpha \in \Gamma^i$
6. $\alpha \in \Gamma^i$ *ou* $\neg_c\alpha \in \Gamma^i$
7. $\alpha \in \Gamma^i$ *ou* $\neg_p\alpha \in \Gamma^i$
8. $\alpha, \alpha \to \beta \in \Gamma^i \Rightarrow \beta \in \Gamma^i$

Demonstração.

(1.a) Vamos provar primeiro que $\Gamma^i \vdash_i \alpha \Rightarrow \alpha \in \Gamma^i$. Suponha que $\Gamma^i \vdash_i \alpha$, mas que $\alpha \notin \Gamma^i$. Então, uma vez que Γ^i é maximal, $\Gamma^i \cup \{\alpha\} \vdash_i \alpha \wedge \neg_c\alpha$. Consequentemente, $\Gamma^i \vdash_i \alpha \to (\alpha \wedge \neg_c\alpha)$ e $\Gamma^i \vdash_i \neg_c\alpha$. Mas levando em conta que $\Gamma^i \vdash \alpha$, segue-se que $\Gamma^i \vdash_i \alpha \wedge \neg_c\alpha$ e, posto que o *ex falso* vale para a negação clássica, *i.e.*, $(\alpha \wedge \neg_c\alpha) \to \beta$, $\Gamma^i \vdash_i \beta$, para qualquer $\beta \in \mathfrak{L}^i$, o que torna Γ^i trivial - o que é absurdo. (1.b) A outra direção, $\alpha \in \Gamma^i \Rightarrow \Gamma^i \vdash_i \alpha$, é imediata.

(2) Se $\vdash_i \alpha$, segue-se que $\Gamma^i \vdash_i \alpha$ o que, pelo resultado anterior, obtemos que $\alpha \in \Gamma^i$.

(3.a) Provemos primeiro que $\alpha \in \Gamma^i \Rightarrow \neg_c\alpha \notin \Gamma^i$. Suponha que $\alpha \in \Gamma^i$ e $\neg_c\alpha \in \Gamma^i$. Segue-se que $\Gamma^i \vdash_i \alpha$ e $\Gamma^i \vdash_i \neg_c\alpha$ e, consequentemente, $\Gamma^i \vdash_i \alpha \wedge \neg_c\alpha$. Como vimos no resultado (1), a partir do resultado anterior obtemos que $\Gamma^i \vdash_i \beta$, para qualquer $\beta \in \mathfrak{L}^i$, tornando Γ^i trivial - o que é absurdo. (3.b) Vejamos agora a outra direção: $\neg_c\alpha \notin \Gamma^i \Rightarrow \alpha \in \Gamma^i$. Suponha que $\neg_c\alpha \notin \Gamma^i$ e $\alpha \notin \Gamma^i$. Então $\Gamma^i \cup \{\alpha\} \vdash_i \beta \wedge \neg_c\beta$ e $\Gamma^i \cup \{\neg_c\alpha\} \vdash_i \beta \wedge \neg_c\beta$. Consequentemente, $\Gamma^i \cup \{\alpha \vee \neg_c\alpha\} \vdash_i \beta \wedge \neg_c\beta$, o que tornaria Γ^i trivial – o que é absurdo.

(4) Suponha que $\alpha \in \Gamma^i$ e $\neg_q\alpha \in \Gamma^i$. Segue disto que $\Gamma^i \vdash_i \neg_q\alpha$ e, posto o axioma (N2) $\neg_q\alpha \to \neg_c\alpha$, obtemos que $\Gamma^i \vdash_i \neg_c\alpha$. Consequentemente, $\Gamma^i \vdash_i \alpha \wedge \neg_c\alpha$ e, como obtido em (1), $\Gamma^i \vdash_i \beta$, para qualquer $\beta \in \mathfrak{L}^i$, o que torna Γ^i trivial – o que é absurdo.

(5) Suponha $\alpha \notin \Gamma^i$ e $\neg_p\alpha \notin \Gamma^i$. Como visto em (2), se $\alpha \notin \Gamma^i$, então $\neg_c\alpha \in \Gamma^i$, o que significa que $\Gamma^i \vdash_i \neg_c\alpha$. Como (N3) $\neg_c\alpha \to \neg_p\alpha$ é axioma de todos os sistemas $\mathcal{KG}$, segue-se que $\Gamma^i \vdash_i \neg_p\alpha$. Como vimos em (1), se $\Gamma^i \vdash_i \neg_p\alpha$, então $\neg_p\alpha \in \Gamma^i$, o que contradiz a hipótese inicial.

(6) Suponha que $\alpha \notin \Gamma^i$ e $\neg_c\alpha \notin \Gamma^i$. Então $\Gamma^i \cup \{\alpha\} \vdash_i \beta \wedge \neg_c\beta$ e $\Gamma^i \cup \{\neg_c\alpha\} \vdash_i \beta \wedge \neg_c\beta$. Consequentemente, $\Gamma^i \cup \{\alpha \vee \neg_c\alpha\} \vdash_i \beta \wedge \neg_c\beta$. Como $\vdash_i \alpha \vee \neg_c\alpha$, segue que $\Gamma^i \vdash_i \beta \wedge \neg_c\beta$, o que tornaria Γ^i trivial, como vimos anteriormente – o que é absurdo.

(7) Suponha que $\alpha \notin \Gamma^i$ e $\neg_p\alpha \notin \Gamma^i$. Então $\Gamma^i \cup \{\alpha\} \vdash_i \beta \wedge \neg_c\beta$ e $\Gamma^i \cup \{\neg_p\alpha\} \vdash_i \beta \wedge \neg_c\beta$. Consequentemente, $\Gamma^i \cup \{\alpha \vee \neg_p\alpha\} \vdash_i \beta \wedge \neg_c\beta$. Como $\vdash_i \alpha \vee \neg_p\alpha$, segue

que $\Gamma^i \vdash_i \beta \wedge \neg_c \beta$, o que tornaria Γ^i trivial, como vimos anteriormente – o que é absurdo.
(8) Seja o caso que $\alpha, \alpha \to \beta \in \Gamma^i$. Temos, portanto, que $\Gamma^i = \{..., \alpha, \alpha \to \beta\}$ e, aplicando a regra de inferência (MP) a esse conjunto de fórmulas, obtemos que $\{..., \alpha, \alpha \to \beta\} \vdash_i \beta$. Uma vez que $\Gamma^i \vdash_i \beta$, pelo resultado (1) obtemos que $\beta \in \Gamma^i$. □

Teorema 28 (Correção). $\Gamma^i \vdash_i \alpha \quad \Rightarrow \quad \Gamma^i \vDash_i \alpha$

Demonstração. A demonstração desse teorema se segue por indução sobre comprimento das provas.
(1) Suponhamos que α seja um axioma de i. Se i for o sistema $\mathcal{KG}_m$, então vimos que $\vDash_{km} \alpha$ no teorema 22 (p. 76). Se i for o sistema $\mathcal{KG}_p$, então vimos que $\vDash_{kp} \alpha$ no teorema 23 (p. 77). Se i for o sistema $\mathcal{KG}_q$, então vimos que $\vDash_{kq} \alpha$ no teorema 24 (p. 78). Por fim, se i for o sistema $\mathcal{KG}_c$, então vimos que $\vDash_{kc} \alpha$ no teorema 25 (p. 79).
(2) Vejamos os casos que α é obtida por alguma regra de inferência. Se α foi obtido por *Modus Ponens* (única regra de inferência dos sistemas $\mathcal{KG}$) a partir das fórmulas β e $\beta \to \alpha$, então $\beta, \beta \to \alpha \in \Gamma^i$. Suponhamos então que $\Gamma^i \vdash_i \alpha$, mas que $\Gamma^i \nvDash_i \alpha$. Disso se segue que há ao menos uma valoração tal que (a) $v^i(\Gamma^i) = 1$ (*i.e.*, para toda fórmula $x \in \Gamma^i$, $v^i(x) = 1$) e (b) $v^i(\alpha) = 0$. Posto que $\beta, \beta \to \alpha \in \Gamma^i$, obtemos que (b.1) $v^i(\beta) = 1$ e (b.2) $v^i(\beta \to \alpha) = 1$. Dada a valoração para a condicional (Cor. 11, p. 73), temos que ou (b.2.i) $v^i(\beta) = 0$ ou (b.2.ii) $v^i(\alpha) = 1$. No entanto, os resultados (b.1) e (b.2.i) se contradizem, do mesmo modo que (b) e (b.2.ii). Portanto, $\Gamma^i \vDash_i \alpha$. □

Corolário 13. $\vdash_i \alpha \quad \Rightarrow \quad \vDash_i \alpha$

Demonstração. Segue trivialmente no caso que $\Gamma^i = \varnothing$. □

Definição 38 (Valoração Singular). *Uma valoração v^i é dita "singular" se há ao menos uma fórmula $\alpha \in \mathfrak{L}^i$ tal que $v^i(\alpha) = v^i(\neg_q \alpha) = 0$ ou $v^i(\alpha) = v^i(\neg_p \alpha) = 1$. De outro modo, v^i é dita "normal".*

Lema 1. *Todo conjunto não-trivial de fórmulas está contido em um conjunto maximal não-trivial de fórmulas.*

Demonstração. Seja Γ^i um conjunto não-trivial de fórmulas, e $\alpha_1, ..., \alpha_n, \alpha_{n+1}, ...$ uma enumeração de todas as fórmulas de $\mathfrak{L}^i$. Façamos uma sequência enumerável S_k da seguinte forma:

$$S_0 = \Gamma^i$$

$S_{k+1} = S_k$, se $S_k \vdash_i \neg_c \alpha_{k+1}$, e

$S_{k+1} = S_k \cup \{\alpha_{k+1}\}$ no caso contrário.

Seja agora $\mathcal{S} = \bigcup S_k$, para todo k. Dada a construção da sequência, $\mathcal{S}$ é uma extensão de S_k, para todo S_k e, portanto, que $\mathcal{S}$ é uma extensão de Γ^i. Devemos agora demonstrar que $\mathcal{S}$ é não-trivial. Para tal é suficiente provarmos que S_k é $\neg_c$-consistente, *i.e.*, é consistente com relação a negação clássica, de modo que $S_k \nvdash_i \alpha \wedge \neg_c \alpha$. Se $\mathcal{S}$ é $\neg_c$-inconsistente, alguma sequência finita de fórmulas de $\mathcal{S}$ é suficiente para derivar uma $\neg_c$-contradição, *i.e.*, uma fórmula na forma $\alpha \wedge \neg_c \alpha$ (o que permitiria trivializarmos o conjunto de fórmulas) e ela deve estar contida em alguma S_k. A prova que cada S_k é $\neg_c$-consistente procede por indução. Por hipótese, $S_0 = \Gamma^i$ é não-trivial, logo $\neg_c$-consistente. Suponhamos então que alguma S_k é $\neg_c$-consistente. Se $S_{k+1} = Sk$, então S_{k+1} é $\neg_c$-consistente. Se $S_{k+1} \neq S_k$, então, por definição, $S_k \nvdash_i \neg_c \alpha_{k+1}$ e, pelo lema anterior, $S_{k+1} = S_k \cup \{\alpha_{k+1}\}$ é $\neg_c$-consistente. Deste modo, toda S_k é $\neg_c$-consistente e, portanto, $\mathcal{S}$ é $\neg_c$-consistente.
Para demonstrarmos que $\mathcal{S}$ é maximal, seja β alguma fórmula de $\mathfrak{L}^i$. Então $\beta = \alpha_{k+1}$, para algum $k \leqslant 0$. Deste modo, ou $S_k \vdash_i \neg_c \alpha_{k+1}$, ou $S_{i+1} \vdash_i \alpha_{i+1}$ (que foi acrescentado em S_{k+1}). Portanto, ou $\mathcal{S} \vdash_i \neg_c \alpha_{k+1}$ ou $\mathcal{S} \vdash_i \alpha_{k+1}$. Logo, $\mathcal{S}$ é maximal. □

Corolário 14. *Há conjuntos maximais não-triviais e inconsistentes de fórmulas.*

Demonstração. Seja $\Gamma^i = \{\alpha, \neg_p \alpha\}$. Como podemos facilmente observar, $\overline{\Gamma^i} \neq \mathfrak{L}^i$, posto que não é o caso que, para qualquer $\beta \in \mathfrak{L}^i$, $\alpha, \neg_p \alpha \nvdash_i \beta$, o que torna Γ^i um conjunto não-trivial de fórmulas. Pelo Lema 1, Γ^i está contido em um conjunto maximal não-trivial de fórmulas – seja esse conjunto maximal Δ^i. Posto o resultado obtido no teorema 27 (condição 1, p. 80), $\Delta^i \vdash_i \alpha$ e $\Delta^i \vdash_i \neg_p \alpha$, o que implica que $\alpha, \neg_p \alpha \in \overline{\Delta^i}$. Dada a definição 35 (p. 80), Δ^i é um conjunto inconsistente (especificamente, é um conjunto $\neg_p$-inconsistente). Sendo assim, Δ^i é um conjunto maximal não-trivial e inconsistente. □

Corolário 15. *Há conjuntos maximais não-triviais e paracompletos de fórmulas.*

Demonstração. Seja $\Gamma^i = \{\neg_c \alpha, \neg_c \neg_q \alpha\}$. Como podemos facilmente observar, $\overline{\Gamma^i} \neq \mathfrak{L}^i$, posto que não é o caso que, para qualquer $\beta \in \mathfrak{L}^i$, $\neg_c \alpha, \neg_c \neg_q \alpha \nvdash_i \beta$, o que torna Γ^i um conjunto não-trivial de fórmulas. Pelo Lema 1, Γ^i está contido em um conjunto maximal não-trivial de fórmulas – seja esse conjunto maximal Δ^i. Posto o resultado obtido no teorema 27 (condição 1, p. 80), se $\neg_c \alpha \in \Delta^i$, então $\alpha \notin \Delta^i$ e, do mesmo modo, se $\neg_c\neg_q\alpha \in \Delta^i$, então $\neg_q\alpha \notin \Delta^i$. Pelo mesmo teorema obtemos então que $\Delta^i \nvdash_i \alpha$ e $\Delta^i \nvdash_i \neg_q\alpha$. Isso implica que $\alpha, \neg_q\alpha \notin \overline{\Delta^i}$ e, pela definição 36 (p. 80), Δ^i é um conjunto paracompleto. Sendo assim, Δ^i é um conjunto maximal não-trivial e paracompleto. □

Lema 2. *Todo conjunto maximal não-trivial Γ^i de fórmulas tem um modelo.*

Demonstração. Definamos uma função $v^i : \mathfrak{L}^i \to \{0,1\}$ como se segue: para toda fórmula α, se $\alpha \in \Gamma^i$, colocamos $v^i(\alpha) = 1$; de outro modo, $v^i(\alpha) = 0$. Disso resulta que v^i satisfaz todas as condições da definição de valoração (Cor. 11, p. 73). □

Corolário 16. *Qualquer conjunto não-trivial de fórmulas tem um modelo.*

Demonstração. Dado o resultado do Lema 1 (p. 82), todo conjunto Γ^i não-trivial de fórmulas está contido em algum conjunto S maximal não-trivial de fórmulas. Dado o Lema 2 (p. 84), o conjunto S terá modelo, que será também modelo para o conjunto não-trivial Γ^i. □

Corolário 17. *Há valorações singulares (como também valorações normais).*

Demonstração. Uma valoração é singular se: (i) $v^i(\beta) = v^i(\neg_q\beta) = 0$; ou (ii) $v^i(\alpha) = v^i(\neg_p\alpha) = 1$. Se é o caso de (i), dada a definição de valoração oferecida, obtemos que $v^i(\neg_c\beta = v^i(\neg_c\neg_q\beta) = 1$. Deste modo, o conjunto $\{\neg_c\beta, \neg_c\neg_q\beta\}$ é paracompleto, o conjunto $\{\alpha, \neg_p\alpha\}$ e inconsistente, como o conjunto $\{\neg_c\beta, \neg_c\neg_q\beta, \alpha, \neg_p\alpha\}$ é paracompleto e inconsistente, no entanto, todos eles são não-triviais. Portanto, tais conjuntos estão contidos em algum conjunto maximal não-trivial de fórmulas, e qualquer um desses conjuntos maximais não-triviais terá ao menos um modelo v^i que, obviamente, será singular. □

Teorema 29 (Completude). $\Gamma^i \vDash_i \alpha \quad \Rightarrow \quad \Gamma^i \vdash_i \alpha$

Demonstração. Se $\Gamma^i \vDash_i \alpha$, então para toda valoração v^i, que é modelo de Γ^i, temos que $v^i(\alpha) = 1$. Pela definição da valoração, não há uma valoração v^i, que seja modelo de Γ^i, tal que $v^i(\neg_c\alpha) = 1$. Portanto, $\Gamma^i \cup \{\neg_c\alpha\}$ não tem um modelo. Mas, pelos Lemas 1 (p. 82) e 2 (p. 84), todo conjunto não-trivial tem um modelo. Consequentemente, $\Gamma^i \cup \{\neg_c\alpha\}$ é trivial e, deste modo, $\Gamma^i \cup \{\neg_c\alpha\} \vdash_i \neg_c\neg_c\alpha$. Uma vez que $\Gamma^i \cup \{\alpha\} \vdash_i \neg_c\neg_c\alpha$ e também que $\vdash_i \alpha \vee \neg_c\alpha$, segue pela prova por casos que $\Gamma^i \vdash_i \neg_c\neg_c\alpha$. Finalmente, como (N4) $\neg_c\neg_c\alpha \to \alpha$ é axioma de todo sistema $\mathcal{KG}$, segue-se que $\Gamma^i \vdash_i \alpha$. □

Corolário 18. $\models_i \alpha \quad \Rightarrow \quad \vdash_i \alpha$

Demonstração. Segue no caso particular onde $\Gamma^i = \emptyset$. □

Corolário 19 (Teorema da Adequação). $\Gamma^i \vdash_i \alpha \quad \Leftrightarrow \quad \Gamma^i \models_i \alpha$

Demonstração. Obtido diretamente pelos teoremas da Correção (Teo. 28, p. 82) e Completude (Teo. 29, p. 84). □

A partir dos resultados anteriores podemos aplicar o Teorema da Finitude (Teo. 7, p. 69) e obtemos os seguinte resultado.

Teorema 30. *$\Gamma \models_i \alpha$ se, e somente se, há um subconjunto finito Δ de Γ tal que $\Delta \models_i \alpha$.*

Demonstração. Provemos primeiro que (1) se $\Gamma \models_i \alpha$, então há um subconjunto finito Δ de Γ tal que $\Delta \models_i \alpha$. Suponha que $\Gamma \models_i \alpha$. Então, pelo Teorema da Adequação (Teo. 19, p. 85), $\Gamma \vdash_i \alpha$. Pelo Teorema da Finitude (Teo. 7, p. 69), há um subconjunto finito Δ de Γ tal que $\Delta \vdash_i \alpha$. Novamente, aplicando o Teorema da Adequação, obtemos que $\Delta \models_i \alpha$. Provemos agora que (2) se há um subconjunto finito Δ de Γ tal que $\Delta \models_i \alpha$, então $\Gamma \models_i \alpha$. Suponha que (a) Δ é um subconjunto finito de Γ tal que $\Delta \models_i \alpha$. Pela definição de consequência semântica, todo modelo v_i de Δ é tal que $v_i(\alpha) = 1$. Suponha então que (b) $\Gamma \not\models_i \alpha$, ou seja, existe ao menos um modelo de Γ tal que α não tem valor-designado (seja $v_i^\star$ essa valoração). Como toda fórmula de Δ pertence a Γ, todo modelo de Γ será modelo de Δ. Consequentemente, $v_i^\star$ é modelo de Δ. Pela suposição (a), todo modelo de Δ é tal que α tem valor-designado, o que implica que $v_i^\star(\alpha) = 1$ – o que contradiz a suposição (b). □

3.2 TABELA DE VERDADE

Dadas as funções-valoração definidas para os sistemas $\mathcal{KG}$ podemos construir as chamadas "tabelas de verdade" para cada uma das referidas funções. Por questões de *construção* dos sistemas $\mathcal{KG}$, começaremos apresentando as tabelas de verdade para o sistema minimal $\mathcal{KG}_m$ (assumindo assim as condições impostas à função-valoração v^m) e, posteriormente, mostraremos como as tabelas se modificam ao assumirmos as funções-valoração para os outros sistemas. Lembremos que, como $\mathcal{KG}_m$ é um sistema minimal, de modo que todos os outros sistemas de $\mathcal{KG}$ preservam os axiomas de $\mathcal{KG}_m$, todos os resultados obtidos em $\mathcal{KG}_m$ (que não se refiram aos axiomas (N5), (N6) e, consequentemente, às condições especiais que devemos adicionar nos outros sistemas por conta desses axiomas) serão também resultados para os outros sistemas.

Vejamos como podemos construir as tabelas de verdade assumindo as valorações dos operadores de bom comportamento p, q e c. Comecemos analisando o comportamento de uma fórmula α e suas negações em relação ao operador α^c.

	α	α^c	$\neg_c\alpha$	$\neg_p\alpha$	$\neg_q\alpha$
(a)	1	1	0	0	0
(b)	0	1	1	1	1
(c)	1	0	0	1	0
(d)	0	0	1	1	0

Tabela 1: Tabela de Verdade para o operador-c

Vejamos o que podemos entender através da tabela anterior. Uma vez que obtemos $v^i(\alpha^c) = 1$ (situação (a) e (b)), estamos em uma situação clássica, onde as três negações têm valores equivalentes. Na situação (c), quando $v^i(\alpha^c) = 0$ e $v^i(\alpha) = 1$, estamos em uma situação paraconsistente, de modo que a negação clássica é equivalente a negação paracompleta. Por fim, quando estamos na situação (c), quando $v^i(\alpha^c) = 0$ e $v^i(\alpha) = 0$, estamos em uma situação paracompleta, de modo que a negação clássica é equivalente a negação paraconsistente. Vejamos agora a próxima tabela, que leva em conta apenas o operador ^{p}.

<table>
<tr><th></th><th>α</th><th>α^p</th><th>$\neg_c\alpha$</th><th>$\neg_p\alpha$</th><th>$\neg_q\alpha$</th></tr>
<tr><td>(a)</td><td>1</td><td>1</td><td>0</td><td>0</td><td>0</td></tr>
<tr><td rowspan="2">(b)</td><td rowspan="2">0</td><td rowspan="2">1</td><td rowspan="2">1</td><td rowspan="2">1</td><td>1</td></tr>
<tr><td>0</td></tr>
<tr><td>(c)</td><td>1</td><td>0</td><td>0</td><td>1</td><td>0</td></tr>
<tr><td>(d)</td><td>1</td><td>0</td><td>0</td><td>1</td><td>0</td></tr>
</table>

Tabela 2: Tabela de Verdade para o operador-p

Repare que a tabela 1 forma uma matriz comum, enquanto que a tabela 2 forma uma quase-matriz, de modo similar a desenvolvida em da Costa and Alves (1977) e da Costa et al. (2007, p.826). Vejamos o que podemos entender dessa tabela.

Na tabela de verdade 2, quando assumimos que $v^i(\alpha^p) = 0$, isso nos garante que $v^i(\neg_p\alpha) = 1$ e $v^i(\neg_c\alpha) = 0$, o que podemos ver nas circunstâncias (c) e (d) da tabela. Uma vez que temos $v^i(\neg_c\alpha) = 0$, obtemos que $v^i(\alpha) = 1$ e $v^i(\neg_q\alpha) = 0$. Resta-nos averiguar as circunstâncias (a) e (b), nas quais $v^i(\alpha^p) = 1$.

Uma vez que $v^i(\alpha^p) = 1$, disso se segue que a negação paraconsistente é equivalente a negação clássica (lembremos que a definição de $\alpha^p \overset{\text{def}}{=} \neg_p\alpha \rightarrow \neg_c\alpha$). A fórmula α pode, portanto, ser verdadeira ou falsa. Se a fórmula $v^i(\alpha) = 1$, obtemos que sua negação clássica será falsa, *i.e.*, $v^i(\neg_c\alpha) = 0$ – e, portanto, que a negação paraconsistente também: $v^i(\neg_p\alpha) = 0$. Uma vez que não pode ocorrer que $v^i(\alpha) = v^i(\neg_q\alpha) = 1$, obtemos que a negação paracompleta de α também será falsa (*i.e.*, $v^i(\neg_q\alpha) = 0$). Pensemos agora no caso no qual $v^i(\alpha^p) = 1$ e $v^i(\alpha) = 0$. Uma vez que $v^i(\alpha) = 0$, obtemos que sua negação clássica será verdadeira e, como nessa situação a fórmula é bem-comportada para a negação paraconsistente, sua negação paraconsistente também será verdadeira (*i.e.*, $v^i(\neg_c\alpha) = v^i(\neg_p\alpha) = 1$). Todavia, uma vez que $v^i(\alpha) = 0$ e o bom-comportamento segue-se apenas para a negação paraconsistente – $v^i(\alpha^p) = 1$ –, não podemos garantir que a negação paracompleta seja verdadeira ou seja falsa. Deste modo, na circunstância (b) nossa tabela bifurca para duas situações: uma na qual $v^i(\neg_q\alpha) = 1$ e outra na qual $v^i(\neg_q\alpha) = 0$. Por esse fato não temos uma matriz usual, mas sim o que chamamos de uma "quase-matriz". Vejamos agora a tabela em relação ao operador ^{q}:

<table>
<tr><th></th><th>α</th><th>α^q</th><th>$\neg_c\alpha$</th><th>$\neg_p\alpha$</th><th>$\neg_q\alpha$</th></tr>
<tr><td rowspan="2">(a)</td><td rowspan="2">1</td><td rowspan="2">1</td><td rowspan="2">0</td><td>1</td><td rowspan="2">0</td></tr>
<tr><td>0</td></tr>
<tr><td>(b)</td><td>0</td><td>1</td><td>1</td><td>1</td><td>1</td></tr>
<tr><td>(c)</td><td>0</td><td>0</td><td>1</td><td>1</td><td>0</td></tr>
<tr><td>(d)</td><td>0</td><td>0</td><td>1</td><td>1</td><td>0</td></tr>
</table>

Tabela 3: Tabela de Verdade para o operador-q

Repare que, de modo similar à tabela 2, a tabela 3 para o operador ^{q} também forma uma quase-matriz, de modo similar a desenvolvida em Loparić and da Costa (1984, p.129). Vejamos o que podemos compreender dessa tabela de verdade.

Na circunstância na qual $v^i(\alpha^q) = 0$ (circunstâncias (c) e (d) da referida tabela) temos como garantido pela valoração oferecida anteriormente que $v^i(\neg_c\alpha) = 1$ e $v^i(\neg_q\alpha) = 0$. Uma vez que $v^i(\neg_c\alpha) = 1$, disso se segue que $v^i(\alpha) = 0$ e, portanto, $v^i(\neg_p\alpha) = 1$. Resta-nos averiguar as circunstâncias (a) e (b), nas quais $v^i(\alpha^q) = 1$. Vejamos primeiro a circunstância (b), onde $v^i(\alpha^q) = 1$ e $v^i(\alpha) = 0$. Tendo em vista que $v^i(\alpha^q) = 1$, disso se segue que a negação paracompleta acompanhará a negação clássica. Portanto, sendo $v^i(\alpha) = 0$, obtemos que $v^i(\neg_c\alpha) = 1$ e, assim, $v^i(\neg_q\alpha) = 1$. Do mesmo modo, uma vez que $v^i(\alpha) = 0$, disso se segue que $v^i(\neg_p\alpha) = 1$. Finalizamos assim a circunstância (b), nos faltando avaliar a circunstância (a). Em (a) nós estamos assumindo que tanto $v^i(\alpha^q) = 1$ quanto $v^i(\alpha) = 1$ – dada essa última razão, já obtemos diretamente que $v^i(\neg_c\alpha) = 0$ e, como a negação paracompleta acompanha a negação clássica nessa situação, $v^i(\neg_q\alpha) = 0$. No entanto, o que acontece com a negação paraconsistente? Uma vez que a fórmula α é verdadeira, isso não garante que $\neg_p\alpha$ seja verdadeira ou falsa. Temos, portanto, uma situação que temos de dividir a circunstância em duas situações, uma na qual $v^i(\neg_p\alpha) = 0$ e outra na qual $v^i(\neg_p\alpha) = 1$ – obtendo, assim, mais uma quase-matriz.

Podemos agora criar uma tabela de verdade que não envolva os operadores de bom-comportamento. Repare que essa tabela de verdade será, pelas mesmas razões apresentadas anteriormente, também uma quase-matriz.

<table>
<tr><th>α</th><th>$\neg_c\alpha$</th><th>$\neg_p\alpha$</th><th>$\neg_q\alpha$</th></tr>
<tr><td rowspan="2">1</td><td rowspan="2">0</td><td>0</td><td rowspan="2">0</td></tr>
<tr><td>1</td></tr>
<tr><td rowspan="2">0</td><td rowspan="2">1</td><td rowspan="2">1</td><td>1</td></tr>
<tr><td>0</td></tr>
</table>

Tabela 4: Quase-Matriz das Negações

Como vimos no teorema 12 (p. 75), $v_i(\alpha^c) = 1$ se, e somente se, $v_i(\alpha^p) = v_i(\alpha^q) = 1$. Isto é, se obtivermos que uma fórmula é *bem comportada classicamente* (é operada por ^{c}), então ela é *bem comportada paraconsistentemente* e *paracompletamente* (é operada tanto por ^{p} quanto por ^{q}). Por outro lado, se $v_i(\alpha^c) = 0$, então $v_i(\alpha^p) = 0$ ou $v_i(\alpha^q) = 0$. Mas um resultado que obtivemos é que nunca acontece o caso que $v_i(\alpha^p) = v_i(\alpha^q) = 0$ – *i.e.*, uma fórmula nunca pode ser, ao mesmo tempo, mau comportada no sentido paraconsistente e paracompleto. Desse modo, criando uma tabela que leve em consideração os três operadores de bom comportamento e as negações, obteremos uma matriz comum:

α	α^c	α^p	α^q	$\neg_c\alpha$	$\neg_p\alpha$	$\neg_q\alpha$
1	1	1	1	0	0	0
0	1	1	1	1	1	1
1	0	0	1	0	1	0
0	0	1	0	1	1	0

Tabela 5: Quase-Matriz dos Operadores de Bom Comportamento

Por que obtemos esse resultado? Bom, de começo só há duas opções:

$$(1)\ v_i(\alpha^c) = 1 \quad \text{ou} \quad (2)\ v_i(\alpha^c) = 0$$

Se (1) $v_i(\alpha^c) = 1$, sabemos tanto que $v_i(\alpha^p) = 1$ como $v_i(\alpha^q) = 1$, de modo que todas as negações se comportaram do mesmo modo que a negação clássica. Obtemos assim as duas primeiras circunstâncias da tabela: (1.i) a primeira na qual $v_i(\alpha^c) = v_i(\alpha) = 1$, o que torna $v_i(\neg_c\alpha) = v_i(\neg_p\alpha) = v_i(\neg_q\alpha) = 0$; (1.ii) a segunda na qual $v_i(\alpha^c) = 1$ e $v_i(\alpha) = 0$, tornando $v_i(\neg_c\alpha) = v_i(\neg_p\alpha) = v_i(\neg_q\alpha) = 1$.

Se (2) $v_i(\alpha^c) = 0$, então já sabemos que ou (2.i) $v_i(\alpha^p) = 0$ e $v_i(\alpha^q) = 1$, ou (2.ii) $v_i(\alpha^p) = 1$ e $v_i(\alpha^q) = 0$. Na terceira circunstância da tabela temos o caso (2.i) e, na quarta circunstância o caso (2.ii). Vejamos essas circunstâncias.

Se (2.i), então sabemos que, se $v_i(\alpha^p) = 0$ (e dado que $\alpha^p \stackrel{\text{def}}{=} \neg_p\alpha \rightarrow \neg_c\alpha$), obtemos que $v_i(\neg_p\alpha) = 1$ e $v_i(\neg_c\alpha) = 0$. Dado que $v_i(\neg_c\alpha) = 0$, obtemos que $v_i(\alpha) = 1$ e, como $v_i(\neg_c\alpha) = 0$ e $v_i(\alpha^q) = 1$ (dado que $\alpha^q \stackrel{\text{def}}{=} \neg_c\alpha \rightarrow \neg_q\alpha$), sabemos que $v_i(\neg_q\alpha) = 0$. Assim terminamos a análise do caso (2.i).

Se (2.ii), então sabemos que, como $v_i(\alpha^q) = 0$, obtemos que $v_i(\neg_c\alpha) = 1$ e $v_i(\neg_q\alpha) = 0$. Como $v_i(\neg_c\alpha) = 1$, então $v_i(\alpha) = 0$. Posto que $v_i(\alpha^p) = 1$ e $v_i(\neg_c\alpha) = 1$, segue que $v_i(\neg_p\alpha) = 1$. Desse modo terminamos o caso (2.ii) e, assim, todas as circunstâncias possíveis desta tabela.

Podemos facilmente constatar que a tabela para uma fórmula como $\alpha \rightarrow \beta$ é a usual (*i.e.*, como em $\mathcal{LPC}$) para o conectivo da implicação. No entanto, existem nove combinações possíveis de condicionais da forma $\neg_i\alpha \rightarrow \neg_{i'}\beta$:

(1) $\neg_c\alpha \rightarrow \neg_c\beta$ (4) $\neg_p\alpha \rightarrow \neg_c\beta$ (7) $\neg_q\alpha \rightarrow \neg_c\beta$
(2) $\neg_c\alpha \rightarrow \neg_p\beta$ (5) $\neg_p\alpha \rightarrow \neg_p\beta$ (8) $\neg_q\alpha \rightarrow \neg_p\beta$
(3) $\neg_c\alpha \rightarrow \neg_q\beta$ (6) $\neg_p\alpha \rightarrow \neg_q\beta$ (9) $\neg_q\alpha \rightarrow \neg_q\beta$

Vejamos então como resultam suas tabelas.

α	β	$\neg_c\alpha$	$\neg_c\beta$	$\neg_c\alpha \to \neg_c\beta$
1	1	0	0	1
0	0	1	1	1
1	0	0	1	1
0	1	1	0	0

Tabela 6: $\neg_c\alpha \to \neg_c\beta$

<table>
<tr><th>α</th><th>β</th><th>$\neg_c\alpha$</th><th>$\neg_p\beta$</th><th>$\neg_c\alpha \to \neg_p\beta$</th></tr>
<tr><td rowspan="2">1</td><td rowspan="2">1</td><td rowspan="2">0</td><td>1</td><td rowspan="2">1</td></tr>
<tr><td>0</td></tr>
<tr><td>0</td><td>0</td><td>1</td><td>1</td><td>1</td></tr>
<tr><td>1</td><td>0</td><td>0</td><td>1</td><td>1</td></tr>
<tr><td rowspan="2">0</td><td rowspan="2">1</td><td rowspan="2">1</td><td>1</td><td>1</td></tr>
<tr><td>0</td><td>0</td></tr>
</table>

Tabela 7: $\neg_c\alpha \to \neg_p\beta$

<table>
<tr><th>α</th><th>β</th><th>$\neg_c\alpha$</th><th>$\neg_q\beta$</th><th>$\neg_c\alpha \to \neg_q\beta$</th></tr>
<tr><td>1</td><td>1</td><td>0</td><td>0</td><td>1</td></tr>
<tr><td rowspan="2">0</td><td rowspan="2">0</td><td rowspan="2">1</td><td>1</td><td>1</td></tr>
<tr><td>0</td><td>0</td></tr>
<tr><td rowspan="2">1</td><td rowspan="2">0</td><td rowspan="2">0</td><td>1</td><td rowspan="2">1</td></tr>
<tr><td>0</td></tr>
<tr><td>0</td><td>1</td><td>1</td><td>0</td><td>0</td></tr>
</table>

Tabela 8: $\neg_c\alpha \to \neg_q\beta$

<table>
<tr><th>α</th><th>β</th><th>$\neg_p\alpha$</th><th>$\neg_c\beta$</th><th>$\neg_p\alpha \to \neg_c\beta$</th></tr>
<tr><td rowspan="2">1</td><td rowspan="2">1</td><td>1</td><td rowspan="2">0</td><td>0</td></tr>
<tr><td>0</td><td>1</td></tr>
<tr><td>0</td><td>0</td><td>1</td><td>1</td><td>1</td></tr>
<tr><td rowspan="2">1</td><td rowspan="2">0</td><td>1</td><td rowspan="2">1</td><td rowspan="2">1</td></tr>
<tr><td>0</td></tr>
<tr><td>0</td><td>1</td><td>1</td><td>0</td><td>0</td></tr>
</table>

Tabela 9: $\neg_p\alpha \to \neg_c\beta$

<table>
<tr><th>α</th><th>β</th><th>$\neg_p\alpha$</th><th>$\neg_p\beta$</th><th>$\neg_p\alpha \to \neg_p\beta$</th></tr>
<tr><td rowspan="2">1</td><td rowspan="2">1</td><td>1</td><td>1 | 0</td><td>1 | 0</td></tr>
<tr><td>0</td><td>0 | 1</td><td>1</td></tr>
<tr><td>0</td><td>0</td><td>1</td><td>1</td><td>1</td></tr>
<tr><td rowspan="2">1</td><td rowspan="2">0</td><td>1</td><td rowspan="2">1</td><td rowspan="2">1</td></tr>
<tr><td>0</td></tr>
<tr><td rowspan="2">0</td><td rowspan="2">1</td><td rowspan="2">1</td><td>1</td><td>1</td></tr>
<tr><td>0</td><td>0</td></tr>
</table>

Tabela 10: $\neg_p\alpha \to \neg_p\beta$

<table>
<tr><th>α</th><th>β</th><th>$\neg_p\alpha$</th><th>$\neg_q\beta$</th><th>$\neg_p\alpha \to \neg_q\beta$</th></tr>
<tr><td rowspan="2">1</td><td rowspan="2">1</td><td>1</td><td rowspan="2">0</td><td>0</td></tr>
<tr><td>0</td><td>1</td></tr>
<tr><td rowspan="2">0</td><td rowspan="2">0</td><td rowspan="2">1</td><td>1</td><td>1</td></tr>
<tr><td>0</td><td>0</td></tr>
<tr><td rowspan="2">1</td><td rowspan="2">0</td><td>1</td><td>1 | 0</td><td>1 | 0</td></tr>
<tr><td>0</td><td>0 | 1</td><td>1</td></tr>
<tr><td>0</td><td>1</td><td>1</td><td>0</td><td>0</td></tr>
</table>

Tabela 11: $\neg_p\alpha \to \neg_q\beta$

<table>
<tr><th>α</th><th>β</th><th>$\neg_q\alpha$</th><th>$\neg_c\beta$</th><th>$\neg_q\alpha \to \neg_c\beta$</th></tr>
<tr><td>1</td><td>1</td><td>0</td><td>0</td><td>1</td></tr>
<tr><td rowspan="2">0</td><td rowspan="2">0</td><td>1</td><td rowspan="2">1</td><td rowspan="2">1</td></tr>
<tr><td>0</td></tr>
<tr><td>1</td><td>0</td><td>0</td><td>1</td><td>1</td></tr>
<tr><td rowspan="2">0</td><td rowspan="2">1</td><td>1</td><td rowspan="2">0</td><td>0</td></tr>
<tr><td>0</td><td>1</td></tr>
</table>

Tabela 12: $\neg_q\alpha \to \neg_c\beta$

<table>
<tr><th>α</th><th>β</th><th>$\neg_q\alpha$</th><th>$\neg_p\beta$</th><th>$\neg_q\alpha \to \neg_p\beta$</th></tr>
<tr><td rowspan="2">1</td><td rowspan="2">1</td><td rowspan="2">0</td><td>1</td><td rowspan="2">1</td></tr>
<tr><td>0</td></tr>
<tr><td rowspan="2">0</td><td rowspan="2">0</td><td>1</td><td rowspan="2">1</td><td rowspan="2">1</td></tr>
<tr><td>0</td></tr>
<tr><td>1</td><td>0</td><td>0</td><td>1</td><td>1</td></tr>
<tr><td rowspan="2">0</td><td rowspan="2">1</td><td>1</td><td>1 | 0</td><td>1 | 0</td></tr>
<tr><td>0</td><td>0 | 1</td><td>0 | 1</td></tr>
</table>

Tabela 13: $\neg_q\alpha \to \neg_p\beta$

<table>
<tr><th>α</th><th>β</th><th>$\neg_q\alpha$</th><th>$\neg_q\beta$</th><th>$\neg_q\alpha \to \neg_q\beta$</th></tr>
<tr><td>1</td><td>1</td><td>0</td><td>0</td><td>1</td></tr>
<tr><td rowspan="2">0</td><td rowspan="2">0</td><td>1</td><td>1 | 0</td><td>1 | 0</td></tr>
<tr><td>0</td><td>0 | 1</td><td>1</td></tr>
<tr><td rowspan="2">1</td><td rowspan="2">0</td><td rowspan="2">0</td><td>1</td><td rowspan="2">1</td></tr>
<tr><td>0</td></tr>
<tr><td rowspan="2">0</td><td rowspan="2">1</td><td>1</td><td rowspan="2">0</td><td>0</td></tr>
<tr><td>0</td><td>1</td></tr>
</table>

Tabela 14: $\neg_q\alpha \to \neg_q\beta$

Por fim, vejamos as tabelas de verdade para os axiomas (nos restringiremos primeiro aos axiomas de $\mathcal{KG}_m$ e, à frente, discutiremos os axiomas para os outros sistemas).

α	β	$\beta \to \alpha$	$\alpha \to (\beta \to \alpha)$
1	1	1	1
0	0	1	1
1	0	1	1
0	1	0	1

Tabela 15: Tabela de Verdade: Axioma (C1)

α	β	γ	$(\alpha \to \beta) \to ((\alpha \to (\beta \to \gamma)) \to (\alpha \to \gamma))$
1	1	1	1
1	1	0	1
1	0	1	1
0	1	1	1
1	0	0	1
0	1	0	1
0	0	1	1
0	0	0	1

Tabela 16: Tabela de Verdade: Axioma (C2)

α	β	$\neg_c\alpha$	$\neg_c\beta$	$(\alpha \to \beta) \to ((\alpha \to \neg_c\beta) \to \neg_c\alpha)$
1	1	0	0	1
0	0	1	1	1
1	0	0	1	1
0	1	1	0	1

Tabela 17: Tabela de Verdade: Axioma (N1)

α	β	$\neg_c\alpha$	$\neg_p\alpha$	$\neg_q\alpha$	$\neg_q\alpha \to \neg_c\alpha$	$\neg_c\alpha \to \neg_p\alpha$
1	1	0	1 0	0	1	1
0	0	1	1	1 0	1	1
1	0	0	1 0	0	1	1
0	1	1	1	1 0	1	1

Tabela 18: Tabela de Verdade: Axiomas (N2) e (N3)

α	$\neg_c\alpha$	$\neg_c\neg_c\alpha$	$\neg_c\neg_c\alpha \rightarrow \alpha$
1	0	1	1
0	1	0	1
1	0	1	1
0	1	0	1

Tabela 19: Tabela de Verdade: Axioma (N4)

Vejamos agora as tabelas de verdade para as definições que oferecemos:

α	β	$\neg_c\beta$	$\alpha \rightarrow \neg_c\beta$	$\neg_c(\alpha \rightarrow \neg_c\beta)$	$\alpha \wedge \beta$
1	1	0	0	1	1
1	0	1	1	0	0
0	1	0	1	0	0
0	0	1	1	0	0

Tabela 20: Tabela de Verdade: Conjunção

α	β	$\neg_c\alpha$	$\neg_c\alpha \rightarrow \beta$	$\alpha \vee \beta$
1	1	1	1	1
1	0	1	1	1
0	1	0	1	1
0	0	1	0	0

Tabela 21: Tabela de Verdade: Disjunção

α	β	$\alpha \rightarrow \beta$	$\beta \rightarrow \alpha$	$(\alpha \rightarrow \beta) \wedge (\beta \rightarrow \alpha)$	$\alpha \leftrightarrow \beta$
1	1	1	1	1	1
1	0	0	1	0	0
0	1	1	0	0	0
0	0	1	1	1	1

Tabela 22: Tabela de Verdade: Bicondicional

Vejamos agora a equivalência dos operadores de bom-comportamento. No caso, perceberemos que se α^p, então α satisfaz o princípio da não-contradição para a negação paraconsistente; por outro lado, se α^q, então α satisfaz o princípio do terceiro-excluído para a negação paracompleta; e, por fim, que se α^c, então tanto α satisfaz a não-contradição para a negação paraconsistente e também satisfaz o terceiro-excluído para a negação paracompleta.[67]

<table>
<tr><th>α</th><th>$\neg_c\alpha$</th><th>$\neg_p\alpha$</th><th>$\alpha \wedge \neg_p\alpha$</th><th>$\neg_p\alpha \rightarrow \neg_c\alpha$</th><th>$\neg_c(\alpha \wedge \neg_p\alpha)$</th></tr>
<tr><td rowspan="2">1</td><td rowspan="2">0</td><td>1</td><td>1</td><td>0</td><td>0</td></tr>
<tr><td>0</td><td>0</td><td>1</td><td>1</td></tr>
<tr><td>0</td><td>1</td><td>1</td><td>0</td><td>1</td><td>1</td></tr>
</table>

Tabela 23: Tabela de Verdade: Equivalência entre α^p e Não-Contradição

<table>
<tr><th>α</th><th>$\neg_c\alpha$</th><th>$\neg_q\alpha$</th><th>$\neg_c\alpha \rightarrow \neg_q\alpha$</th><th>$\alpha \vee \neg_q\alpha$</th></tr>
<tr><td>1</td><td>0</td><td>0</td><td>1</td><td>1</td></tr>
<tr><td rowspan="2">0</td><td rowspan="2">1</td><td>1</td><td>1</td><td>1</td></tr>
<tr><td>0</td><td>0</td><td>0</td></tr>
</table>

Tabela 24: Tabela de Verdade: Equivalência entre α^q e Terceiro-Excluído

<table>
<tr><th>α</th><th>$\neg_c\alpha$</th><th>$\neg_q\alpha$</th><th>$\neg_p\alpha$</th><th>α^q</th><th>α^p</th><th>$\neg_p\alpha \rightarrow \neg_q\alpha$</th><th>$\alpha^q \wedge \alpha^p$</th></tr>
<tr><td rowspan="2">1</td><td rowspan="2">0</td><td rowspan="2">0</td><td>1</td><td>1</td><td>0</td><td>0</td><td>0</td></tr>
<tr><td>0</td><td>1</td><td>1</td><td>1</td><td>1</td></tr>
<tr><td rowspan="2">0</td><td rowspan="2">1</td><td>1</td><td rowspan="2">1</td><td>1</td><td>1</td><td>1</td><td>1</td></tr>
<tr><td>0</td><td>0</td><td>1</td><td>0</td><td>0</td></tr>
</table>

Tabela 25: Tabela de Verdade: Equivalência entre α^c e $\alpha^p \wedge \alpha^q$

Como dito anteriormente, estamos assumindo aqui o sistema $\mathcal{KG}_m$. Lembre-se que o sistema $\mathcal{KG}_m$ contém apenas os axiomas (C1)-(N4). Portanto, não temos como axioma (N5) $\neg_p\neg_p\alpha \rightarrow \alpha$ e também não temos o axioma (N6) $\alpha \rightarrow \neg_q\neg_q\alpha$ – além das respectivas condições de valoração adicionais. Vejamos como, dado o sistema $\mathcal{KG}_m$ e sua valoração, v^m, obtemos as tabelas de verdade para (N5) e (N6).

67 Lembrando que: $(\alpha^p \stackrel{\text{def}}{=} \neg_p\alpha \rightarrow \neg_q\alpha)$, $(\alpha^q \stackrel{\text{def}}{=} \neg_c\alpha \rightarrow \neg_q\alpha)$ e $(\alpha^c \stackrel{\text{def}}{=} \neg_p\alpha \rightarrow \neg_q\alpha)$.

α	$\neg_p\alpha$	$\neg_p\neg_p\alpha$	$\neg_p\neg_p\alpha \to \alpha$
1	1	1	1
		0	1
	0	1	1
0	1	1	0
		0	1

Tabela 26: Tabela de Verdade: Axioma (N5) em $\mathcal{KG}_m$

Repare que há ao menos uma valoração na qual a fórmula $\neg_p\neg_p\alpha \to \alpha$ tem valor 0. Ou seja, tal fórmula não é uma tautologia do sistema $\mathcal{KG}_m$.

α	$\neg_q\alpha$	$\neg_q\neg_q\alpha$	$\alpha \to \neg_q\neg_q\alpha$
1	0	1	1
		0	0
0	1	0	1
	0	1	1
		0	1

Tabela 27: Tabela de Verdade: Axioma (N6) em $\mathcal{KG}_m$

Do mesmo modo, há ao menos uma valoração na qual a fórmula $\alpha \to \neg_q\neg_q\alpha$ tem valor 0. Ou seja, tal fórmula não é uma tautologia do sistema $\mathcal{KG}_m$. Vejamos a frente como as modificações apresentadas anteriormente, onde introduzimos condições especiais para a função-valoração (e, assim, obtemos os sistemas $\mathcal{KG}_p$, $\mathcal{KG}_q$ e $\mathcal{KG}_c$) alteram as tabelas.

3.2.1 *Modificações para KGp, KGq e KGc*

Relembrando o que vimos, para o sistema $\mathcal{KG}_p$, devemos introduzir na definição da função-valoração v^p a condição (a) $v^p(\neg_p\neg_p\alpha) = 1 \Rightarrow v^p(\alpha) = 1$. Para o sistema $\mathcal{KG}_q$, devemos introduzir na definição da função-valoração v^q a condição (b) $v^i(\alpha) = 1 \Rightarrow v^i(\neg_q\neg_q\alpha) = 1$. E, por fim, para o sistema $\mathcal{KG}_c$, devemos então introduzir tanto as duas condições anteriores para a função-valoração v^c. Se introduzirmos a condição (a), então a tabela de verdade para a fórmula $\neg_p\neg_p\alpha \to \alpha$ será:

α	$\neg_p\alpha$	$\neg_p\neg_p\alpha$	$\neg_p\neg_p\alpha \to \alpha$
1	1	1	1
		0	1
	0	1	1
0	1	0	1

Tabela 28: $\neg_p\neg_p\alpha \to \alpha$

Repare que (a) $v_i(\neg_p\neg_p\alpha) = 1 \Rightarrow v_i(\alpha) = 1$ é equivalente a (a') $v_i(\alpha) = 0 \Rightarrow v_i(\neg_p\neg_p\alpha) = 0$. Ou seja, em toda valoração na qual α tem valor 0, a fórmula $\neg_p\neg_p\alpha$ também tem valor 0. Deste modo, a circunstância onde antes, no sistema $\mathcal{KG}_m$, tornava a fórmula $\neg_p\neg_p\alpha \to \alpha$ com valor 0, agora (com a condição (a)) torna a fórmula com valor 1. E, tendo essa fórmula (que é o axioma (N5)) valor designado em todas as circunstâncias, segue-se que (N5) é uma tautologia – quando adicionamos a condição (a).

Por outro lado, quando introduzimos a condição (b) a tabela de verdade para a fórmula $\alpha \to \neg_q\neg_q\alpha$ será:

α	$\neg_q\alpha$	$\neg_q\neg_q\alpha$	$\alpha \to \neg_q\neg_q\alpha$
1	0	1	1
0	1	0	1
	0	1	1
		0	1

Tabela 29: $\alpha \to \neg_q\neg_q\alpha$

Note que a condição (b) determina que em toda valoração na qual α tem valor 1, a fórmula $\neg_q\neg_q\alpha$ também terá valor 1. Assim sendo, a circunstância onde antes, no sistema $\mathcal{KG}_m$, a fórmula $\alpha \to \neg_q\neg_q\alpha$ tinha valor 0, agora (com a condição (b)) torna a fórmula com valor 1. E, tendo essa fórmula (que é o axioma (N6)) valor designado em todas as circunstâncias, segue-se que (N6) é uma tautologia – quando adicionamos a condição (b).

Como podemos ver nas tabelas de verdade apresentadas acima, os axiomas dos sistemas $\mathcal{KG}$ são todos tautologias de acordo com suas respectivas valorações.

3.3 TABLEAUX ANALÍTICOS

Podemos agora construir um método de provas para os sistemas $\mathcal{KG}$. Seguiremos aqui os *Tableaux Analíticos* com fórmulas sinalizadas (que representarão as atribuições de valores-de-verdade), apresentados por Smullyan (2009, p. 17-36), oferecendo as devidas modificações.[68] Em uma caracterização intuitiva, assumiremos que sob qualquer interpretação vale que (para qualquer fórmulas α e β):

(1.a) Se $\neg_c\alpha$ é verdadeira, então α é falsa

(1.b) Se $\neg_c\alpha$ é falsa, então α é verdadeira

(2.a) Se $\neg_q\alpha$ é verdadeira, então α é falsa

(2.b) Se α é verdadeira, então $\neg_q\alpha$ é falsa

(3.a) Se $\neg_p\alpha$ é falsa, então α é verdadeira

(3.b) Se α é falsa, então $\neg_p\alpha$ é verdadeira

(4.a) Se $\alpha \rightarrow \beta$ é verdadeira, então α é falsa ou β é verdadeira

(4.b) Se $\alpha \rightarrow \beta$ é falsa, então α é verdadeira e β é falsa

Podemos então oferecer extensões adicionais para os outros conectivos (conjunção e disjunção) definidos em termos da condicional:

(5.a) Se $\alpha \wedge \beta$ é verdadeira, então α e β são ambas fórmulas verdadeiras

(5.b) Se $\alpha \wedge \beta$ é falsa, então α é falsa ou β é falsa

(6.a) Se $\alpha \vee \beta$ é verdadeira, então α é verdadeira ou β é verdadeira

(6.b) Se $\alpha \vee \beta$ é falsa, então α e β são ambas fórmulas falsas

Serão sobre esses 12 fatos que irá se basear nosso método de tableaux. Devemos notar, todavia, que há mais dois fatos importantes, que se referem ao axioma (N5) e (N6) – e, consequentemente, às condições (a) e (b) discutidas anteriormente. Se o sistema tem o axioma (N5) (*i.e.*, é o sistema $\mathcal{KG}_p$ ou o sistema $\mathcal{KG}_c$), então devemos adicionar mais um fato:

68 Assumiremos a familiaridade do leitor para com os métodos de tableaux analíticos, de modo que iremos supor certas definições usuais como "ramo" e a própria definição de "tableaux".

(7.a) Se $\neg_p\neg_p\alpha$ é verdadeira, então α é verdadeira.

Se o sistema tem o axioma (N6) (*i.e.*, é o sistema $\mathcal{KG}_q$ ou o sistema $\mathcal{KG}_c$), devemos adicionar o fato:

(7.b) Se $\neg_q\neg_q\alpha$ é falsa, então α é falsa.

Esses dois fatos resultarão em duas regras de tableaux adicionais, que veremos a frente.

Definição 39 (Fórmulas Sinalizadas). *Serão introduzidos na linguagem-objeto os símbolos* $\boxed{1}$ *e* $\boxed{0}$. *Definimos então fórmula sinalizada como uma expressão* $\alpha\boxed{1}$ *ou* $\alpha\boxed{0}$, *onde* α *é uma fórmula (não-sinalizada). Compreenderemos, informalmente,* $\alpha\boxed{1}$ *como '*α *é verdadeira' e* $\alpha\boxed{0}$ *como '*α *é falsa'.*

Informalmente, podemos ver que o valor-de-verdade de $\alpha\boxed{1}$ é o mesmo que de α, enquanto que o valor-de-verdade de $\alpha\boxed{0}$ é o mesmo que de $\neg_c\alpha$ – mas isso não se segue, diretamente, para $\neg_p\alpha$ e $\neg_q\alpha$, a não ser que α seja *bem comportada* em algum sentido.

Definição 40 (Fórmula Conjugada). *Entende-se como fórmula conjugada o resultado da troca de* $\boxed{1}$ *por* $\boxed{0}$ *em uma mesma fórmula não-sinalizada ou, reciprocamente,* $\boxed{0}$ *por* $\boxed{1}$. *Assim, a conjugada de* $\alpha\boxed{1}$ *será* $\alpha\boxed{0}$ *– e, consequentemente, a conjugada de* $\alpha\boxed{0}$ *será* $\alpha\boxed{1}$. *Seja* α *uma fórmula sinalizada qualquer, escreveremos* $\overline{\alpha}$ *para a sua fórmula conjugada.*

3.3.1 *Regras para a construção dos tableaux*

Podemos agora começar a construir nossos *tableaux analíticos*. Compreenderemos intuitivamente um *tableau* como um método de prova no qual começamos assumindo *falso* como valor-de-verdade da fórmula que gostaríamos de estabelecer e, através da aplicação das regras que veremos, esperamos encontrar uma situação na qual, sob uma mesma atribuição, alguma das fórmulas obtidas tenha dois valores-de-verdade distintos.[69] Caso isso ocorra, estabelecemos que a fórmula inicial do tableau é uma tautologia – pois sua falsidade implicaria em uma contradição semântica qualquer. Se isso não ocorrer, *i.e.*, não obtivermos qualquer contradição semântica, estabelecemos que a fórmula inicial do

69 Isto é, se gostaríamos de estabelecer a fórmula α, começaremos assumindo a fórmula sinalizada $\alpha\boxed{0}$ como ponto inicial de nosso tableau e, através das aplicações das regras de tableaux que veremos, obteremos uma *contradição semântica* caso sejam obtidas uma fórmula sinalizada e sua conjugada sob um mesmo *ramo* do tableau.

tableau não é uma tautologia.[70] Vejamos então as regras dos nossos *tableaux analíticos*.

Regra de Tableux: Negação Clássica (NC)

1.	$\neg_c \alpha$	$\boxed{1}$	
2.	α	$\boxed{0}$	1, NC

Regra de Tableux: Negação Clássica (NC)

1.	$\neg_c \alpha$	$\boxed{0}$	
2.	α	$\boxed{1}$	1, NC

Regra de Tableux: Negação Paraconsistente (NP)

1.	$\neg_p \alpha$	$\boxed{0}$	
2.	α	$\boxed{1}$	1, NP

Regra de Tableux: Negação Paracompleta (NQ)

1.	$\neg_q \alpha$	$\boxed{1}$	
2.	α	$\boxed{0}$	1, NQ

70 De modo geral, um *tableaux analítico* pode ser visto como um método de sequentes *de cima pra baixo*. *Cf.* Carnielli (1991, p.66).

Regra de Tableux: Condicional (CD)

$$
\begin{array}{llll}
1. & & (\alpha \to \beta)\ \boxed{1} & \\
2. & \alpha\ \boxed{0} & & \beta\ \boxed{1} \quad 1, CD
\end{array}
$$

Regra de Tableux: Condicional (CD)

$$
\begin{array}{lrl}
1. & \alpha \to \beta\ \boxed{0} & \\
2. & \alpha\ \boxed{1} & 1, CD \\
3. & \beta\ \boxed{0} & 1, CD
\end{array}
$$

Repare que, em certos casos, utilizaremos um mesmo nome para duas regras distintas – como é o caso das regras da *negação clássica*, que utilizaremos "NC". Essa nomenclatura terá a seguinte serventia. A esquerda de todo *tableau* haverá uma numeração do *passo* (começando do passo inicial 1 e indo até n, para um n natural). Após tal numeração encontramos *ao menos uma* fórmula sinalizada. A fórmula encontrada após (1) será a fórmula inicial de nosso tableau. Para toda fórmula encontrada após um passo m (para um $m > 1$), essa fórmula será obtida de algum dos passos anteriores. Ao lado de qualquer fórmula em um passo m encontraremos um número y (sendo $y < m$) e uma nomenclatura X – sendo X uma das nomenclaturas das regras supracitadas. O número y corresponde a algum *passo* no qual a fórmula em questão foi obtida e a nomenclatura X designará o tipo de regra que foi aplicada ao passo y para a obtenção da fórmula em questão. Apenas como exemplo, no tableau

$$
\begin{array}{lrl}
1. & \alpha \to \beta\ \boxed{0} & \\
2. & \alpha\ \boxed{1} & 1, CD \\
3. & \beta\ \boxed{0} & 1, CD
\end{array}
$$

obtemos no passo (2) a fórmula sinalizada $\alpha\boxed{1}$ aplicando uma regra *CD* à fórmula sinalizada do passo (1). O mesmo ocorre com o passo (3), onde obtemos $\beta\boxed{0}$ ao aplicarmos uma regra *CD* à fórmula sinalizada do passo (1).

Por questão de praticidade, podemos introduzir outras quatro regras adicionais para trabalharmos com os conectivos definidos (conjunção e disjunção):[71]

71 As regras que veremos a seguir são derivadas das regras de tableaux apresentadas anteriormente.

Regra de Tableux: Conjunção (CJ)

$$\begin{array}{lcl} 1. & \alpha \wedge \beta \ \boxed{1} & \\ 2. & \alpha \ \boxed{1} & 1, CJ \\ 3. & \beta \ \boxed{1} & 1, CJ \end{array}$$

Regra de Tableux: Conjunção (CJ)

$$\begin{array}{lccl} 1. & \multicolumn{2}{c}{(\alpha \wedge \beta) \ \boxed{0}} & \\ 2. & \alpha \ \boxed{0} & \beta \ \boxed{0} & 1, CJ \end{array}$$

Regra de Tableux: Disjunção (DJ)

$$\begin{array}{lccl} 1. & \multicolumn{2}{c}{(\alpha \vee \beta) \ \boxed{1}} & \\ 2. & \alpha \ \boxed{1} & \beta \ \boxed{1} & 1, DJ \end{array}$$

Regra de Tableux: Disjunção (DJ)

$$\begin{array}{lcl} 1. & \alpha \vee \beta \ \boxed{0} & \\ 2. & \alpha \ \boxed{0} & 1, DJ \\ 3. & \beta \ \boxed{0} & 1, DJ \end{array}$$

Definição 41 (Ramo Fechado). *Se em um mesmo ramo ocorre uma fórmula sinalizada e sua conjugada, dizemos que encontramos uma "contradição semântica", e fechamos o ramo, sinalizando por um ⊗ ao final. Como se segue no exemplo abaixo:*

$$\begin{array}{lc} 1. & \alpha \ \boxed{1} \\ 2. & \alpha \ \boxed{0} \\ & \otimes \end{array}$$

Definição 42 (Tableaux Fechado). *Dizemos que um Tableaux é "fechado" quando todos seus ramos são fechados.*

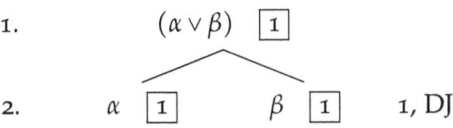

Definição 43 (Consequência Direta e Ramificada). *Distinguiremos dois tipos de fórmulas, que chamamos aquelas com consequência "direta" e aquelas com consequência "ramificada":*

(i) Consequência Direta		(ii) Consequência Ramificada
$\neg_c\alpha\ \boxed{1}$	$\alpha \to \beta\ \boxed{0}$	$\alpha \to \beta\ \boxed{1}$
$\neg_c\alpha\ \boxed{0}$	$\alpha \wedge \beta\ \boxed{1}$	$\alpha \wedge \beta\ \boxed{0}$
$\neg_p\alpha\ \boxed{0}$	$\alpha \vee \beta\ \boxed{0}$	$\alpha \vee \beta\ \boxed{1}$
$\neg_q\alpha\ \boxed{1}$		

Ao construirmos um tableaux, se nele aparece uma linha do tipo (i) acrescentamos suas consequências a todos os ramos que passam por essa linha. Se aparecer uma linha do tipo (ii), dividimos todos os ramos que passam por ela em sub-ramos. Deste modo, nunca precisamos usar uma mesma linha mais de uma vez. Podemos então definir a noção de *Tableaux Completo.*

Definição 44 (Tableaux Completo). *Um tableaux é dito "completo" quando: para todo ramo, após um número finito de passos, cada fórmula sinalizada em cada ramo foi usada ao menos uma vez – com exceção das fórmulas* $\neg_p\alpha\ \boxed{1}$, $\neg_q\alpha\ \boxed{0}$ *e das fórmulas atômicas sinalizadas (i.e., qualquer fórmula* $\alpha\ \boxed{1}$ *ou* $\alpha\ \boxed{0}$ *tal que* α *é uma fórmula atômica); ou quando o tableaux é fechado.*

Modificações para KGp, KGq e KGc

Como dito anteriormente, até agora apresentamos as regras para o sistema $\mathcal{KG}_m$. Se introduzirmos o axioma (N5), então devemos introduzir em nossa *lista de fatos* o ponto (7.a); se introduzirmos o axioma (N6), então introduzimos o ponto (7.b). Cada um desses pontos nos oferece uma regra de tableaux específica.

Regra de Tableux: Neg. Paracon. (NP)

Se o sistema tiver o axioma (N5), *i.e.*, $\mathcal{KG}_p$ ou $\mathcal{KG}_c$, introduzimos a regra:

1.	$\neg_p\neg_p\alpha\ \boxed{1}$	
2.	$\alpha\ \boxed{1}$	1, NP

Regra de Tableux: Neg. Paracom. (NQ)

Se o sistema tiver o axioma (N6), *i.e.*, $\mathcal{KG}_q$ ou $\mathcal{KG}_c$, introduzimos a regra:

1.	$\neg_q\neg_q\alpha$ $\boxed{0}$	
2.	α $\boxed{0}$	1, NQ

Portanto, se estivermos trabalhando em $\mathcal{KG}_p$, além das regras para $\mathcal{KG}_m$ teremos também a regra (NP); se estivermos trabalhando em $\mathcal{KG}_q$, além das regras para $\mathcal{KG}_m$ teremos também a regra (NQ); e, por fim, se estivermos em $\mathcal{KG}_c$, além das regras para $\mathcal{KG}_m$ teremos também as regras (NP) e (NQ).

3.3.2 *Alguns Metateoremas*

Vejamos agora alguns metateoremas que podemos obter através do método de tableaux analítico. De modo geral, vamos relacionar a semântica bivalorada oferecida anteriormente (Cor. 11, p. 73), que demonstramos ser correta e completa para com os sistemas axiomáticos $\mathcal{KG}$, com o método de tableaux desenvolvido. A ideia geral é demonstrar que:

Completude: se a semântica bivalorada de um sistema i (sendo i um sistema $\mathcal{KG}$) é tal que toda valoração que modele um conjunto Γ^i de fórmulas, atribui valor-designado para uma fórmula α (*i.e.*, α é uma consequência semântica de Γ^i, ou $\Gamma^i \vDash_i \alpha$), então todo tableau completo de i, iniciado por um ramo contendo as fórmulas sinalizadas $x\boxed{1}$ (para toda fórmula $x \in \Gamma^i$) e $\alpha\boxed{0}$, será fechado;[72]

Correção: se todo tableau de i iniciado por um ramo com $x\boxed{1}$ ($x \in \Gamma^i$) e $\alpha\boxed{0}$ é um tableu fechado, então $\Gamma^i \vDash_i \alpha$.

Ao demonstrarmos esses dois metateoremas (Correção e Completude do método de tableaux para com a semântica bivalorada), garantimos então que os tableaux oferecerem um *método de prova* adequado para com a semântica

72 Suponha que Γ^i seja um conjunto infinito de fórmulas. Lembrando que estamos supondo familiaridade do leitor com a noção de *tableaux*, sabemos que não podem haver tableaux de comprimento infinito. Contudo, pelo Teorema 30 (p. 85), sabemos que $\Gamma^i \vDash_i \alpha$ se, e somente se, há um subconjunto finito Δ^i de Γ^i tal que $\Delta^i \vDash_i \alpha$. Portanto, para todo conjunto infinito Γ^i tal que $\Gamma^i \vDash_i \alpha$, subtituiremos ele por seu subconjunto finito Δ^i o qual $\Delta^i \vDash_i \alpha$. Assim garantimos que sempre haverá um conjunto finito de fórmulas que permita a construção de seus respectivos tableaux. Doravante, portanto, sempre que nos referirmos a um conjunto de fórmulas, assumimos que ele é *finito*.

valorativa dos sistemas $\mathcal{KG}$. Além disso, a semântica valorativa é correta (Teo. 28, p. 82) e completa (Teo. 29, p. 84) para com o sistema axiomático de $\mathcal{KG}$. Consequentemente, demonstrados os metateoremas da correção e completude dos tableaux para com a semântica valorativa de $\mathcal{KG}$, obtemos que tal método é também correto e completo para com o sistema axiomático $\mathcal{KG}$. Antes, vejamos algumas definições e resultados preliminares.

Definição 45. *Seja Γ^i um conjunto de fórmulas do sistema i (sendo i um sistema $\mathcal{KG}$). $\Gamma^i\boxed{1} = \{ x \in \Gamma^i \mid x\boxed{1} \}$ e $\Gamma^i\boxed{0} = \{ x \in \Gamma^i \mid x\boxed{0} \}$.*

Definição 46 (Demonstração por Tableaux). *Se todo tableau de i (sendo i um sistema $\mathcal{KG}$) iniciado por $\Gamma^i\boxed{1}$ e $\alpha\boxed{0}$ é fechado, dizemos que α é demonstrado por tableaux de i a partir de Γ^i. Escrevemos $\Gamma^i \succ_i \alpha$ se esse é o caso, e $\Gamma^i \not\succ_i \alpha$ caso contrário.*

Definição 47 (Valoração Fiel). *Seja v^i qualquer valoração do sistema i (sendo i um sistema $\mathcal{KG}$) e seja Ω algum ramo de um tableaux de i. Dizemos que v^i é uma "valoração fiel" de Ω se, e somente se, para toda fórmula $\alpha\boxed{1}$ em Ω, $v^i(\alpha) = 1$; e para toda fórmula $\alpha\boxed{0}$ em Ω, $v^i(\alpha) = 0$.*

Lema 3. *Se Ω é um ramo fechado do sistema i (sendo i um sistema $\mathcal{KG}$), então não há uma valoração v^i que lhe seja fiel.*

Demonstração. Suponha que Ω seja um ramo fechado. Pela definição de ramo fechado (Def. 41, p. 101), ocorre em Ω alguma fórmula sinalizada $\alpha\boxed{1}$ e sua conjugada, $\alpha\boxed{0}$. Suponha que haja alguma valoração v^i que seja fiel a Ω. Então, dada a definição acima, ocorre que $v^i(\alpha) = 1$ e $v^i(\alpha) = 0$ – o que não é possível. □

Lema 4. *Se Ω é um ramo aberto de um tableau completo de i (sendo i um sistema $\mathcal{KG}$), então há uma valoração v^i que lhe seja fiel.*

Demonstração. Pelas definições anteriores sabemos que se Ω é um ramo aberto de um tableau completo de i, então após um número finito de passos, aplicando as regras de tableaux de i, não há nesse ramo a ocorrência de uma fórmula sinalizada e sua conjugada. Construamos então uma valoração v^i tal que, para toda fórmula sinalizada $\alpha\boxed{1}$ que ocorra em Ω, $v^i(\alpha) = 1$ e, para toda fórmula sinalizada $\alpha\boxed{0}$ que ocorra em Ω, $v^i(\alpha) = 0$. Suponhamos então que v^i não seja fiel a Ω. Como visto anteriormente, há três situações possíveis: (i) ou há uma fórmula sinalizada $\alpha\boxed{1}$ em Ω tal que $v^i(\alpha) = 0$; ou (ii) há uma fórmula sinalizada $\alpha\boxed{0}$ em Ω tal que $v^i(\alpha) = 1$; ou (iii) Ω é um ramo fechado.

Pela construção de v^i garantimos que não é o caso de (i) e nem de (ii) e, pela suposição inicial, Ω é um ramo aberto. Portanto, v^i é uma valoração fiel de Ω. □

Teorema 31. *Se uma valoração v^i é fiel a um ramo Ω de um tableau do sistema i, e alguma das regras de tableaux de i é aplicada em Ω, então v^i será fiel a ao menos um dos ramos gerados.*

Demonstração. A prova é feita examinando caso-a-caso as regras do tableaux. Vejamos as duas regras da condicional. (i) Suponha que v^i é fiel a Ω, que $\alpha \to \beta\boxed{0}$ ocorre em Ω e nós aplicamos uma regra a ela. Apenas um ramo, Ω_1, será gerado contendo as fórmulas sinalizadas $\alpha\boxed{1}$ e $\beta\boxed{0}$. Como v^i é fiel a Ω, então $v^i(\alpha \to \beta) = 0$ e, dada a definição da função-valoração (Cor. 11, p. 73), obtemos que $v^i(\alpha) = 1$ e $v^i(\beta) = 0$ – o que mostra que v^i é fiel a Ω e Ω_1. (ii) Suponha então que $\alpha \to \beta\boxed{1}$ ocorre em Ω e nós aplicamos uma regra a ela. Dois ramos são gerados, Ω_1 contendo $\alpha\boxed{0}$ e Ω_2 contendo $\beta\boxed{1}$. Se v^i é fiel a Ω, então $v^i(\alpha \to \beta) = 1$. Dada a definição da função-valoração obtemos que $v^i(\alpha) = 0$ ou $v^i(\beta) = 1$. Se for o primeiro caso, $v^i(\alpha) = 0$, então v^i é fiel a Ω_1; se for o segundo, $v^i(\beta) = 1$, então v^i é fiel a Ω_2.
Começaremos pela negação clássica. (i) Suponha que v^i é fiel a Ω, que $\neg_c\alpha\boxed{1}$ ocorre em Ω e nós aplicamos uma regra a ela. Apenas um ramo, Ω_1, será gerado contendo a fórmula sinalizada $\alpha\boxed{0}$. Como v^i é fiel a Ω, então $v^i(\neg_c\alpha) = 1$ e, dada a definição da função-valoração, obtemos que $v^i(\alpha) = 0$ – o que mostra que v^i é fiel a Ω_1. (ii) Suponha então que $\neg_c\alpha\boxed{0}$ ocorre em Ω e nós aplicamos uma regra a ela. Apenas um ramo, Ω_1, será gerado contendo a fórmula sinalizada $\alpha\boxed{1}$. Como v^i é fiel a Ω, então $v^i(\neg_c\alpha) = 0$ e, dada a definição da função-valoração, obtemos que $v^i(\alpha) = 1$ – o que mostra que v^i é fiel a Ω_1.
Vejamos agora o caso da negação paraconsistente. (i) Suponha que v^i é fiel a Ω, que $\neg_p\alpha\boxed{0}$ ocorre em Ω. Apenas um ramo, Ω_1, será gerado contendo a fórmula sinalizada $\alpha\boxed{1}$. Como v^i é fiel a Ω, então $v^i(\neg_p\alpha) = 0$ e, dada a definição da função-valoração, obtemos que $v^i(\alpha) = 1$ – o que mostra que v^i é fiel a Ω_1. (ii) Suponha então que $\neg_p\neg_p\alpha\boxed{1}$ ocorre em Ω em um tableaux do sistema i (para i sendo $\mathcal{KG}_p$ ou $\mathcal{KG}_c$) e nós aplicamos uma regra a ela. Apenas um ramo, Ω_1, será gerado contendo a fórmula sinalizada $\alpha\boxed{1}$. Como v^i é fiel a Ω, então $v^i(\neg_p\neg_p\alpha) = 1$ e, dada a definição da função-valoração, obtemos que $v^i(\alpha) = 1$ – o que mostra que v^i é fiel a Ω_1. Um terceiro caso deveria ser avaliado, quando $\neg_p\alpha\boxed{1}$ ocorre em Ω. Contudo, como vimos, não

há regra aplicável a tal fórmula sinalizada em $\mathcal{KG}_m$ e $\mathcal{KG}_q$, exceto em $\mathcal{KG}_p$ e $\mathcal{KG}_c$, quando $\alpha = \neg_p\beta$ – o que valerá a circunstância (ii) analisada acima. Vejamos agora o caso da negação paracompleta. (i) Suponha que v^i é fiel a Ω, que $\neg_q\alpha\boxed{1}$ ocorre em Ω. Apenas um ramo, Ω_1, será gerado contendo a fórmula sinalizada $\alpha\boxed{0}$. Como v^i é fiel a Ω, então $v^i(\neg_q\alpha) = 1$ e, dada a definição da função-valoração, obtemos que $v^i(\alpha) = 0$ – o que mostra que v^i é fiel a Ω_1. (ii) Suponha então que $\neg_q\neg_q\alpha\boxed{0}$ ocorre em Ω em um tableaux do sistema i (para i sendo $\mathcal{KG}_q$ ou $\mathcal{KG}_c$) e nós aplicamos uma regra a ela. Apenas um ramo, Ω_1, será gerado contendo a fórmula sinalizada $\alpha\boxed{0}$. Como v^i é fiel a Ω, então $v^i(\neg_q\neg_q\alpha) = 0$ e, dada a definição da função-valoração, obtemos que $v^i(\alpha) = 0$ – o que mostra que v^i é fiel a Ω_1. Um terceiro caso deveria ser avaliado, quando $\neg_q\alpha\boxed{0}$ ocorre em Ω. Contudo, como vimos, não há regra aplicável a tal fórmula sinalizada em $\mathcal{KG}_m$ e $\mathcal{KG}_p$, exceto em $\mathcal{KG}_q$ e $\mathcal{KG}_c$ quando $\alpha = \neg_q\beta$ – o que valerá a circunstância (ii) analisada acima. □

Corolário 20. *Se não há uma valoração fiel para nenhum ramo Ω_n, gerado a partir de um ramo Ω de um sistema i (sendo i um sistema $\mathcal{KG}$), então não há uma valoração fiel para Ω.*

Demonstração. Suponha que não há uma valoração fiel para nenhum ramo Ω_n, mas há uma valoração fiel, v^i, para Ω. Pelo teorema anterior, se há uma valoração fiel para Ω, e alguma regra de i é aplicada a Ω, então v^i é fiel a algum ramo gerado por Ω. Todo ramo Ω_n foi gerado por Ω. Portanto, v^i será fiel a algum ramo Ω_n, o que contradiz a suposição inicial. □

Teorema 32 (Correção dos Tableaux). $\Gamma^i \succ_i \alpha \quad \Rightarrow \quad \Gamma^i \vDash_i \alpha$

Demonstração. Vamos demonstrar sua contrapositiva, *i.e.*, se $\Gamma^i \nvDash_i \alpha$, então $\Gamma^i \not\succ_i \alpha$. Suponha que $\Gamma^i \nvDash_i \alpha$. Então, de acordo com a definição de consequência semântica (Def. 30, p. 74), há uma valoração v^i que modele Γ^i e $v^i(\alpha) = 0$. Seja Ω um ramo inicial de um tableau tal que $\Gamma^i\boxed{1}$ e $\alpha\boxed{0}$. De acordo com a definição de valoração fiel (Def. 47, p. 104), v^i seria fiel a Ω. Se v^i é fiel a um ramo Ω, pela contraposição do Lema 3 (p. 104), então Ω é um ramo aberto. Pela definição de demonstração por tableaux (Def. 46, p. 104), obtemos que $\Gamma^i \not\succ_i \alpha$.

□

Teorema 33 (Completude dos Tableaux). $\Gamma^i \vDash_i \alpha \quad \Rightarrow \quad \Gamma^i \succ_i \alpha$

Demonstração. Vamos demonstrar a contrapositiva, *i.e.*, se $\Gamma^i \not\succ_i \alpha$, então $\Gamma^i \nvDash_i \alpha$. Suponha que $\Gamma^i \not\succ_i \alpha$, *i.e.*, há um tableau (completo) aberto de i iniciado por

$\Gamma^i\boxed{1}$ e $\alpha\boxed{0}$. Pelo lema 4 (p. 104), se há um ramo aberto de um tableau completo, então há uma valoração fiel deste ramo. Seja Ω o ramo aberto desse tableau e v^i a valoração fiel de Ω. Em v^i obtemos que, para toda fórmula $x \in \Gamma^i\boxed{1}$, $v^i(x) = 1$ e $v^i(\alpha) = 0$. Pela definição de consequência semântica (Def. 30, p. 74) vemos que $\Gamma^i \nvDash_i \alpha$, posto que há ao menos uma valoração, v^i que modela Γ^i, mas que não atribui valor-designado para α. □

Corolário 21 (Adequação dos Tableaux). $\Gamma^i \vDash_i \alpha \quad \Leftrightarrow \quad \Gamma^i >_i \alpha$

Demonstração. A prova se segue diretamente dos teoremas 32 e 33 anteriores. □

Corolário 22. $\Gamma^i \vdash_i \alpha \quad \Leftrightarrow \quad \Gamma^i >_i \alpha$

Demonstração. Obtemos diretamente pelo Teorema da Adequação (Teo. 19, p. 85) e pelo corolário anterior. □

O corolário anterior apresenta um resultado importante: há uma relação estrita entre o método axiomático apresentado para os Sistemas $\mathcal{KG}$ e os tableaux analíticos oferecidos. Podemos observar tal resultado utilizando os tableaux analíticos nos postulados de $\mathcal{KG}$. Isto é, como podemos ver abaixo, todos os axiomas são demonstráveis pelo método de tableaux analítico e, além disso, a regra de inferência (*modus ponnens*) preserva a verdade. Vejamos primeiro os postulados do sistema $\mathcal{KG}_m$.[73]

Teorema 34. $\alpha \to \beta, \alpha \vDash_i \beta$

Demonstração.

1. $\alpha \to \beta \ \boxed{1}$
2. $\alpha \ \boxed{1}$
3. $\beta \ \boxed{0}$
4. $\alpha \ \boxed{0}$ ⊗ | $\beta \ \boxed{1}$ ⊗ — 1 CD

Teorema 35. $\vDash_i \alpha \to (\beta \to \alpha)$

73 Note que, como todos os postulados de $\mathcal{KG}_m$ são também postulados dos outros sistemas $\mathcal{KG}$, utilizaremos $\vDash_i$ para sinalizar que as provas a seguir serão provas para todos os sistemas $\mathcal{KG}$. Se, por outro lado, algum resultado for obtido *apenas* em $\mathcal{KG}_m$, utilizaremos $\vDash_{km}$.

Demonstração.

1.	$\alpha \to (\beta \to \alpha)$ $\boxed{0}$	
2.	α $\boxed{1}$	1 CD
3.	$\beta \to \alpha$ $\boxed{0}$	1 CD
4.	β $\boxed{1}$	3, CD
5.	α $\boxed{0}$	3, CD
	$\otimes$	

Teorema 36. $\vDash_i (\alpha \to \beta) \to ((\alpha \to (\beta \to \gamma)) \to (\alpha \to \gamma))$

Demonstração.

1.	$(\alpha \to \beta) \to ((\alpha \to (\beta \to \gamma)) \to (\alpha \to \gamma))$ $\boxed{0}$	
2.	$\alpha \to \beta$ $\boxed{1}$	1 CD
3.	$(\alpha \to (\beta \to \gamma)) \to (\alpha \to \gamma)$ $\boxed{0}$	1 CD
4.	$\alpha \to (\beta \to \gamma)$ $\boxed{1}$	3 CD
5.	$\alpha \to \gamma$ $\boxed{0}$	3 CD
6.	α $\boxed{1}$	5 CD
7.	γ $\boxed{0}$	5 CD
8.	α $\boxed{0}$ ∣ β $\boxed{1}$	2 CD
9.	$\otimes$ ∣ α $\boxed{0}$ ∣ $\beta \to \gamma$ $\boxed{1}$	4 CD
10.	$\otimes$ ∣ β $\boxed{0}$ ∣ γ $\boxed{1}$	9 CD
	$\otimes$ ∣ $\otimes$	

Teorema 37. $\vDash_i (\alpha \to \beta) \to ((\alpha \to \neg_c \beta) \to \neg_c \alpha)$

Demonstração.

1.	$(\alpha \to \beta) \to ((\alpha \to \neg_c\beta) \to \neg_c\alpha)$ $\boxed{0}$	
2.	$\alpha \to \beta$ $\boxed{1}$	1 CD
3.	$(\alpha \to \neg_c\beta) \to \neg_c\alpha$ $\boxed{0}$	1 CD
4.	$\alpha \to \neg_c\beta$ $\boxed{1}$	3 CD
5.	$\neg_c\alpha$ $\boxed{0}$	3 CD
6.	α $\boxed{1}$	5 NC
7.	α $\boxed{0}$ | β $\boxed{1}$	2 CD
8.	$\otimes$ | α $\boxed{0}$ | $\neg_c\beta$ $\boxed{1}$	4 CD
9.	$\otimes$ | β $\boxed{0}$	8 NC
	$\otimes$	

Teorema 38. $\vDash_i \neg_q\alpha \to \neg_c\alpha$

Demonstração.

1.	$\neg_q\alpha \to \neg_c\alpha$ $\boxed{0}$	
2.	$\neg_q\alpha$ $\boxed{1}$	1 CD
3.	$\neg_c\alpha$ $\boxed{0}$	1 CD
4.	α $\boxed{0}$	2 NQ
5.	α $\boxed{1}$	3, NC
	$\otimes$	

Teorema 39. $\vDash_i \neg_c\alpha \to \neg_p\alpha$

Demonstração.

1.	$\neg_c\alpha \to \neg_p\alpha$ $\boxed{0}$	
2.	$\neg_c\alpha$ $\boxed{1}$	1 CD
3.	$\neg_p\alpha$ $\boxed{0}$	1 CD
4.	α $\boxed{0}$	2 NC
5.	α $\boxed{1}$	3, NP
	$\otimes$	

Teorema 40. $\vDash_i \neg_c\neg_c\alpha \to \alpha$

Demonstração.

1.	$\neg_c\neg_c\alpha \to \alpha$	$\boxed{0}$	
2.	$\neg_c\neg_c\alpha$	$\boxed{1}$	1 CD
3.	α	$\boxed{0}$	1 CD
4.	$\neg_c\alpha$	$\boxed{0}$	2 NC
5.	α	$\boxed{1}$	4, NC
	$\otimes$		

Vejamos agora o caso dos axiomas (N5) $\neg_p\neg_p\alpha \to \alpha$ e (N6) $\alpha \to \neg_q\neg_q\alpha$ no sistema $\mathcal{KG}_m$ (que, lembrando, não contém as duas regras especiais referentes aos pontos (7.a) e (7.b) discutidos anteriormente).

Teorema 41. $\nvDash_{km} \neg_p\neg_p\alpha \to \alpha$

Demonstração.

1.	$\neg_p\neg_p\alpha \to \alpha$	$\boxed{0}$	
2.	$\neg_p\neg_p\alpha$	$\boxed{1}$	1 CD
3.	α	$\boxed{0}$	1 CD

Teorema 42. $\nvDash_{km} \alpha \to \neg_q\neg_q\alpha$

Demonstração.

1.	$\alpha \to \neg_q\neg_q\alpha$	$\boxed{0}$	
2.	α	$\boxed{1}$	1 CD
3.	$\neg_q\neg_q\alpha$	$\boxed{0}$	1 CD

Dada a ausência das regras especiais, não podemos derivar uma *contradição semântica* e, portanto, não podemos fechar os tableaux no sistema $\mathcal{KG}_m$. Contudo, vejamos se aceitamos a regra (NP) referente ao fato (7.a):[74]

Teorema 43. $\vDash_{kp} \neg_p\neg_p\alpha \to \alpha$

Demonstração.

1.	$\neg_p\neg_p\alpha \to \alpha$	$\boxed{0}$	
2.	$\neg_p\neg_p\alpha$	$\boxed{1}$	1 CD
3.	α	$\boxed{0}$	1 CD
4.	α	$\boxed{1}$	2 NP
	$\otimes$		

E vejamos agora se aceitarmos a regra (NQ), referente ao fato (7.b):

74 Note que os dois resultados que apresentaremos são obtidos em $\mathcal{KG}_c$, trocando $\vDash_{kp}$ e $\vDash_{kq}$ por $\vDash_{kc}$.

Teorema 44. $\vDash_{kq} \alpha \to \neg_q\neg_q\alpha$

Demonstração.

1.	$\alpha \to \neg_q\neg_q\alpha$ $\boxed{0}$	
2.	α $\boxed{1}$	1 CD
3.	$\neg_q\neg_q\alpha$ $\boxed{0}$	1 CD
4.	α $\boxed{0}$	3 NQ
	$\otimes$	

Seguem desses resultados que o sistema $\mathcal{KG}_m$ é correto pela prova por tableaux, uma vez que não contém os axiomas (N5) e (N6), e tampouco as regras (7.a) e (7.b). Segue que o sistema $\mathcal{KG}_p$ é correto pela prova por tableaux, uma vez que contém os postulados de $\mathcal{KG}_m$ (e todas as suas regras de tableaux), como também contém o axioma (N5) e a regra referente ao ponto (7.a). Já o sistema $\mathcal{KG}_q$ é correto pela prova por tableaux, contendo também todos os postulados de $\mathcal{KG}_m$ (e todas as suas regras de tableaux), como também contém o axioma (N6) e a regra referente ao ponto (7.b). E, por fim, o sistema $\mathcal{KG}_c$ é correto pela prova por tableaux, contendo todos os postulados e regras de tableaux do sistema $\mathcal{KG}_m$, como também os axiomas (N5) e (N6) e as regras referentes aos pontos (7.a) e (7.b).

Dado os resultados obtidos, demonstramos que o método de tableaux é correto e completo para os sistemas $\mathcal{KG}$. Isto é, em linhas gerais, se $\Gamma \vdash_i \alpha$, para algum i que seja sistema $\mathcal{KG}$, então haverá um tableau completo fechado cujas fórmulas iniciais são toda fórmula $\beta \in \Gamma$ com valor $\boxed{1}$ e α valor $\boxed{0}$. Por outro lado, se $\Gamma \vDash_i \alpha$, todo tableau completo, cujas fórmulas iniciais são toda fórmula $\beta \in \Gamma$ com valor $\boxed{1}$ e α com valor $\boxed{0}$, será um tableau fechado.

Parte III

RESULTADOS

4

SISTEMAS KG: TRADUÇÕES

> “[...] Gavagai [...]”
>
> Willard Van Orman Quine
> *Word and Object*

A ideia de tradução entre lógicas, compreendendo um método para analisar os sistemas através de suas traduções, foi originalmente introduzido por Kolmogorov (1925). Como destacam Da Silva et al. (1999), nos trabalhos de Kolmogorov (1925), Glivenko (1929), Gödel (1933), Gentzen (1933) e Lewis and Langford (1959) o método de tradução entre lógicas (principalmente as traduções da Lógica Clássica na Intuicionista) foram majoritariamente desenvolvidos para o estudo das relações entre os sistemas e apresentando a noção de *consistência relativa*. Mas o que seria, de modo apropriado, uma tradução entre lógicas? A caracterização geral de uma tradução entre lógicas, apresentadas em Carnielli and D'Ottaviano (1997) e Da Silva et al. (1999), utiliza-se da seguinte definição de *lógica*:[75]

Definição 48 (Lógica). *Uma Lógica $\mathcal{A}$ é um par-ordenado $\langle A, \vdash_A \rangle$ tal que A é um conjunto, chamado de "domínio" ou "universo" de $\mathcal{A}$, e $\vdash_A$ é uma relação de consequência sobre A, tal que: $\vdash_A : P(A) \longrightarrow A$ que satisfaz as seguintes condições (para todos $\Gamma, \Delta \subseteq A$):*

(i) Se $\alpha \in \Gamma$, então $\Gamma \vdash_A \alpha$

(ii) Se $\Gamma \subseteq \Delta$ e $\Gamma \vdash_A \alpha$, então $\Delta \vdash_A \alpha$

75 Nos trabalhos de Carnielli and D'Ottaviano (1997) e Da Silva et al. (1999) a definição de Lógica e Tradução entre Lógicas utiliza-se da noção de *operador de consequência*, Cn, ao invés da noção de *relação de consequência*, $\vdash$, que utilizamos nos capítulos anteriores. Contudo, como nota Pogorzelski (1994, p.82), podemos definir o operador de consequência através da relação de consequência do seguinte modo: $\alpha \in Cn(\Gamma) \Leftrightarrow \Gamma \vdash \alpha$.

(iii) Para toda $\alpha \in \Delta$, se $\Gamma \vdash_A \alpha$ e $\Delta \vdash_A \beta$, então $\Gamma \vdash_A \beta$

Como podemos facilmente notar, todos os sistemas analisados ($\mathcal{LPC}$, $\mathscr{C}_n$, $\mathscr{P}_n$, $\mathscr{N}_n$ $(0 \leq n \leq \omega)$, como também todos os Sistemas $\mathcal{KG}$) são *lógicas* de acordo com a definição anterior: (1) visto que oferecemos uma linguagem para cada um dos sistemas (mais precisamente, o conjunto de fórmulas de cada sistema analisado seria o que chamamos de "universo" ou "domínio" na definição anterior); (2) como também as noções de *Dedução* (que supomos conhecida pelo leitor para os outros sistemas, mas definida para os Sistemas $\mathcal{KG}$ através da Def. 23, p. 64) satisfazem as propriedades descritas de uma *relação de consequência*.[76] A partir da definição anterior, podemos então definir o que é uma *tradução* entre uma lógica $\mathcal{A}$ e uma lógica $\mathcal{B}$.

Definição 49 (Tradução Entre Lógicas). *Uma tradução de uma lógica $\mathcal{A} = \langle A, \vdash_A \rangle$ em uma lógica $\mathcal{B} = \langle B, \vdash_B \rangle$ é uma função (que chamaremos de "função-tradução") $t : A \longrightarrow B$ tal que (onde $\Gamma \cup \{\alpha\} \subset A$ e $t(\Gamma) \cup \{t(\alpha)\} \subset B$):*

$$\Gamma \vdash_A \alpha \Longrightarrow t(\Gamma) \vdash_B t(\alpha)$$

Neste capítulo, para garantirmos que oferecemos uma tradução de uma lógica $\mathcal{A}$ em $\mathcal{B}$, seguiremos o seguinte *roteiro*:

1. Oferecer as condições da função-tradução, t, de $\mathcal{A}$ em $\mathcal{B}$;

2. Demonstrar que, se α é um axioma de $\mathcal{A}$, então $\vdash_B t(\alpha)$;

3. Demonstrar que t preserva todo uso lícito de uma *regra de inferência* de $\mathcal{A}$ em $\mathcal{B}$

   – como em todos os sistemas que vimos utiliza-se apenas do *Modus Ponens* como regra de inferência, precisamos demonstrar que se β é $\vdash_A$-dedutível do conjunto de fórmulas $\{\alpha, \alpha \rightarrow \beta\}$ de $\mathcal{A}$, então $t(\beta)$ é $\vdash_B$-dedutível do conjunto de fórmulas $\{t(\alpha), t(\alpha \rightarrow \beta)\}$ de $\mathcal{B}$;

4. Demonstrar que se $\Gamma \vdash_A \alpha$, então a tradução t é tal que $t(\Gamma) \vdash_B t(\alpha)$.

Se os passos (1)-(4) forem garantidos, *i.e.*, se de fato oferecermos uma função-tradução de $\mathcal{A}$ em $\mathcal{B}$ que nos permita demonstrar (2)-(4), dizemos que $\mathcal{A}$ é "imerso" em $\mathcal{B}$. À luz das definições anteriores e do roteiro que planejamos seguir, discutiremos possíveis traduções que podemos construir

76 Devemos notar que nem todo sistema que chamamos de "lógica" satisfazem as condições anteriores como, por exemplo, as Lógicas Não-Monotônicas. *Cf.* Strasser and Antonelli (2019).

entre os sistemas vistos. Inicialmente, veremos alguns modos de traduzir os cálculos $\mathcal{LPC}$, $\mathscr{C}_1$, $\mathscr{P}_1$ e $\mathscr{N}_1$ nos sistemas $\mathcal{KG}$. Veremos que é possível traduzir $\mathcal{LPC}$ em $\mathcal{KG}_m$, $\mathscr{C}_1$ em $\mathcal{KG}_p$, $\mathscr{P}_1$ em $\mathcal{KG}_q$ e, finalmente, $\mathscr{N}_1$ em $\mathcal{KG}_c$. Uma vez que todos os postulados de $\mathcal{KG}_m$ são postulados dos outros sistemas $\mathcal{KG}$, segue-se que uma tradução de $\mathcal{LPC}$ para $\mathcal{KG}_m$ pode ser estendida para todos os outros sistemas $\mathcal{KG}$. Do mesmo modo, a tradução de $\mathscr{C}_1$ para $\mathcal{KG}_p$ pode ser estendida para $\mathcal{KG}_c$, como a tradução de $\mathscr{P}_1$ para $\mathcal{KG}_q$ ser também estendida para $\mathcal{KG}_c$.[77] Dadas as funções-tradução apresentadas, mostraremos que $\mathcal{LPC}$ é imersível em $\mathcal{KG}_m$, $\mathscr{C}_1$ é imersível em $\mathcal{KG}_p$, $\mathscr{P}_1$ é imersível em $\mathcal{KG}_q$ e $\mathscr{N}_1$ imersível em $\mathcal{KG}_c$. Mostraremos também um outro resultado importante. Se compreendermos toda a hierarquia $\mathscr{C}_n$ $(0 \leq n \leq \omega)$, seremos capazes de traduzir *todos* os cálculos $\mathscr{C}_n$ no sistema $\mathcal{KG}_p$ – tornando-os imersíveis em $\mathcal{KG}_p$; valendo o mesmo para a hierarquia $\mathscr{P}_n$ $(0 \leq n \leq \omega)$ em $\mathcal{KG}_q$; e a hierarquia $\mathscr{N}_n$ $(0 \leq n \leq \omega)$ em $\mathcal{KG}_c$. Visto que $\mathcal{KG}_m$, $\mathcal{KG}_p$ e $\mathcal{KG}_q$ são todos imersíveis em $\mathcal{KG}_c$, obteremos que todos os cálculos vistos são imersíveis em $\mathcal{KG}_c$. Por fim, analisaremos também uma possível tradução de $\mathcal{KG}_c$ em $\mathcal{LPC}$, como alguns resultados que disso se seguem.

4.1 TRADUÇÃO DE LPC EM KGM

Podemos definir uma função-tradução de $\mathcal{LPC}$ em $\mathcal{KG}_m$, do seguinte modo.

Definição 50 (Tradução de $\mathcal{LPC}$ em $\mathcal{KG}_m$). *Sejam $\mathfrak{L}_{lpc}$ e $\mathfrak{L}_{km}$ as linguagens de $\mathcal{LPC}$ e $\mathcal{KG}_m$, respectivamente. Podemos então definir uma função-tradução de $\mathcal{LPC}$ em $\mathcal{KG}_m$, $t : \mathfrak{L}_{lpc} \longrightarrow \mathfrak{L}_{km}$, do seguinte modo:*

(1) *Se p é uma variável proposicional de $\mathcal{LPC}$, então $t(p) = p'$ onde p' é uma variável proposicional de $\mathcal{KG}_m$*

(2) *Se $\neg\alpha$ é uma fórmula de $\mathcal{LPC}$, então $t(\neg\alpha) = \neg_c(t(\alpha))$*

(3) *Se $\alpha \to \beta$ é uma fórmula de $\mathcal{LPC}$, então $t(\alpha \to \beta) = t(\alpha) \to t(\beta)$*

(4) *Podemos generalizar as definições de t para os conectivos definidos:*

$t(\alpha \wedge \beta) = t(\alpha) \wedge t(\beta)$

$t(\alpha \vee \beta) = t(\alpha) \vee t(\beta)$

77 De modo mais preciso, precisamos garantir que podemo imergir $\mathcal{KG}_m$ em todos os outros sistemas $\mathcal{KG}$; e que $\mathcal{KG}_m$, $\mathcal{KG}_p$ e $\mathcal{KG}_q$ são imersíveis em $\mathcal{KG}_c$. Iremos omitir essas demonstrações, visto que são triviais.

$$t(\alpha \leftrightarrow \beta) = t(\alpha) \leftrightarrow t(\beta)$$

Se $\Gamma = \{\beta_1, ..., \beta_n\}$ *é um conjunto de fórmulas de* $\mathcal{LPC}$*, então* $t(\Gamma) = \{t(\beta_1), ..., t(\beta_n)\}$ *é a tradução do conjunto* Γ *em fórmulas de* $\mathcal{KG}_m$*. Por brevidade notacional, utilizaremos* $\alpha^t = t(\alpha)$*, onde* α *é uma fórmula de* $\mathcal{LPC}$ *cuja tradução em* $\mathcal{KG}_m$ *é* α^t*.*

Teorema 45. *Se* α *é um axioma de* $\mathcal{LPC}$*, então* $\vdash_{km} \alpha^t$

Demonstração. Vejamos as traduções dos axiomas (A1)-(A4) de $\mathcal{LPC}$ (p. 11):

$$t(A1) = \alpha^t \rightarrow (\beta^t \rightarrow \alpha^t)$$

$$t(A2) = (\alpha^t \rightarrow \beta^t) \rightarrow ((\alpha^t \rightarrow (\beta^t \rightarrow \gamma^t)) \rightarrow (\alpha^t \rightarrow \gamma^t))$$

$$t(A3) = (\alpha^t \rightarrow \beta^t) \rightarrow ((\alpha^t \rightarrow \neg_c\beta^t) \rightarrow \neg_c\alpha^t)$$

$$t(A4) = \neg_c\neg_c\alpha^t \rightarrow \alpha^t$$

Podemos facilmente observar que as traduções dos axiomas (A1)-(A4) de $\mathcal{LPC}$ são instâncias dos axiomas (C1)-(N1) e (N4) do sistema $\mathcal{KG}_m$ (p. 61). Uma vez que todas as instâncias de axiomas de $\mathcal{KG}_m$ são teoremas, dada a definição de dedução (Def. 23, p. 64), segue-se que as traduções dos axiomas (A1)-(A4) de $\mathcal{LPC}$ são teoremas de $\mathcal{KG}_m$. □

Teorema 46. *A tradução t preserva todo uso lícito do Modus Ponens de* $\mathcal{LPC}$ *em* $\mathcal{KG}_m$*.*

Demonstração. Precisamos provar que, se em $\mathcal{LPC}$, do conjunto de fórmulas $\{\alpha, \alpha \rightarrow \beta\}$ podemos inferir β, então em $\mathcal{KG}_m$, da tradução de $\{\alpha, \alpha \rightarrow \beta\}$ podemos inferir a tradução β, *i.e.*, de $\{\alpha, \alpha \rightarrow \beta\}^t$ podemos inferir β^t. Dada a definição da função-tradução, a tradução de $\{\alpha, \alpha \rightarrow \beta\}^t = \{\alpha^t, \alpha^t \rightarrow \beta^t\}$ – sendo α^t e β^t fórmulas de $\mathcal{KG}_m$. Em $\mathcal{KG}_m$, do conjunto de fórmulas $\{\alpha^t, \alpha^t \rightarrow \beta^t\}$ podemos inferir β^t aplicando a regra de inferência (MP). Como podemos ver, a tradução t preserva aplicações do *modus ponens* de $\mathcal{LPC}$ em $\mathcal{KG}_m$. □

Teorema 47. *Para todo conjunto* Γ *de fórmulas e fórmula* α *de* $\mathcal{LPC}$

$$\Gamma \vdash_{lpc} \alpha \quad \Rightarrow \quad \Gamma^t \vdash_{km} \alpha^t$$

Demonstração. Dada a definição de $\vdash_{lpc}$, se $\Gamma \vdash_{lpc} \alpha$, então há uma sequência de fórmulas $\omega = \langle \beta_1, \beta_2, ...\beta_n \rangle$ tal que (a) $\beta_n = \alpha$ e, para toda β_i ($i \leq n$), (b.i) β_i é axioma de $\mathcal{LPC}$, ou (b.ii) pertence a Γ ou (b.iii) é obtido das fórmulas anteriores por *modus ponens*. Essa definição é equivalente à definição de dedução dos sistemas $\mathcal{KG}$ (Def. 23, p. 64). Precisamos, portanto, provar que se ω é uma derivação para α em $\mathcal{LPC}$, então ω^t é uma derivação para α^t em $\mathcal{KG}_m$. Seja $\omega^t = \langle \beta_1^t, \beta_2^t, ...\beta_n^t \rangle$, tal que $\beta_n^t = \alpha^t$. Para toda β_i^t $(i \leq n)$, se β_i é axioma de $\mathcal{LPC}$, então β_i^t é uma instância de axioma de $\mathcal{KG}_m$ (Teo. 45), se β_i pertence a Γ, então β_i^t pertence a Γ^t e, por fim, se β_i é obtido das fórmulas anteriores de ω por modus ponens em $\mathcal{LPC}$, então β_i^t é obtido por modus ponens das fórmulas anteriores de ω^t (Teo. 46). □

Em razão dos resultados anteriores, podemos facilmente observar que a tradução de todos os teoremas de $\mathcal{LPC}$ são teoremas de $\mathcal{KG}_m$.

Corolário 23. *Para toda fórmula α de $\mathcal{LPC}$*

$$\vdash_{lpc} \alpha \quad \Rightarrow \quad \vdash_{km} \alpha^t$$

Demonstração. Segue como caso particular do teorema anterior quando $\Gamma = \varnothing$ □

Dado o resultado anterior, demonstramos que $\mathcal{LPC}$ é imersível em $\mathcal{KG}_m$.

4.2 TRADUÇÃO DE C1 EM KGP

Vejamos agora como podemos definir uma função-tradução, t_p, que traduz a linguagem de $\mathscr{C}_1$ na linguagem de $\mathcal{KG}_p$.

Definição 51 (Tradução de $\mathscr{C}_1$ em $\mathcal{KG}_p$). *Seja $\mathfrak{L}_{C1}$ a linguagem de $\mathscr{C}_1$ e $\mathfrak{L}_{kp}$ a linguagem de $\mathcal{KG}_p$. Podemos então definir uma função-tradução $t_p : \mathfrak{L}_{C1} \longrightarrow \mathfrak{L}_{kp}$ do seguinte modo:*

(1) *Se p é uma variável proposicional de $\mathscr{C}_1$, então $t_p(p) = p'$ onde p' é uma variável proposicional de $\mathcal{KG}_p$*

(2.a) *Se $\vdash_{c1} \alpha^\circ$, então $t_p(\neg\alpha) = \neg_c(t_p(\alpha))$*

(2.b) *Se $\nvdash_{c1} \alpha^\circ$, então $t_p(\neg\alpha) = \neg_p(t_p(\alpha))$*

(3) *Se $\alpha \to \beta$ é uma fórmula de $\mathscr{C}_1$, então $t_p(\alpha \to \beta) = t_p(\alpha) \to t_p(\beta)$*

(4) *Podemos então generalizar as definições de t_p para os conectivos definidos:*

$t_p(\alpha \wedge \beta) = t_p(\alpha) \wedge t_p(\beta)$

$t_p(\alpha \vee \beta) = t_p(\alpha) \vee t_p(\beta)$

$$t_p(\alpha \leftrightarrow \beta) = t_p(\alpha) \leftrightarrow t_p(\beta)$$

Se $\Gamma = \{\beta_1, ..., \beta_n\}$ *é um conjunto de fórmulas de* $\mathscr{C}_1$*, então* $t_p(\Gamma) = \{t_p(\beta_1), ..., t_p(\beta_n)\}$ *é a tradução do conjunto* Γ *em fórmulas de* $\mathcal{KG}_p$*. Por brevidade notacional, utilizaremos* $\alpha^{t_p} = t_p(\alpha)$*, onde* α *é uma fórmula de* $\mathscr{C}_1$ *cuja tradução em* $\mathcal{KG}_p$ *é* α^{t_p}*.*

Dada a condição (2.a), se α é uma fórmula *bem comportada* de $\mathscr{C}_1$, a tradução da negação de α em $\mathscr{C}_1$ será feita na negação clássica $\neg_c$ em $\mathcal{KG}_p$. E dada a condição (2.b), se α é uma fórmula *má comportada* de $\mathscr{C}_1$, a tradução da negação de α em $\mathscr{C}_1$ será feita na negação paraconsistente $\neg_p$ em $\mathcal{KG}_p$.

Lema 5. *Para toda fórmula* α *de* $\mathscr{C}_1$

$$\vdash_{c1} \alpha^\circ \quad \Rightarrow \quad \vdash_{kp} (\alpha^\circ)^{t_p} = \neg_c(\alpha^{t_p} \wedge \neg_c \alpha^{t_p})$$

Demonstração. Como visto no Teorema de Arruda (Teo. 7, p. 23), em $\mathscr{C}_1$ obtemos que $\vdash_{c1} \alpha^{\circ\circ}$, para toda fórmula α de $\mathscr{C}_1$. Portanto, se $\vdash_{c1} \alpha^\circ$, obtemos que $\vdash_{c1} \alpha^\circ \wedge \alpha^{\circ\circ}$. De acordo com o axioma $\mathscr{C}$11, se $\vdash_{c1} (\alpha^\circ \wedge \alpha^{\circ\circ}) \rightarrow (\alpha^\circ \wedge \alpha^{\circ\circ})^\circ$. Segue-se, portanto, que (dada a definição de $^\circ$), a fórmula $\neg(\alpha \wedge \neg\alpha)$ é bem comportada (como também α é bem comportada). Portanto, $(\alpha^\circ)^{t_p} = (\neg(\alpha \wedge \neg\alpha))^{t_p} = \neg_c(\alpha^{t_p} \wedge \neg_c \alpha^{t_p})$. □

Para facilidade notacional, utilizaremos:

$$\alpha^{\circ^{t_p}} = t_p(\alpha^\circ) = t_p(\neg(\alpha \wedge \neg\alpha)) = \neg_c(\alpha^{t_p} \wedge \neg_c \alpha^{t_p})$$

Teorema 48. *Se* α *é um axioma de* $\mathscr{C}_1$*, então* $\vdash_{kp} \alpha^{t_p}$

Demonstração. Vejamos as traduções dos axiomas de $\mathscr{C}_1$ (p. 21). Note que aos axiomas (C10) e (C11) as fórmulas de $\mathscr{C}_1$ na forma α° são traduzidas, dado o lema anterior, como $t_p(\alpha^\circ) = \neg_c(\alpha^{t_p} \wedge \neg_c \alpha^{t_p})$.

$$t_p(C1) = \alpha^{t_p} \rightarrow (\beta^{t_p} \rightarrow \alpha^{t_p})$$

$$t_p(C2) = (\alpha^{t_p} \rightarrow \beta^{t_p}) \rightarrow ((\alpha^{t_p} \rightarrow (\beta^{t_p} \rightarrow \gamma^{t_p})) \rightarrow (\alpha^{t_p} \rightarrow \gamma^{t_p}))$$

$$t_p(C4) = (\alpha^{t_p} \wedge \beta^{t_p}) \rightarrow \alpha^{t_p}$$

$$t_p(C5) = (\alpha^{t_p} \wedge \beta^{t_p}) \rightarrow \beta^{t_p}$$

$$t_p(C6) = \alpha^{t_p} \rightarrow (\beta^{t_p} \rightarrow (\alpha^{t_p} \wedge \beta^{t_p}))$$

$$t_p(C7) = \alpha^{t_p} \rightarrow (\alpha^{t_p} \vee \beta^{t_p})$$

$$t_p(C8) = \alpha^{t_p} \to (\beta^{t_p} \vee \alpha^{t_p})$$

$$t(C9) = (\alpha^{t_p} \to \gamma^{t_p}) \to ((\beta^{t_p} \to \gamma^{t_p}) \to ((\alpha^{t_p} \vee \beta^{t_p}) \to \gamma^{t_p}))$$

$$t_p(C10) = \beta^{\circ^{t_p}} \to ((\alpha^{t_p} \to \beta^{t_p}) \to ((\alpha^{t_p} \to \neg_c \beta^{t_p}) \to \neg_p \alpha^{t_p}))$$

$$t_p(C11) = (\alpha^{\circ^{t_p}} \wedge \beta^{\circ^{t_p}}) \to ((\alpha \wedge \beta)^{\circ^{t_p}} \wedge (\alpha \vee \beta)^{\circ^{t_p}}) \wedge (\alpha \to \beta)^{\circ^{t_p}})$$

$$t_p(C12) = \alpha^{t_p} \vee \neg_p \alpha^{t_p}$$

$$t_p(C13) = \neg_p \neg_p \alpha^{t_p} \to \alpha^{t_p}$$

Podemos facilmente observar que as traduções dos axiomas (C1), (C2) e (C13) de $\mathscr{C}_1$ são instâncias dos axiomas (C1), (C2) e (N5), respectivamente, do sistema $\mathcal{KG}_p$ (p. 61). Uma vez que todas as instâncias de axiomas de $\mathcal{KG}_p$ são teoremas, dada a definição de dedução (Def. 23, p. 64), segue-se que as traduções desses axiomas de $\mathscr{C}_1$ são teoremas de $\mathcal{KG}_p$. Quanto às traduções dos axiomas (C4)-(C12), são facilmente obtidos como teoremas de $\mathcal{KG}_p$. □

Teorema 49. *A tradução t_p preserva todo uso lícito do Modus Ponens de $\mathscr{C}_1$ em $\mathcal{KG}_p$.*

Demonstração. Precisamos provar que, se em $\mathscr{C}_1$, do conjunto de fórmulas $\{\alpha, \alpha \to \beta\}$ podemos inferir β, então em $\mathcal{KG}_p$, da tradução de $\{\alpha, \alpha \to \beta\}$ podemos inferir a tradução β, *i.e.*, de $\{\alpha, \alpha \to \beta\}^{t_p}$ podemos inferir β^{t_p}. Dada a definição da função-tradução, a tradução de $\{\alpha, \alpha \to \beta\}^{t_p} = \{\alpha^{t_p}, \alpha^{t_p} \to \beta^{t_p}\}$ – sendo α^{t_p} e β^{t_p} fórmulas de $\mathcal{KG}_p$. Em $\mathcal{KG}_p$, do conjunto de fórmulas $\{\alpha^{t_p}, \alpha^{t_p} \to \beta^{t_p}\}$ podemos inferir β^{t_p} aplicando a regra de inferência (MP). Como podemos ver, a tradução t_p preserva aplicações do *modus ponens* de $\mathscr{C}_1$ em $\mathcal{KG}_p$. □

Teorema 50. *Para todo conjunto Γ de fórmulas e fórmula α de $\mathscr{C}_1$*

$$\Gamma \vdash_{C1} \alpha \quad \Rightarrow \quad \Gamma^{t_p} \vdash_{kp} \alpha^{t_p}$$

Demonstração. Dada a definição de $\vdash_{C1}$, se $\Gamma \vdash_{C1} \alpha$, então há uma sequência de fórmulas $\omega = \langle \beta_1, \beta_2, ... \beta_n \rangle$ tal que (a) $\beta_n = \alpha$ e, para toda β_i ($i \leq n$), (b.i) β_i é axioma de $\mathscr{C}_1$, ou (b.ii) pertence a Γ ou (b.iii) é obtido das fórmulas anteriores por *modus ponens*. Essa definição é equivalente à definição de dedução dos sistemas $\mathcal{KG}$ (Def. 23, p. 64). Precisamos, portanto, provar que se ω é uma derivação para α em $\mathscr{C}_1$, então ω^{t_p} é uma derivação para α^{t_p} em $\mathcal{KG}_p$. Seja $\omega^{t_p} = \langle \beta_1^{t_p}, \beta_2^{t_p}, ... \beta_n^{t_p} \rangle$, tal que $\beta_n^{t_p} = \alpha^{t_p}$. Para toda $\beta_i^{t_p}$ ($i \leq n$), se β_i é axioma de $\mathscr{C}_1$, então $\beta_i^{t_p}$ é uma instância de axioma de $\mathcal{KG}_p$ (Teo. 48), se β_i pertence a Γ, então $\beta_i^{t_p}$ pertence a Γ^{t_p} e, por fim, se β_i é obtido das fórmulas anteriores de ω por modus ponens em $\mathscr{C}_1$, então $\beta_i^{t_p}$ é obtido por modus ponens das fórmulas anteriores de ω^{t_p} (Teo. 49). □

Em razão dos resultados anteriores, podemos facilmente observar que a tradução de todos os teoremas de $\mathscr{C}_1$ são teoremas de $\mathcal{KG}_p$.

Corolário 24. *Para toda fórmula α de $\mathscr{C}_1$*

$$\vdash_{C1} \alpha \quad \Rightarrow \quad \vdash_{kp} \alpha^t$$

Demonstração. Segue como caso particular do teorema anterior quando $\Gamma = \emptyset$ □

Dado o resultado anterior, demonstramos que $\mathscr{C}_1$ é imersível em $\mathcal{KG}_p$.

4.2.1 *A hierarquia Cn*

Como dito ao longo do trabalho, da Costa (1963) ofereceu não apenas *um* Cálculo Proposicional Paraconsistente ($\mathscr{C}_1$), mas sim uma hierarquia de Cálculos $\mathscr{C}_n$ $(1 \leq n \leq \omega)$. *En Passant*, dissemos que o Cálculo $\mathscr{C}_0$ seria, por sua vez, equivalente ao Cálculo Proposicional Clássico, sendo então $\mathscr{C}_1$ o primeiro cálculo proposicional paraconsistente e, por conseguinte, todo cálculo da hierarquia $\mathscr{C}_n$ $(1 \leq n \leq \omega)$ seriam paraconsistentes. De modo mais apropriado, podemos apresentar a hierarquia $\mathscr{C}_n$ $(0 \leq n \leq \omega)$ do seguinte modo:

$$\mathscr{C}_0, \mathscr{C}_1, \mathscr{C}_2, \mathscr{C}_3, ..., \mathscr{C}_n, ..., \mathscr{C}_\omega,$$

Onde $\mathscr{C}_0$ é o cálculo proposicional clássico e os restantes são definidos como se segue. Primeiro, vamos relembrar a definição de *bom comportamento* e os postulados para o Cálculo $\mathscr{C}_1$:

$\mathscr{C}^\circ$ $\alpha^\circ \stackrel{\text{def}}{=} \neg_p(\alpha \wedge \neg_p \alpha)$

$\mathscr{C}1$ $\alpha \rightarrow (\beta \rightarrow \alpha)$

$\mathscr{C}2$ $(\alpha \rightarrow \beta) \rightarrow ((\alpha \rightarrow (\beta \rightarrow \gamma)) \rightarrow (\alpha \rightarrow \gamma))$

$\mathscr{C}3$ $\alpha, \alpha \rightarrow \beta / \beta$

$\mathscr{C}4$ $(\alpha \wedge \beta) \rightarrow \alpha$

$\mathscr{C}5$ $(\alpha \wedge \beta) \rightarrow \beta$

$\mathscr{C}6$ $\alpha \to (\beta \to (\alpha \wedge \beta))$

$\mathscr{C}7$ $\alpha \to (\alpha \vee \beta)$

$\mathscr{C}8$ $\alpha \to (\beta \vee \alpha)$

$\mathscr{C}9$ $(\alpha \to \gamma) \to ((\beta \to \gamma) \to ((\alpha \vee \beta) \to \gamma))$

$\mathscr{C}10$ $\beta^{\circ} \to ((\alpha \to \beta) \to ((\alpha \to \neg_p \beta) \to \neg_p \alpha))$

$\mathscr{C}11$ $(\alpha^{\circ} \wedge \beta^{\circ}) \to ((\alpha \wedge \beta)^{\circ} \wedge (\alpha \vee \beta)^{\circ}) \wedge (\alpha \to \beta)^{\circ})$

$\mathscr{C}12$ $\alpha \vee \neg_p \alpha$

$\mathscr{C}13$ $\neg_p \neg_p \alpha \to \alpha$

Precisamos agora introduzir a seguinte definição:[78]

Definição 52 (Generalização do Bom Comportamento).

(i) $\alpha^{(1)}$ *significará* α°

(ii) $\alpha^{(n)}$ *significará* $\alpha^{(n-1)} \wedge (\alpha^{(n-1)})^{\circ}$, *para* $2 \leq n \leq \omega$

O cálculo $\mathscr{C}_n$ $(0 \leq n \leq \omega)$ será, portanto, individualizado pela definição $(\mathscr{C}^{\circ})$ e pelos postulados ($\mathscr{C}1$)-($\mathscr{C}9$), ($\mathscr{C}12$) e ($\mathscr{C}13$). Para os postulados ($\mathscr{C}10$) e ($\mathscr{C}11$), introduziremos a seguinte generalização (dada a definição anterior).

$\mathscr{C}10^n$ $\beta^{(n)} \to ((\alpha \to \beta) \to ((\alpha \to \neg_p \beta) \to \neg_p \alpha))$

$\mathscr{C}11^n$ $(\alpha^{(n)} \wedge \beta^{(n)}) \to ((\alpha \wedge \beta)^{(n)} \wedge (\alpha \vee \beta)^{(n)}) \wedge (\alpha \to \beta)^{(n)})$

Como podemos ver, através das definições de bom comportamento $(\mathscr{C}^{\circ})$ e da generalização do bom comportamento, além dos postulados ($\mathscr{C}1$)-($\mathscr{C}9$), ($\mathscr{C}10^n$), ($\mathscr{C}11^n$), ($\mathscr{C}12$) e ($\mathscr{C}13$), obtemos um método para construir toda a hierarquia $\mathscr{C}_n$ $(0 \leq n \leq \omega)$. Apenas como exemplo, para o cálculo $\mathscr{C}_3$ obteremos como postulados ($\mathscr{C}1$)-($\mathscr{C}9$), ($\mathscr{C}12$), ($\mathscr{C}13$) – que são invariáveis para todos os cálculos de $\mathscr{C}_n$ $(0 \leq n \leq \omega)$ –, além dos dois seguintes:

($\mathscr{C}10^3$) $\beta^{(3)} \to ((\alpha \to \beta) \to ((\alpha \to \neg_p \beta) \to \neg_p \alpha))$

($\mathscr{C}11^3$) $(\alpha^{(3)} \wedge \beta^{(3)}) \to ((\alpha \wedge \beta)^{(3)} \wedge (\alpha \vee \beta)^{(3)}) \wedge (\alpha \to \beta)^{(3)})$

Sendo esses postulados equivalentes à:

78 A apresentação seguinte seguirá da Costa (1963, p.16) e da Costa et al. (2007, p.807).

($\mathscr{C}10^3$) $\beta^{\circ\circ\circ} \to ((\alpha \to \beta) \to ((\alpha \to \neg_p\beta) \to \neg_p\alpha))$

($\mathscr{C}11^3$) $(\alpha^{\circ\circ\circ} \wedge \beta^{\circ\circ\circ}) \to ((\alpha \wedge \beta)^{\circ\circ\circ} \wedge (\alpha \vee \beta)^{\circ\circ\circ}) \wedge (\alpha \to \beta)^{\circ\circ\circ})$

O resultado dessa construção é, em linhas gerais, que quão maior é o n, em $\mathscr{C}_n$, maior será o número de *bom comportamento* para que uma fórmula se comporte como clássica.

Semântica da hierarquia Cn

Vistas as alterações sintáticas para a construção da hierarquia $\mathscr{C}_n$ $(0 \leq n \leq \omega)$, precisamos fazer alterações na semântica do Cálculo Proposicional Paraconsistente $\mathscr{C}_1$, de modo que a sintaxe de qualquer $\mathscr{C}_n$ $(0 \leq n \leq \omega)$ seja condizente com a semântica. Como vimos na Def. 8 (p. 26), a semântica de valoração apresentada para $\mathscr{C}_1$ tem as seguintes condições:

(0) $v(\alpha) = 1 \Leftrightarrow v(\alpha) \neq 0$

(1) $v(\alpha) = 0 \Rightarrow v(\neg_p\alpha) = 1$

(2) $v(\neg_p\neg_p\alpha) = 1 \Rightarrow v(\alpha) = 1$

(3) $v(\beta^{\circ}) = v(\alpha \to \beta) = v(\alpha \to \neg_p\beta) = 1 \Rightarrow v(\alpha) = 0$

(4) $v(\alpha \to \beta) = 1 \Leftrightarrow v(\alpha) = 0$ ou $v(\beta) = 1$

(5) $v(\alpha \wedge \beta) = 1 \Rightarrow v(\alpha) = v(\beta) = 1$

(6) $v(\alpha \vee \beta) = 1 \Rightarrow v(\alpha) = 1$ ou $v(\beta) = 1$

(7) $v(\alpha^{\circ}) = v(\beta^{\circ}) = 1 \Rightarrow v((\alpha \wedge \beta)^{\circ}) = v((\alpha \vee \beta)^{\circ}) = v((\alpha \to \beta)^{\circ}) = 1$

(8) $v(\neg_p\alpha) = v(\alpha^{\circ}) = 1 \Rightarrow v(\alpha) = 0$

Dada a definição da generalização do bom comportamento, e os esquemas de axioma para os cálculos da hierarquia $\mathscr{C}_n$ $(0 \leq n \leq \omega)$, precisamos alterar a condição (3) e (8), generalizando-as de modo que obteremos uma semântica para cada $\mathscr{C}_n$ $(0 \leq n \leq \omega)$.

(3^n) $v(\beta^n) = v(\alpha \to \beta) = v(\alpha \to \neg_p\beta) = 1 \Rightarrow v(\alpha) = 0$

(8^n) $v(\neg_p\alpha) = v(\alpha^n) = 1 \Rightarrow v(\alpha) = 0$

A substituição das condições (3) e (8), pelas condições (3^n) e (8^n), respectivamente, oferecerá uma condição geral para todo cálculo da hierarquia $\mathscr{C}_n$ $(0 \leq n \leq \omega)$. Como podemos constatar, se estivermos em $\mathscr{C}_1$, então $n = 1$, segue-se que $\alpha^n = \alpha^1 = \alpha^\circ$ e, deste modo, a condição (3) será equivalente à condição (3^n) e, do mesmo modo, (8) equivalente à (8^n). Por outro lado, caso nos foquemos no cálculo $\mathscr{C}_3$, então $n = 3$ e, por conseguinte, $\alpha^n = \alpha^3 = \alpha^{\circ\circ\circ}$. Desde modo, ($3^n$) e ($8^n$) seriam:

(3^3) $v(\beta^3) = v(\beta^{\circ\circ\circ}) = v(\alpha \to \beta) = v(\alpha \to \neg_p\beta) = 1 \Rightarrow v(\alpha) = 0$

(8^3) $v(\neg_p\alpha) = v(\alpha^3) = v(\alpha^{\circ\circ\circ}) = 1 \Rightarrow v(\alpha) = 0$

Desse modo, obtemos então uma generalização da semântica para toda a hierarquia $\mathscr{C}_n$ $(0 \leq n \leq \omega)$.

4.2.2 *Tradução da Hierarquia Cn*

Vistas as definições apresentadas anteriormente para a hierarquia $\mathscr{C}_n$ $(0 \leq n \leq \omega)$, podemos então oferecer uma função-tradução t_{pn} que traduza qualquer Cálculo Proposicional Paraconsistente $\mathscr{C}_n$ para o sistema $\mathcal{KG}_p$.

Definição 53 (Tradução de $\mathscr{C}_n$ $(0 \leq n \leq \omega)$ em $\mathcal{KG}_p$). *Seja $\mathfrak{L}_{\mathscr{C}n}$ a linguagem de qualquer cálculo $\mathscr{C}_n$ $(0 \leq n \leq \omega)$ e $\mathfrak{L}_{kp}$ a linguagem de $\mathcal{KG}_p$. Podemos então definir uma função-tradução $t_{pn} : \mathfrak{L}_{\mathscr{C}n} \longrightarrow \mathfrak{L}_{kp}$ do seguinte modo:*

(1) *Se p é uma variável proposicional de $\mathscr{C}_n$ $(0 \leq n \leq \omega)$, então $t_{pn}(p) = p'$ onde p' é uma variável proposicional de $\mathcal{KG}_p$*

(2.a) *Se $\vdash_{Cn} \alpha^{(n)}$, então $t_{pn}(\neg\alpha) = \neg_c(t_{pn}(\alpha))$*

(2.b) *Se $\nvdash_{Cn} \alpha^{(n)}$, então $t_{pn}(\neg\alpha) = \neg_p(t_{pn}(\alpha))$*

(3) *Se $\alpha \to \beta$ é uma fórmula de $\mathscr{C}_n$ $(0 \leq n \leq \omega)$, então $t_{pn}(\alpha \to \beta) = t_{pn}(\alpha) \to t_{pn}(\beta)$*

(4) *Podemos então generalizar as definições de t_{pn} para os outros conectivos:*

$t_{pn}(\alpha \wedge \beta) = t_{pn}(\alpha) \wedge t_{pn}(\beta)$

$t_{pn}(\alpha \vee \beta) = t_{pn}(\alpha) \vee t_{pn}(\beta)$

$t_{pn}(\alpha \leftrightarrow \beta) = t_{pn}(\alpha) \leftrightarrow t_{pn}(\beta)$

Se $\Gamma = \{\beta_1, ..., \beta_n\}$ *é um conjunto de fórmulas de* $\mathscr{C}_n$ $(0 \leq n \leq \omega)$, *então* $t_{pn}(\Gamma) = \{t_{pn}(\beta_1), ..., t_{pn}(\beta_n)\}$ *é a tradução do conjunto* Γ *em fórmulas de* $\mathcal{KG}_p$. *Por brevidade notacional, utilizaremos* $\alpha^{t_{pn}} = t_{pn}(\alpha)$, *onde* α *é uma fórmula de* $\mathscr{C}_n$ $(0 \leq n \leq \omega)$ *cuja tradução em* $\mathcal{KG}_p$ *é* $\alpha^{t_{pn}}$.

E, do mesmo modo como foram obtidos para a função-tradução t_p, que traduz $\mathscr{C}_1$ em $\mathcal{KG}_p$, obtemos como teoremas:

Teorema 51. *Se* α *é um axioma de* $\mathscr{C}_n$ $(0 \leq n \leq \omega)$, *então* $\vdash_{kp} \alpha^{t_{pn}}$

Demonstração. Similar à demonstração do Teo. 48 (p. 120), utilizando-se da definição de generalização do bom comportamento. □

Teorema 52. *A tradução t preserva todo uso lícito do Modus Ponens de* $\mathscr{C}_n$ $(0 \leq n \leq \omega)$ *em* $\mathcal{KG}_p$.

Demonstração. Similar à demonstração do Teo. 49 (p. 121), utilizando-se da definição de generalização do bom comportamento. □

Teorema 53. *Para todo conjunto* Γ *de fórmulas e fórmula* α *de* $\mathscr{C}_n$ $(0 \leq n \leq \omega)$

$$\Gamma \vdash_{Cn} \alpha \quad \Rightarrow \quad \Gamma^{t_{pn}} \vdash_{kp} \alpha^{t_{pn}}$$

Demonstração. Similar à demonstração do Teo. 50 (p. 121), utilizando-se da definição de generalização do bom comportamento. □

Em razão dos resultados anteriores, podemos facilmente observar que a tradução de todos os teoremas de $\mathscr{C}_n$ $(0 \leq n \leq \omega)$ são teoremas de $\mathcal{KG}_p$.

Corolário 25. *Para toda fórmula* α *de* $\mathscr{C}_n$ $(0 \leq n \leq \omega)$

$$\vdash_{Cn} \alpha \quad \Rightarrow \quad \vdash_{kp} \alpha^{t_{pn}}$$

Demonstração. Segue como caso particular do teorema anterior quando $\Gamma = \emptyset$ □

Visto que todos (as traduções dos) axiomas e regras de inferência para qualquer cálculo $\mathscr{C}_n$ $(0 \leq n \leq \omega)$ são teoremas de $\mathcal{KG}_p$, mostra-se que *todos* os Cálculos Proposicionais Paraconsistentes da hierarquia $\mathscr{C}_n$ $(0 \leq n \leq \omega)$ são imersíveis em $\mathcal{KG}_p$.

4.3 TRADUÇÃO DE P1 EM KGQ

Podemos definir uma função-tradução t_q, que traduz a linguagem de $\mathscr{P}_1$ na linguagem de $\mathcal{KG}_q$, do seguinte modo.

Definição 54 (Tradução de $\mathscr{P}_1$ em $\mathcal{KG}_q$). Seja $\mathfrak{L}_{\mathscr{P}_1}$ a linguagem de $\mathscr{P}_1$ e $\mathfrak{L}_{kq}$ a linguagem de $\mathcal{KG}_q$. Podemos então definir uma função-tradução $t_q : \mathfrak{L}_{\mathscr{P}_1} \longrightarrow \mathfrak{L}_{kq}$ do seguinte modo:

(1) Se p é uma variável proposicional de $\mathscr{P}_1$, então $t_q(p) = p'$ onde p' é uma variável proposicional de $\mathcal{KG}_q$

(2.a) Se $\vdash_{p1} \alpha^{\bullet}$, então $t_q(\neg \alpha) = \neg_c(t_q(\alpha))$

(2.b) Se $\nvdash_{p1} \alpha^{\bullet}$, então $t_q(\neg \alpha) = \neg_q(t_q(\alpha))$

(3) Se $\alpha \to \beta$ é uma fórmula de $\mathscr{P}_1$, então $t_q(\alpha \to \beta) = t_q(\alpha) \to t_q(\beta)$

(4) Podemos então generalizar as definições de t_q para os outros conectivos:

$t_q(\alpha \wedge \beta) = t_q(\alpha) \wedge t_q(\beta)$

$t_q(\alpha \vee \beta) = t_q(\alpha) \vee t_q(\beta)$

$t_q(\alpha \leftrightarrow \beta) = t_q(\alpha) \leftrightarrow t_q(\beta)$

Se $\Gamma = \{\beta_1,...,\beta_n\}$ é um conjunto de fórmulas de $\mathscr{P}_1$, então $t_q(\Gamma) = \{t_q(\beta_1),...,t_q(\beta_n)\}$ é a tradução do conjunto Γ em fórmulas de $\mathcal{KG}_q$. Por brevidade notacional, utilizaremos $\alpha^{t_q} = t_q(\alpha)$, onde α é uma fórmula de $\mathscr{P}_1$ cuja tradução em $\mathcal{KG}_q$ é α^{t_q}.

Através das condições (2.a) e (2.b), obtemos que se α é uma fórmula *bem comportada* de $\mathscr{P}_1$, a tradução da negação de α em $\mathscr{P}_1$ será feita na negação clássica $\neg_c$ em $\mathcal{KG}_q$. E se α é uma fórmula *má comportada* de $\mathscr{P}_1$, a tradução da negação de α em $\mathscr{P}_1$ será feita na negação paracompleta $\neg_q$ em $\mathcal{KG}_q$.

Teorema 54. *Se α é um axioma de $\mathscr{P}_1$, então $\vdash_{kq} \alpha^{t_q}$*

Demonstração. Vejamos as traduções dos axiomas de $\mathscr{P}_1$ (p. 32).

$t_q(P1) = (\alpha^{t_q} \to \beta^{t_q}) \to ((\alpha^{t_q} \to (\beta^{t_q} \to \gamma^{t_q})) \to (\alpha^{t_q} \to \gamma^{t_q}))$

$t_q(P2) = \alpha^{t_q} \to (\beta^{t_q} \to \alpha^{t_q})$

$t_q(P4) = ((\alpha^{t_q} \to \beta^{t_q}) \to \alpha^{t_q}) \to \alpha^{t_q}$

$$t_q(P5) = (\alpha^{t_q} \wedge \beta^{t_q}) \rightarrow \alpha^{t_q}$$

$$t_q(P6) = (\alpha^{t_q} \wedge \beta^{t_q}) \rightarrow \beta^{t_q}$$

$$t_q(P7) = \alpha^{t_q} \rightarrow (\beta^{t_q} \rightarrow (\alpha^{t_q} \wedge \beta^{t_q}))$$

$$t_q(P8) = \alpha^{t_q} \rightarrow (\alpha^{t_q} \vee \beta^{t_q})$$

$$t_q(P9) = \beta^{t_q} \rightarrow (\alpha^{t_q} \vee \beta^{t_q})$$

$$t_q(P10) = (\alpha^{t_q} \rightarrow \gamma^{t_q}) \rightarrow ((\beta^{t_q} \rightarrow \gamma^{t_q}) \rightarrow ((\alpha^{t_q} \vee \beta^{t_q}) \rightarrow \gamma^{t_q}))$$

$$t_q(P11) = (\alpha^{t_q} \vee \neg_c \alpha^{t_q}) \rightarrow ((\alpha^{t_q} \rightarrow \beta^{t_q}) \rightarrow ((\alpha^{t_q} \rightarrow \neg_c \beta^{t_q}) \rightarrow \neg_q \alpha^{t_q}))$$

$$t_q(P12) = ((\alpha^{t_q} \vee \neg_c \alpha^{t_q}) \wedge (\beta^{t_q} \vee \neg_c \beta^{t_q})) \rightarrow ((\alpha^{t_q} \rightarrow \beta^{t_q}) \vee \neg_c (\alpha^{t_q} \rightarrow \beta^{t_q})) \wedge (((\alpha^{t_q} \wedge \beta^{t_q}) \vee \neg_c (\alpha^{t_q} \wedge \beta^{t_q})) \wedge (\alpha^{t_q} \vee \beta^{t_q}) \vee \neg_c (\alpha^{t_q} \vee \beta^{t_q})) \wedge ((\neg_q \alpha^{t_q}) \vee \neg_c (\neg_q \alpha^{t_q}))$$

$$t_q(P13) = \neg_q (\alpha^{t_q} \wedge \neg_q \alpha^{t_q})$$

$$t_q(P14) = \alpha^{t_q} \rightarrow (\neg_q \alpha^{t_q} \rightarrow \beta^{t_q})$$

$$t_q(P15) = \alpha^{t_q} \rightarrow \neg_q \neg_q \alpha^{t_q}$$

Podemos facilmente observar que suas traduções dos axiomas (P1), (P2) e (P15) de $\mathscr{P}_1$ são instâncias dos axiomas (C2), (C1) e (N6), respectivamente, do sistema $\mathcal{KG}_q$ (p. 61). Uma vez que todas as instâncias de axiomas de $\mathcal{KG}_q$ são teoremas, dada a definição de dedução (Def. 23, p. 64), segue-se que as traduções desses axiomas de $\mathscr{P}_1$ são teoremas de $\mathcal{KG}_q$. Quanto às traduções dos axiomas (P3)-(P14), são facilmente obtidos como teoremas de $\mathcal{KG}_q$. □

Teorema 55. *A tradução t_q preserva todo uso lícito do Modus Ponens de $\mathscr{P}_1$ em $\mathcal{KG}_q$.*

Demonstração. Precisamos provar que, se em $\mathscr{P}_1$, do conjunto de fórmulas $\{\alpha, \alpha \rightarrow \beta\}$ podemos inferir β, então em $\mathcal{KG}_q$, da tradução de $\{\alpha, \alpha \rightarrow \beta\}$ podemos inferir a tradução β, *i.e.*, de $\{\alpha, \alpha \rightarrow \beta\}^{t_q}$ podemos inferir β^{t_q}. Dada a definição da função-tradução, a tradução de $\{\alpha, \alpha \rightarrow \beta\}^{t_q} = \{\alpha^{t_q}, \alpha^{t_q} \rightarrow \beta^{t_q}\}$ – sendo α^{t_q} e β^{t_q} fórmulas de $\mathcal{KG}_q$. Em $\mathcal{KG}_q$, do conjunto de fórmulas $\{\alpha^{t_q}, \alpha^{t_q} \rightarrow \beta^{t_q}\}$ podemos inferir β^{t_q} aplicando a regra de inferência (MP). Como podemos ver, a tradução t_q preserva aplicações do *modus ponens* de $\mathscr{P}_1$ em $\mathcal{KG}_q$. □

Teorema 56. *Para todo conjunto Γ de fórmulas e fórmula α de $\mathscr{P}_1$*

$$\Gamma \vdash_{P1} \alpha \quad \Rightarrow \quad \Gamma^{t_q} \vdash_{kq} \alpha^{t_q}$$

Demonstração. Dada a definição de $\vdash_{P1}$, se $\Gamma \vdash_{P1} \alpha$, então há uma sequência de fórmulas $\omega = \langle \beta_1, \beta_2, ...\beta_n \rangle$ tal que (a) $\beta_n = \alpha$ e, para toda β_i ($i \leq n$), (b.i) β_i é axioma de $\mathscr{P}_1$, ou (b.ii) pertence a Γ ou (b.iii) é obtido das fórmulas anteriores por *modus ponens*. Essa definição é equivalente à definição de dedução dos sistemas $\mathcal{KG}$ (Def. 23, p. 64). Precisamos, portanto, provar que se ω é uma derivação para α em $\mathscr{P}_1$, então ω^{t_q} é uma derivação para α^{t_q} em $\mathcal{KG}_q$. Seja $\omega^{t_q} = \langle \beta_1^{t_q}, \beta_2^{t_q}, ...\beta_n^{t_q} \rangle$, tal que $\beta_n^{t_q} = \alpha^{t_q}$. Para toda $\beta_i^{t_q}$ ($i \leq n$), se β_i é axioma de $\mathscr{P}_1$, então $\beta_i^{t_q}$ é uma instância de axioma de $\mathcal{KG}_q$ (Teo. 54), se β_i pertence a Γ, então $\beta_i^{t_q}$ pertence a Γ^{t_q} e, por fim, se β_i é obtido das fórmulas anteriores de ω por modus ponens em $\mathscr{P}_1$, então $\beta_i^{t_q}$ é obtido por modus ponens das fórmulas anteriores de ω^{t_q} (Teo. 55). □

Em razão dos resultados anteriores, podemos facilmente observar que a tradução de todos os teoremas de $\mathscr{P}_1$ são teoremas de $\mathcal{KG}_q$.

Corolário 26. *Para toda fórmula α de $\mathscr{P}_1$*

$$\vdash_{P1} \alpha \quad \Rightarrow \quad \vdash_{kq} \alpha^{t_q}$$

Demonstração. Segue como caso particular do teorema anterior quando $\Gamma = \varnothing$ □

Dado o resultado anterior, demonstramos que $\mathscr{P}_1$ é imersível em $\mathcal{KG}_q$.

4.3.1 *A hierarquia Pn*

De modo similar ao que foi visto na seção 4.2.2 (p. 125), o Cálculo Proposicional Paracompleto $\mathscr{P}_1$ também faz parte de uma hierarquia de cálculos $\mathscr{P}_n$ $(0 \leq n \leq \omega)$, no qual o $\mathcal{LPC}$ equivale ao cálculo $\mathscr{P}_0$ da hierarquia e, para todo cálculo $n > 0$ da hierarquia $\mathscr{P}_n$ $(0 \leq n \leq \omega)$, $\mathscr{P}_n$ será um cálculo proposicional paracompleto.[79] Assim, podemos também apresentar a hierarquia $\mathscr{P}_n$ $(0 \leq n \leq \omega)$ como:

$$\mathscr{P}_0, \ \mathscr{P}_1, \ \mathscr{P}_2, \ \mathscr{P}_3, ..., \mathscr{P}_n, ..., \mathscr{P}_\omega,$$

A generalização da hierarquia, de modo similar ao que vimos para $\mathscr{C}_n$ $(0 \leq n \leq \omega)$, é feita assumindo a definição de *bom comportamento* para os cálculos paracompletos

$$\alpha^\bullet \stackrel{\text{def}}{=} \alpha \vee \neg_q \alpha$$

79 *Cf.* da Costa and Marconi (1986)

e definindo a noção de generalização tal como se segue:

Definição 55 (Generalização do Bom Comportamento).

(i) $\alpha^{(1)}$ *significará* $\alpha^{\bullet}$

(ii) $\alpha^{(n)}$ *significará* $\alpha^{(n-1)} \wedge (\alpha^{(n-1)})^{\circ}, 2 \leq n \leq \omega$

O cálculo $\mathscr{P}_n$ $(0 \leq n \leq \omega)$ será, portanto, individualizado pela definição de $^{\bullet}$ e pelos postulados ($\mathscr{P}$1)-($\mathscr{P}$10), ($\mathscr{P}$13) e ($\mathscr{P}$14).[80] Para os postulados

$\mathscr{P}$11 $\alpha^{\bullet} \rightarrow ((\alpha \rightarrow \beta) \rightarrow ((\alpha \rightarrow \neg_q \beta) \rightarrow \neg_q \alpha))$

$\mathscr{P}$12 $(\alpha^{\bullet} \wedge \beta^{\bullet}) \rightarrow ((\alpha \rightarrow \beta)^{\bullet} \wedge (\alpha \wedge \beta)^{\bullet} \wedge (\alpha \vee \beta)^{\bullet}) \wedge (\neg_q \alpha)^{\bullet})$

para $\mathscr{P}_n$ $(0 \leq n \leq \omega)$, nós ofereceremos postulados alternativos (que leva em consideração a generalização do operador de bom comportamento), tal como se segue:

$\mathscr{P}11^n$ $\alpha^{(n)} \rightarrow ((\alpha \rightarrow \beta) \rightarrow ((\alpha \rightarrow \neg_q \beta) \rightarrow \neg_q \alpha))$

$\mathscr{P}12^n$ $(\alpha^{(n)} \wedge \beta^{(n)}) \rightarrow ((\alpha \rightarrow \beta)^{(n)} \wedge (\alpha \wedge \beta)^{(n)} \wedge (\alpha \vee \beta)^{(n)}) \wedge (\neg_q \alpha)^{(n)})$

Como podemos ver, através das definições de bom comportamento ($^{\bullet}$) e da generalização do bom comportamento, além dos postulados ($\mathscr{P}$1)-($\mathscr{P}$10), ($\mathscr{P}11^n$), ($\mathscr{P}12^n$), ($\mathscr{P}$13) e ($\mathscr{P}$14), obtemos um método para construir toda a hierarquia $\mathscr{P}_n$ $(0 \leq n \leq \omega)$ – de modo similar ao que vimos para a hierarquia $\mathscr{C}_n$ $(0 \leq n \leq \omega)$. O resultado dessa construção é, em linhas gerais, que quão maior é o n, em $\mathscr{P}_n$, maior será o número de *bom comportamento* para que uma fórmula se comporte como clássica.

Semântica da hierarquia Pn

Vistas as alterações sintáticas para a construção da hierarquia $\mathscr{P}_n$ $(0 \leq n \leq \omega)$, precisamos fazer alterações na semântica do Cálculo Proposicional Paracompleto $\mathscr{P}_1$, de modo que a sintaxe de qualquer $\mathscr{P}_n$ $(0 \leq n \leq \omega)$ seja condizente com sua semântica. Como vimos na Def. 11 (p. 37), a semântica de valoração apresentada para $\mathscr{P}_1$ tem as seguintes condições:

(0) $v(\alpha) = 1 \Leftrightarrow v(\alpha) \neq 0$

(1) $v(\alpha) = 1 \Rightarrow v(\neg_q \alpha) = 0$

80 Confira a página 32 para ver os postulados em questão.

(2) $v(\alpha) \neq v(\neg_q\alpha) \Rightarrow v(\neg_q\alpha) \neq v(\neg_q\neg_q\alpha)$

(3) Se $v(\alpha) \neq v(\neg_q\alpha)$ e $v(\beta) \neq v(\neg_q\beta)$, então $v(\alpha \to \beta) \neq v(\neg_q(\alpha \to \beta))$, $v(\alpha \wedge \beta) \neq v(\neg_q(\alpha \wedge \beta))$ e $v(\alpha \vee \beta) \neq v(\neg_q(\alpha \vee \beta))$

(4) $v(\neg_q(\alpha \wedge \neg_q\alpha)) = 1$

Dada a definição da generalização do bom comportamento, e os esquemas de axioma para os cálculos da hierarquia $\mathscr{P}_n$ $(0 \leq n \leq \omega)$, precisamos adicionar as seguintes cláusulas para obteremos uma semântica para cada $\mathscr{P}_n$ $(0 \leq n \leq \omega)$.

(5^n) $v(\alpha^n) = v(\alpha \to \beta) = v(\alpha \to \neg_q\beta) = 1 \Rightarrow v(\alpha) = 0$

(6^n) $v(\neg_q\alpha) = 0$ e $v(\alpha^n) = 1 \Rightarrow v(\alpha) = 1$

Ao adicionarmos as cláusulas (5^n) e (6^n), ofereceremos uma condição geral para todo cálculo da hierarquia $\mathscr{P}_n$ $(0 \leq n \leq \omega)$. Como podemos constatar, se estivermos em $\mathscr{P}_1$, então $n = 1$, segue-se que $\alpha^n = \alpha^1 = \alpha^\bullet$ e, deste modo, a condição (5^n) será tal que satisfaz a *Redução ao Absurdo Paracompleta*. Nessas mesmas condições, podemos constatar que se $\alpha^\bullet$, em $\mathscr{P}_1$, se obtivermos que $\neg_q\alpha$ é falso, disso se segue que α é verdadeira – equivalendo a negação paracompleta de uma fórmula bem comportada à negação clássica, como esperado. Desse modo, obtemos então uma generalização da semântica para toda a hierarquia $\mathscr{P}_n$ $(0 \leq n \leq \omega)$.

4.3.2 *Tradução da Hierarquia Pn*

Vistas as definições apresentadas anteriormente para a hierarquia $\mathscr{P}_n$ $(0 \leq n \leq \omega)$, podemos então oferecer uma função-tradução t_{qn} que traduza qualquer Cálculo Proposicional Paracompleto $\mathscr{P}_n$ para o sistema $\mathcal{KG}_q$.

Definição 56 (Tradução de $\mathscr{P}_n$ $(0 \leq n \leq \omega)$ em $\mathcal{KG}_q$). *Seja $\mathfrak{L}t_{qn}$ a linguagem de qualquer cálculo $\mathscr{P}_n$ $(0 \leq n \leq \omega)$ e $\mathfrak{L}_{kq}$ a linguagem de $\mathcal{KG}_q$. Podemos então definir uma função-tradução $t_{qn} : \mathfrak{L}t_{qn} \longrightarrow \mathfrak{L}_{kq}$ do seguinte modo:*

(1) Se p é uma variável proposicional de $\mathscr{P}_n$ $(0 \leq n \leq \omega)$, então $t_{qn}(p) = p'$ onde p' é uma variável proposicional de $\mathcal{KG}_q$

(2.a) Se $\vdash_{qn} \alpha^{(n)}$, então $t_{qn}(\neg\alpha) = \neg_c(t_{qn}(\alpha))$

(2.b) Se $\nvdash_{qn} \alpha^{(n)}$, então $t_{qn}(\neg\alpha) = \neg_q(t_{qn}(\alpha))$

(3) *Se* $\alpha \to \beta$ *é uma fórmula de* $\mathscr{P}_n$ $(0 \leq n \leq \omega)$, *então* $t_{qn}(\alpha \to \beta) = t_{qn}(\alpha) \to t_{qn}(\beta)$

(4) *Podemos então generalizar as definições de* t_{qn} *para os outros conectivos:*

$$t_{qn}(\alpha \wedge \beta) = t_{qn}(\alpha) \wedge t_{qn}(\beta)$$

$$t_{qn}(\alpha \vee \beta) = t_{qn}(\alpha) \vee t_{qn}(\beta)$$

$$t_{qn}(\alpha \leftrightarrow \beta) = t_{qn}(\alpha) \leftrightarrow t_{qn}(\beta)$$

Se $\Gamma = \{\beta_1, ..., \beta_n\}$ *é um conjunto de fórmulas de* $\mathscr{P}_n$ $(0 \leq n \leq \omega)$, *então* $t_{qn}(\Gamma) = \{t_{qn}(\beta_1), ..., t_{qn}(\beta_n)\}$ *é a tradução do conjunto* Γ *em fórmulas de* $\mathcal{KG}_q$. *Por brevidade notacional, utilizaremos* $\alpha^{t_{qn}} = t_{qn}(\alpha)$, *onde* α *é uma fórmula de* $\mathscr{P}_n$ $(0 \leq n \leq \omega)$ *cuja tradução em* $\mathcal{KG}_q$ *é* $\alpha^{t_{qn}}$.

E, do mesmo modo como foram obtidos para a função-tradução t_q, que traduz $\mathscr{P}_1$ em $\mathcal{KG}_q$, obtemos como teoremas:

Teorema 57. *Se* α *é um axioma de* $\mathscr{P}_n$ $(0 \leq n \leq \omega)$, *então* $\vdash_{kq} \alpha^{t_{qn}}$

Demonstração. Similar à demonstração do Teo. 54 (p. 127), utilizando-se da definição de generalização do bom comportamento. □

Teorema 58. *A tradução* t_{qn} *preserva todo uso lícito do Modus Ponens de* $\mathscr{P}_n$ $(0 \leq n \leq \omega)$ *em* $\mathcal{KG}_q$.

Demonstração. Similar à demonstração do Teo. 55 (p. 128), utilizando-se da definição de generalização do bom comportamento. □

Teorema 59. *Para todo conjunto* Γ *de fórmulas e fórmula* α *de* $\mathscr{P}_n$ $(0 \leq n \leq \omega)$

$$\Gamma \vdash_{Pn} \alpha \quad \Rightarrow \quad \Gamma^{t_{qn}} \vdash_{kq} \alpha^{t_{qn}}$$

Demonstração. Similar à demonstração do Teo. 56 (p. 128), utilizando-se da definição de generalização do bom comportamento. □

Corolário 27. *Para toda fórmula* α *de* $\mathscr{P}_n$ $(0 \leq n \leq \omega)$

$$\vdash_{Pn} \alpha \quad \Rightarrow \quad \vdash_{kq} \alpha^{t_{qn}}$$

Demonstração. Segue como caso particular do teorema anterior quando $\Gamma = \emptyset$ □

Uma vez que todos (as traduções dos) axiomas e regras de inferência para qualquer cálculo $\mathscr{P}_n$ $(0 \leq n \leq \omega)$ são teoremas de $\mathcal{KG}_q$, mostra-se que *todos* os Cálculos Proposicionais Paracompletos da hierarquia $\mathscr{P}_n$ $(0 \leq n \leq \omega)$ são imersíveis em $\mathcal{KG}_q$. E uma vez que todos os postulados de $\mathcal{KG}_q$ são postulados de $\mathcal{KG}_c$, obtemos facilmente que todos os cálculos da hierarquia $\mathscr{P}_n$ $(0 \leq n \leq \omega)$ são imersíveis em $\mathcal{KG}_c$.

4.4 TRADUÇÃO DE N1 EM KGC

Por fim, podemos definir uma função-tradução t_c, que traduz a linguagem de $\mathscr{N}1$ na linguagem de $\mathcal{KG}_c$, do seguinte modo.

Definição 57 (Tradução de $\mathscr{N}1$ em $\mathcal{KG}_c$). *Seja $\mathfrak{L}_{\mathscr{N}1}$ a linguagem de $\mathscr{N}1$ e $\mathfrak{L}_{kc}$ a linguagem de $\mathcal{KG}_c$. Podemos então definir uma função-tradução $t_c : \mathfrak{L}_{\mathscr{N}1} \longrightarrow \mathfrak{L}_{kc}$ do seguinte modo:*

(1) *Se p é uma variável proposicional de $\mathscr{N}1$, então $t_c(p) = p'$ onde p' é uma variável proposicional de $\mathcal{KG}_c$*

(2.a) *Se $\vdash_{n1} \alpha^{\circ}$ e $\vdash_{n1} \alpha^{\bullet}$, então $t_c(\neg\alpha) = \neg_c(t_c(\alpha))$*

(2.b) *Se $\vdash_{n1} \alpha^{\circ}$ e $\nvdash_{n1} \alpha^{\bullet}$, então $t_c(\neg\alpha) = \neg_q(t_c(\alpha))$*

(2.c) *Se $\nvdash_{n1} \alpha^{\circ}$ e $\vdash_{n1} \alpha^{\bullet}$, então $t_c(\neg\alpha) = \neg_p(t_c(\alpha))$*

(3) *Se $\alpha \to \beta$ é uma fórmula de $\mathscr{N}1$, então $t_c(\alpha \to \beta) = t_c(\alpha) \to t_c(\beta)$*

(4) *Podemos então generalizar as definições de t_q para os outros conectivos:*

$$t_c(\alpha \wedge \beta) = t_c(\alpha) \wedge t_c(\beta)$$

$$t_c(\alpha \vee \beta) = t_c(\alpha) \vee t_c(\beta)$$

$$t_c(\alpha \leftrightarrow \beta) = t_c(\alpha) \leftrightarrow t_c(\beta)$$

Se $\Gamma = \{\beta_1, ..., \beta_n\}$ é um conjunto de fórmulas de $\mathscr{N}1$, então $t_c(\Gamma) = \{t_c(\beta_1), ..., t_c(\beta_n)\}$ é a tradução do conjunto Γ em fórmulas de $\mathcal{KG}_c$. Por brevidade notacional, utilizaremos $\alpha^{t_c} = t_c(\alpha)$, onde α é uma fórmula de $\mathscr{N}1$ cuja tradução em $\mathcal{KG}_c$ é α^{t_c}.

Das condições (2.a)-(2.c) obtemos que se α é uma fórmula *clássica* de $\mathscr{N}1$, a tradução da negação não-alética de α em $\mathscr{N}1$ será feita na negação clássica $\neg_c$ em $\mathcal{KG}_c$. Se α for uma fórmula *paracompleta* de $\mathscr{N}1$, então a negação de α

será traduzida na negação paracompleta $\neg_q$ de $\mathcal{KG}_c$. E se α for uma fórmula *paraconsistente* de $\mathcal{N}_1$, então a negação não-alética de α em $\mathcal{N}_1$ será traduzida na negação paraconsistente $\neg_p$ em $\mathcal{KG}_c$.

Lema 6. *Dada a função tradução t_c, podemos facilmente obter que:*

(i) $t_c(\alpha^\circ) = t_c(\neg_n(\alpha \wedge \neg_n\alpha)) = \neg_q(\alpha^{t_c} \wedge \neg_q\alpha^{t_c})$

(ii) $t_c(\alpha^\bullet) = t_c(\alpha \vee \neg_n\alpha) = \alpha^{t_c} \vee \neg_p\alpha^{t_c}$

Demonstração. Se obtivermos apenas que α°, então sabemos que ela é bem comportada paraconsistentemente, de modo que a tradução de suas negações serão feitas na negação clássica ou paracompleta. Uma vez que não está garantido que $\alpha^\bullet$, segue-se que utilizaremos a paracompleta. Por outro lado, se obtivermos apenas que $\alpha^\bullet$, então sabemos que ela é bem comportada paracompletamente, de modo que a tradução de suas negações serão feitas na negação clássica ou paraconsistente. Em razão de não estar garantido que α°, segue-se que utilizaremos a paraconsistente. □

Utilizaremos $\alpha^{\circ^{t_c}} = t_c(\alpha^\circ)$ e $\alpha^{\bullet^{t_c}} = t_c(\alpha^\bullet)$ para representar a tradução do bom comportamento paraconsistente e paracompleto, respectivamente.

Teorema 60. *Se α é um axioma de $\mathcal{N}_1$, então $\vdash_{kc} \alpha^{t_c}$*

Demonstração. Vejamos as traduções dos axiomas de $\mathcal{N}_1$ (p. 42).

$t_c(N1) = (\alpha^{t_c} \to \beta^{t_c}) \to ((\alpha^{t_c} \to (\beta^{t_c} \to \gamma^{t_c})) \to (\alpha^{t_c} \to \gamma^{t_c}))$

$t_c(N2) = \alpha^{t_c} \to (\beta^{t_c} \to \alpha^{t_c})$

$t_c(N4) = ((\alpha^{t_c} \to \beta^{t_c}) \to \alpha^{t_c}) \to \alpha^{t_c}$

$t_c(N5) = (\alpha^{t_c} \wedge \beta^{t_c}) \to \alpha^{t_c}$

$t_c(N6) = (\alpha^{t_c} \wedge \beta^{t_c}) \to \beta^{t_c}$

$t_c(N7) = \alpha^{t_c} \to (\beta^{t_c} \to (\alpha^{t_c} \wedge \beta^{t_c}))$

$t_c(N8) = \alpha^{t_c} \to (\alpha^{t_c} \vee \beta^{t_c})$

$t_c(N9) = \beta^{t_c} \to (\alpha^{t_c} \vee \beta^{t_c})$

$t_c(N10) = (\alpha^{t_c} \to \gamma^{t_c}) \to ((\beta^{t_c} \to \gamma^{t_c}) \to ((\alpha^{t_c} \vee \beta^{t_c}) \to \gamma^{t_c}))$

$t_c(N11) = \alpha^{\bullet^{t_c}} \wedge \beta^{\circ^{t_c}} \to ((\alpha^{t_c} \to \beta^{t_c}) \to ((\alpha^{t_c} \to \neg_q\beta^{t_c}) \to \neg_p\alpha^{t_c}))$

$t_c(N12) = (\alpha^{\bullet^{t_c}} \wedge \beta^{\bullet^{t_c}}) \to ((\alpha^{t_c} \to \beta^{t_c})^{\bullet^{t_c}} \wedge (\alpha^{t_c} \wedge \beta^{t_c})^{\bullet^{t_c}} \wedge (\alpha^{t_c} \vee \beta^{t_c})^{\bullet^{t_c}}) \wedge (\neg_p \alpha^{t_c})^{\bullet^{t_c}})$

$t_c(N13) = (\alpha^{\circ^{t_c}} \wedge \beta^{\circ^{t_c}}) \to ((\alpha^{t_c} \to \beta^{t_c})^{\circ^{t_c}} \wedge (\alpha^{t_c} \wedge \beta^{t_c})^{\circ^{t_c}} \wedge (\alpha^{t_c} \vee \beta^{t_c})^{\circ^{t_c}}) \wedge (\neg_q \alpha^{t_c})^{\circ^{t_c}})$

$t_c(N14) = \alpha^{\circ^{t_c}} \to ((\alpha^{t_c} \to \neg_q \neg_q \alpha^{t_c}) \wedge (\alpha^{t_c} \to (\neg_q \alpha^{t_c} \to \beta^{t_c})))$

$t_c(N15) = \alpha^{\bullet} \to (\neg_p \neg_p \alpha^{t_c} \to \alpha^{t_c})$

$t_c(N16) = \alpha^{\circ^{t_c}} \vee \alpha^{\bullet^{t_c}}$

Podemos facilmente observar que as traduções dos axiomas (N1) e (N2) de $\mathcal{N}_1$ são instâncias dos axiomas (C2) e (C1) , respectivamente, do sistema $\mathcal{KG}_c$ (p. 61). Uma vez que todas as instâncias de axiomas de $\mathcal{KG}_c$ são teoremas, dada a definição de dedução (Def. 23, p. 64), segue-se que as traduções desses axiomas de $\mathcal{N}_1$ são teoremas de $\mathcal{KG}_c$. Quanto às traduções dos axiomas (N3)-(N16), são facilmente obtidos como teoremas de $\mathcal{KG}_c$. □

Teorema 61. *A tradução t_c preserva todo uso lícito do Modus Ponens de $\mathcal{N}_1$ em $\mathcal{KG}_c$.*

Demonstração. Precisamos provar que, se em $\mathcal{N}_1$, do conjunto de fórmulas $\{\alpha, \alpha \to \beta\}$ podemos inferir β, então em $\mathcal{KG}_c$, da tradução de $\{\alpha, \alpha \to \beta\}$ podemos inferir a tradução β, *i.e.*, de $\{\alpha, \alpha \to \beta\}^{t_c}$ podemos inferir β^{t_c}. Dada a definição da função-tradução, a tradução de $\{\alpha, \alpha \to \beta\}^{t_c} = \{\alpha^{t_c}, \alpha^{t_c} \to \beta^{t_c}\}$ – sendo α^{t_c} e β^{t_c} fórmulas de $\mathcal{KG}_c$. Em $\mathcal{KG}_c$, do conjunto de fórmulas $\{\alpha^{t_c}, \alpha^{t_c} \to \beta^{t_c}\}$ podemos inferir β^{t_c} aplicando a regra de inferência (MP). Como podemos ver, a tradução t_c preserva aplicações do *modus ponens* de $\mathcal{N}_1$ em $\mathcal{KG}_c$. □

Teorema 62. *Para todo conjunto Γ de fórmulas e fórmula α de $\mathcal{N}_1$*

$$\Gamma \vdash_{N1} \alpha \quad \Rightarrow \quad \Gamma^{t_c} \vdash_{kc} \alpha^{t_c}$$

Demonstração. Dada a definição de $\vdash_{N1}$, se $\Gamma \vdash_{N1} \alpha$, então há uma sequência de fórmulas $\omega = \langle \beta_1, \beta_2, ... \beta_n \rangle$ tal que (a) $\beta_n = \alpha$ e, para toda β_i $(i \leq n)$, (b.i) β_i é axioma de $\mathcal{N}_1$, ou (b.ii) pertence a Γ ou (b.iii) é obtido das fórmulas anteriores por *modus ponens*. Essa definição é equivalente à definição de dedução dos sistemas $\mathcal{KG}$ (Def. 23, p. 64). Precisamos, portanto, provar que se ω é uma derivação para α em $\mathcal{N}_1$, então ω^{t_c} é uma derivação para α^{t_c} em $\mathcal{KG}_c$. Seja $\omega^{t_c} = \langle \beta_1^{t_c}, \beta_2^{t_c}, ... \beta_n^{t_c} \rangle$, tal que $\beta_n^{t_c} = \alpha^{t_c}$. Para toda $\beta_i^{t_c}$ $(i \leq n)$, se β_i é axioma de $\mathcal{N}_1$, então $\beta_i^{t_c}$ é uma instância de axioma de $\mathcal{KG}_c$ (Teo. 60), se β_i pertence a

Γ, então $\beta_i^{t_c}$ pertence a Γ^{t_c} e, por fim, se β_i é obtido das fórmulas anteriores de ω por modus ponens em $\mathcal{N}_1$, então $\beta_i^{t_c}$ é obtido por modus ponens das fórmulas anteriores de ω^{t_c} (Teo. 61). □

Em razão dos resultados anteriores, podemos facilmente observar que a tradução de todos os teoremas de $\mathcal{N}_1$ são teoremas de $\mathcal{KG}_c$.

Corolário 28. *Para toda fórmula α de $\mathcal{N}_1$*

$$\vdash_{N1} \alpha \quad \Rightarrow \quad \vdash_{kc} \alpha^{t_c}$$

Demonstração. Segue como caso particular do teorema anterior quando $\Gamma = \varnothing$ □

Uma vez que todos (as traduções dos) axiomas e regras de inferência de $\mathcal{N}_1$ são teoremas de $\mathcal{KG}_c$, mostra-se que $\mathcal{N}_1$ é imersível em $\mathcal{KG}_c$.

4.4.1 *A hierarquia Nn*

De modo similar ao que foi visto na seção 4.2.2 (p. 125) e na seção 4.3.2 (p. 131), o Cálculo Proposicional Não-Alético $\mathcal{N}_1$ também faz parte de uma hierarquia de cálculos $\mathcal{N}_n$ $(0 \leq n \leq \omega)$, no qual o Cálculo Proposicional Clássico equivale ao cálculo $\mathcal{N}_0$ da hierarquia e, para todo cálculo $n > 0$ da hierarquia $\mathcal{N}_n$ $(0 \leq n \leq \omega)$, $\mathcal{N}_n$ será um cálculo proposicional não-alético.[81] Assim, podemos também apresentar a hierarquia $\mathcal{N}_n$ $(0 \leq n \leq \omega)$ como:

$$\mathcal{N}_0, \mathcal{N}_1, \mathcal{N}_2, \mathcal{N}_3, ..., \mathcal{N}_n, ..., \mathcal{N}_\omega,$$

A generalização da hierarquia, de modo similar ao que vimos para $\mathcal{C}_n$ $(0 \leq n \leq \omega)$ e $\mathcal{P}_n$ $(0 \leq n \leq \omega)$, é feita assumindo ambas definições de *bom comportamento* para os cálculos não-aléticos:

$$\alpha^{\circ} \stackrel{\text{def}}{=} \neg_n(\alpha \wedge \neg_n \alpha)$$

$$\alpha^{\bullet} \stackrel{\text{def}}{=} \alpha \vee \neg_n \alpha$$

e definindo a noção de generalização tal como se segue:

Definição 58 (Generalização do Bom Comportamento).

81 *Cf.* da Costa (1989)

(a.i) $\alpha^{(1\circ)}$ *significará* α°

(a.ii) $\alpha^{(n\circ)}$ *significará* $\alpha^{(n-1\circ)} \wedge (\alpha^{(n-1\circ)})^{\circ}, 2 \leq n \leq \omega$

(b.i) $\alpha^{(1\bullet)}$ *significará* $\alpha^{\bullet}$

(b.ii) $\alpha^{(n\bullet)}$ *significará* $\alpha^{(n-1\bullet)} \wedge (\alpha^{(n-1\bullet)})^{\bullet}, 2 \leq n \leq \omega$

Um cálculo $\mathcal{N}_n$ $(0 \leq n \leq \omega)$ será, portanto, individualizado pela definição dos operadores $^{\circ}$ e $^{\bullet}$, e pelos postulados ($\mathcal{N}$1)-($\mathcal{N}$10).[82] Para os postulados

$\mathcal{N}$11 $\alpha^{\bullet} \wedge \beta^{\circ} \rightarrow ((\alpha \rightarrow \beta) \rightarrow ((\alpha \rightarrow \neg_n\beta) \rightarrow \neg_n\alpha))$

$\mathcal{N}$12 $(\alpha^{\bullet} \wedge \beta^{\bullet}) \rightarrow ((\alpha \rightarrow \beta)^{\bullet} \wedge (\alpha \wedge \beta)^{\bullet} \wedge (\alpha \vee \beta)^{\bullet}) \wedge (\neg_n\alpha)^{\bullet})$

$\mathcal{N}$13 $(\alpha^{\circ} \wedge \beta^{\circ}) \rightarrow ((\alpha \rightarrow \beta)^{\circ} \wedge (\alpha \wedge \beta)^{\circ} \wedge (\alpha \vee \beta)^{\circ}) \wedge (\neg_n\alpha)^{\circ})$

$\mathcal{N}$14 $\alpha^{\circ} \rightarrow ((\alpha \rightarrow \neg_n\neg_n\alpha) \wedge (\alpha \rightarrow (\neg_q\alpha \rightarrow \beta)))$

$\mathcal{N}$15 $\alpha^{\bullet} \rightarrow (\neg_n\neg_n\alpha \rightarrow \alpha)$

$\mathcal{N}$16 $\alpha^{\circ} \vee \alpha^{\bullet}$

em $\mathcal{N}_n$ $(0 \leq n \leq \omega)$, nós ofereceremos postulados alternativos (que leva em consideração a generalização do operador de bom comportamento), tal como se segue:

$\mathcal{N}$11′ $\alpha^{(n\bullet)} \wedge \beta^{(n\circ)} \rightarrow ((\alpha \rightarrow \beta) \rightarrow ((\alpha \rightarrow \neg_n\beta) \rightarrow \neg_n\alpha))$

$\mathcal{N}$12′ $(\alpha^{(n\bullet)} \wedge \beta^{(n\bullet)}) \rightarrow ((\alpha \rightarrow \beta)^{(n\bullet)} \wedge (\alpha \wedge \beta)^{(n\bullet)} \wedge (\alpha \vee \beta)^{(n\bullet)}) \wedge (\neg_n\alpha)^{(n\bullet)})$

$\mathcal{N}$13′ $(\alpha^{(n\circ)} \wedge \beta^{(n\circ)}) \rightarrow ((\alpha \rightarrow \beta)^{(n\circ)} \wedge (\alpha \wedge \beta)^{(n\circ)} \wedge (\alpha \vee \beta)^{(n\circ)}) \wedge (\neg_n\alpha)^{(n\circ)})$

$\mathcal{N}$14′ $\alpha^{(n\circ)} \rightarrow ((\alpha \rightarrow \neg_n\neg_n\alpha) \wedge (\alpha \rightarrow (\neg_q\alpha \rightarrow \beta)))$

$\mathcal{N}$15′ $\alpha^{(n\bullet)} \rightarrow (\neg_n\neg_n\alpha \rightarrow \alpha)$

$\mathcal{N}$16′ $\alpha^{(n\circ)} \vee \alpha^{(n\bullet)}$

Como podemos ver, através das definições de bom comportamento ($^{\circ}$ e $^{\bullet}$) e da generalização do bom comportamento, além dos postulados ($\mathcal{N}$1)-($\mathcal{N}$10) e ($\mathcal{N}$11′)-($\mathcal{N}$16′), obtemos um método para construir toda a hierarquia $\mathcal{N}_n$ $(0 \leq n \leq \omega)$– de modo similar ao que vimos para as hierarquias $\mathcal{C}_n$ $(0 \leq n \leq \omega)$ e $\mathcal{P}_n$ $(0 \leq n \leq \omega)$. O resultado dessa construção é, em linhas gerais, que quão maior é o n, em $\mathcal{N}_n$, maior será o número de *bom comportamento* para que uma fórmula se comporte como clássica.

82 Confira a página 42 para ver os postulados em questão.

Semântica da hierarquia Nn

Vistas as alterações sintáticas para a construção da hierarquia $\mathscr{N}_n$ $(0 \leq n \leq \omega)$, precisamos fazer alterações na semântica do Cálculo Proposicional Não-Alético $\mathscr{N}_1$, de modo que a sintaxe de qualquer $\mathscr{N}_n$ $(0 \leq n \leq \omega)$ seja condizente com sua semântica. Como vimos na Def. 14 (p. 47), a semântica de valoração apresentada para $\mathscr{N}_1$ tem as seguintes condições:

(1) Se α é um axioma de $\mathscr{N}_1$, então $v(\alpha) = 1$

(2) Se $v(\alpha) = v(\alpha \rightarrow \beta) = 1$, então $v(\beta) = 1$

(3) Existe ao menos uma fórmula β tal que $v(\beta) = 0$

(4) Se $v(\alpha^\circ) = v(\alpha^\bullet) = 1$, então $v(\neg_n\alpha) = 1 \Leftrightarrow v(\alpha) = 0$

(5) Se $v(\alpha^\circ) = 1$ e $v(\alpha^\bullet) = 0$, então $v(\neg_n\alpha) = 0 \Rightarrow v(\alpha) = 1$

(6) Se $v(\alpha^\circ) = 0$ e $v(\alpha^\bullet) = 1$, então $v(\neg_n\alpha) = 1 \Rightarrow v(\alpha) = 0$

Dada a definição da generalização do bom comportamento, e os esquemas de axioma para os cálculos da hierarquia $\mathscr{N}_n$ $(0 \leq n \leq \omega)$, precisamos modificar algumas cláusulas da função-valoração v para $\mathscr{N}_1$ de modo a obteremos uma semântica para cada cálculo da hierarquia $\mathscr{P}_n$ $(0 \leq n \leq \omega)$.

(4^n) Se $v(\alpha^{n\circ}) = v(\alpha^{n\bullet}) = 1$, então $v(\neg_n\alpha) = 1 \Leftrightarrow v(\alpha) = 0$

(5^n) Se $v(\alpha^{n\circ}) = 1$ e $v(\alpha^{n\bullet}) = 0$, então $v(\neg_n\alpha) = 0 \Rightarrow v(\alpha) = 1$

(6^n) Se $v(\alpha^{n\circ}) = 0$ e $v(\alpha^{n\bullet}) = 1$, então $v(\neg_n\alpha) = 1 \Rightarrow v(\alpha) = 0$

Ao substituirmos as cláusulas (4)-(6) por (4^n)-(5^n), oferecemos uma semântica adequada para todo cálculo da hierarquia $\mathscr{N}_n$ $(0 \leq n \leq \omega)$. Como podemos constatar, se estivermos em $\mathscr{N}_1$, então $n = 1$, segue-se que $\alpha^{n\circ} = \alpha^{1\circ} = \alpha^\circ$ e $\alpha^{n\bullet} = \alpha^{1\bullet} = \alpha^\bullet$. Deste modo, essas condições serão tais que satisfazem a *Redução ao Absurdo Não-Alética*. Nessas mesmas condições, podemos constatar que as condições (4)-(6) são equivalentes às condições (4^n)-(5^n), respectivamente. Por conseguinte, obtemos então uma generalização da semântica para toda a hierarquia $\mathscr{N}_n$ $(0 \leq n \leq \omega)$.

4.4.2 *Tradução da Hierarquia Nn*

Vistas as definições apresentadas anteriormente para a hierarquia $\mathscr{N}_n$ $(0 \leq n \leq \omega)$, podemos então oferecer uma função-tradução t_{nn} que traduza qualquer Cálculo Proposicional Não-Alético $\mathscr{N}_n$ para o sistema $\mathcal{KG}_c$.

Definição 59 (Tradução de $\mathscr{N}_n$ $(0 \leq n \leq \omega)$ em $\mathcal{KG}_c$). *Seja $\mathfrak{L}_{Nn}$ a linguagem de qualquer cálculo $\mathscr{N}_n$ $(0 \leq n \leq \omega)$ e $\mathfrak{L}_{kc}$ a linguagem de $\mathcal{KG}_c$. Podemos então definir uma função-tradução $t_{nn} : \mathfrak{L}_{Nn} \longrightarrow \mathfrak{L}_{kc}$ do seguinte modo:*

(1) *Se p é uma variável proposicional de $\mathscr{N}_n$ $(0 \leq n \leq \omega)$, então $t_{nn}(p) = p'$ onde p' é uma variável proposicional de $\mathcal{KG}_c$*

(2.a) *Se $\vdash_{Nn} \alpha^{(n\circ)}$ e $\vdash_{Nn} \alpha^{(n\bullet)}$, então $t_{nn}(\neg\alpha) = \neg_c(t_{nn}(\alpha))$*

(2.b) *Se $\vdash_{Nn} \alpha^{(n\circ)}$ e $\nvdash_{Nn} \alpha^{(n\bullet)}$, então $t_{nn}(\neg\alpha) = \neg_q(t_{nn}(\alpha))$*

(2.c) *Se $\nvdash_{Nn} \alpha^{(n\circ)}$ e $\vdash_{Nn} \alpha^{(n\bullet)}$, então $t_{nn}(\neg\alpha) = \neg_p(t_{nn}(\alpha))$*

(3) *Se $\alpha \to \beta$ é uma fórmula de $\mathscr{N}_n$ $(0 \leq n \leq \omega)$, então $t_{nn}(\alpha \to \beta) = t_{nn}(\alpha) \to t_{nn}(\beta)$*

(4) *Podemos então generalizar as definições de t_{nn} para os outros conectivos:*

$$t_{nn}(\alpha \wedge \beta) = t_{nn}(\alpha) \wedge t_{nn}(\beta)$$

$$t_{nn}(\alpha \vee \beta) = t_{nn}(\alpha) \vee t_{nn}(\beta)$$

$$t_{nn}(\alpha \leftrightarrow \beta) = t_{nn}(\alpha) \leftrightarrow t_{nn}(\beta)$$

Se $\Gamma = \{\beta_1, ..., \beta_n\}$ é um conjunto de fórmulas de $\mathscr{N}_n$ $(0 \leq n \leq \omega)$, então $t_{nn}(\Gamma) = \{t_{nn}(\beta_1), ..., t_{nn}(\beta_n)\}$ é a tradução do conjunto Γ em fórmulas de $\mathcal{KG}_c$. Por brevidade notacional, utilizaremos $\alpha^{t_{nn}} = t_{nn}(\alpha)$, onde α é uma fórmula de $\mathscr{N}_n$ $(0 \leq n \leq \omega)$ cuja tradução em $\mathcal{KG}_c$ é $\alpha^{t_{nn}}$.

E, do mesmo modo como foram obtidos para a função-tradução t_n, que traduz $\mathscr{N}_1$ em $\mathcal{KG}_c$, obtemos como teoremas:

Teorema 63. *Se α é um axioma de $\mathscr{N}_n$ $(0 \leq n \leq \omega)$, então $\vdash_{kc} \alpha^{t_{nn}}$*

Demonstração. Similar à demonstração do Teo. 60 (p. 134), utilizando-se da definição de generalização do bom comportamento para $\mathscr{N}_n$ $(0 \leq n \leq \omega)$. □

Teorema 64. *A tradução t_{nn} preserva todo uso lícito do Modus Ponens de $\mathscr{N}_n$ $(0 \leq n \leq \omega)$ em $\mathcal{KG}_c$.*

Demonstração. Similar à demonstração do Teo. 61 (p. 135), utilizando-se da definição de generalização do bom comportamento para $\mathcal{N}_n$ $(0 \leq n \leq \omega)$. □

Teorema 65. *Para todo conjunto* Γ *de fórmulas e fórmula* α *de* $\mathcal{N}_n$ $(0 \leq n \leq \omega)$

$$\Gamma \vdash_{Nn} \alpha \quad \Rightarrow \quad \Gamma^{t_{nn}} \vdash_{kc} \alpha^{t_{nn}}$$

Demonstração. Similar à demonstração do Teo. 62 (p. 135), utilizando-se da definição de generalização do bom comportamento para $\mathcal{N}_n$ $(0 \leq n \leq \omega)$. □

Em razão dos resultados anteriores, podemos facilmente observar que a tradução de todos os teoremas de $\mathcal{N}_1$ são teoremas de $\mathcal{KG}_c$.

Corolário 29. *Para toda fórmula* α *de* $\mathcal{N}_n$ $(0 \leq n \leq \omega)$

$$\vdash_{Nn} \alpha \quad \Rightarrow \quad \vdash_{kc} \alpha^{t_{nn}}$$

Demonstração. Segue como caso particular do teorema anterior quando $\Gamma = \varnothing$ □

Uma vez que todos (as traduções dos) axiomas e regras de inferência para qualquer cálculo $\mathcal{N}_n$ $(0 \leq n \leq \omega)$ são teoremas de $\mathcal{KG}_c$, mostra-se que *todos* os Cálculos Proposicionais Não-Aléticos da hierarquia $\mathcal{N}_n$ $(0 \leq n \leq \omega)$ são imersíveis em $\mathcal{KG}_c$. E, dado os resultados anteriores, obtemos que todos os cálculos até agora apresentados, *i.e.*, $\mathcal{LPC}$, todos os cálculos das hierarquias $\mathcal{C}_n$ $(0 \leq n \leq \omega)$, $\mathcal{P}_n$ $(0 \leq n \leq \omega)$ e $\mathcal{N}_n$ $(0 \leq n \leq \omega)$, como também os sistemas $\mathcal{KG}_m$, $\mathcal{KG}_p$ e $\mathcal{KG}_q$ são imersíveis em $\mathcal{KG}_c$.

4.5 TRADUÇÃO DE KGC EM LPC

Vejamos uma possível tradução de $\mathcal{KG}_c$ em $\mathcal{LPC}$.

Definição 60 (Tradução de $\mathcal{KG}_c$ em $\mathcal{LPC}$). *Seja* $\mathfrak{L}_{lpc}$ *a linguagem de* $\mathcal{LPC}$ *e* $\mathfrak{L}_{kc}$ *a linguagem de* $\mathcal{KG}_c$. *Podemos então definir uma função-tradução* $t_{ck} : \mathfrak{L}_{kc} \longrightarrow \mathfrak{L}_{lpc}$ *do seguinte modo:*[83]

(1) Se p *é uma variável proposicional de* $\mathcal{KG}_c$, *então* $t_{ck}(p) = p'$ *onde* p' *é uma variável proposicional de* $\mathcal{LPC}$

(2.a) Se $\neg_c\alpha$ *é uma fórmula de* $\mathcal{KG}_c$, *então* $t_{ck}(\neg_c\alpha) = \neg(t_{ck}(\alpha))$

83 Note que não utilizaremos índice para a negação de $\mathcal{LPC}$, para evitar confusão com a negação $\neg_c$ que temos no sistemas $\mathcal{KG}_c$.

(2.b) *Se* $\neg_p\alpha$ *é uma fórmula de* $\mathcal{KG}_c$*, então* $t_{ck}(\neg_p\alpha) = \neg(t_{ck}(\alpha))$

(2.c) *Se* $\neg_q\alpha$ *é uma fórmula de* $\mathcal{KG}_c$*, então* $t_{ck}(\neg_q\alpha) = \neg(t_{ck}(\alpha))$

(3) *Se* $\alpha \to \beta$ *é uma fórmula de* $\mathcal{KG}_c$*, então* $t_{ck}(\alpha \to \beta) = t_{ck}(\alpha) \to t_{ck}(\beta)$

(4) *Podemos então generalizar as definições de* t_{ck} *para os outros conectivos:*

$$t_{ck}(\alpha \wedge \beta) = t_{ck}(\alpha) \wedge t_{ck}(\beta)$$

$$t_{ck}(\alpha \vee \beta) = t_{ck}(\alpha) \vee t_{ck}(\beta)$$

$$t_{ck}(\alpha \leftrightarrow \beta) = t_{ck}(\alpha) \leftrightarrow t_{ck}(\beta)$$

Se $\Gamma = \{\beta_1, ..., \beta_n\}$ *é um conjunto de fórmulas de* $\mathcal{KG}_c$*, então* $t_{ck}(\Gamma) = \{t_{ck}(\beta_1), ..., t_{ck}(\beta_n)\}$ *é a tradução do conjunto* Γ *em fórmulas de* $\mathcal{LPC}$*. Por brevidade notacional, utilizaremos* $\alpha^{t_{ck}} = t_{ck}(\alpha)$*, onde* α *é uma fórmula de* $\mathcal{KG}_c$ *cuja tradução em* $\mathcal{LPC}$ *é* $\alpha^{t_{ck}}$*.*

Note que, de acordo com a função t_{ck}, todas as diferentes negações do sistema $\mathcal{KG}_c$ serão traduzidas na mesma negação da Lógica Proposicional Clássica. Obteremos facilmente os seguintes resultados:

Teorema 66. *Se* α *é um axioma de* $\mathcal{KG}_c$*, então* $\vdash_{lpc} \alpha^{t_{ck}}$

Demonstração. Vejamos as traduções dos axiomas (C1)-(N4) de $\mathcal{KG}_c$ (p. 61):

$$t_{ck}(C1) = \alpha^{t_{ck}} \to (\beta^{t_{ck}} \to \alpha^{t_{ck}})$$

$$t_{ck}(C2) = (\alpha^{t_{ck}} \to \beta^{t_{ck}}) \to ((\alpha^{t_{ck}} \to (\beta^{t_{ck}} \to \gamma^{t_{ck}})) \to (\alpha^{t_{ck}} \to \gamma^{t_{ck}}))$$

$$t_{ck}(N1) = (\alpha^{t_{ck}} \to \beta^{t_{ck}}) \to ((\alpha^{t_{ck}} \to \neg\beta^{t_{ck}}) \to \neg\alpha^{t_{ck}})$$

$$t_{ck}(N2) = \neg\alpha^{t_{ck}} \to \neg\alpha^{t_{ck}}$$

$$t_{ck}(N3) = \neg\alpha^{t_{ck}} \to \neg\alpha^{t_{ck}}$$

$$t_{ck}(N4) = \neg\neg\alpha^{t_{ck}} \to \alpha^{t_{ck}}$$

$$t_{ck}(N5) = \neg\neg\alpha^{t_{ck}} \to \alpha^{t_{ck}}$$

$$t_{ck}(N6) = \alpha^{t_{ck}} \to \neg\neg\alpha^{t_{ck}}$$

Podemos facilmente observar que as traduções dos axiomas (C1)-(N1), (N4) e (N5) de $\mathcal{KG}_c$ são instâncias dos axiomas (A1)-(A4) de $\mathcal{LPC}$ (p. 11). Uma vez que todas as instâncias de axiomas de $\mathcal{LPC}$ são teoremas, dada a definição de dedução (Def. 23, p. 64), segue-se que as traduções dos axiomas (C1)-(N6) de $\mathcal{KG}_c$ são teoremas de $\mathcal{LPC}$. Quanto às traduções dos axiomas (N2) e (N3), que são equivalentes, são instâncias do Princípio da Identidade (que é um teorema de $\mathcal{LPC}$). Quanto a tradução do axioma (N6), ele é facilmente obtidos como teorema de $\mathcal{LPC}$. □

Teorema 67. *A tradução t_{ck} preserva todo uso lícito do Modus Ponens de $\mathcal{KG}_c$ em $\mathcal{LPC}$.*

Demonstração. Precisamos provar que, se em $\mathcal{KG}_c$, do conjunto de fórmulas $\{\alpha, \alpha \to \beta\}$ podemos inferir β, então em $\mathcal{LPC}$, da tradução de $\{\alpha, \alpha \to \beta\}$ podemos inferir a tradução β, *i.e.*, de $\{\alpha, \alpha \to \beta\}^{t_{ck}}$ podemos inferir $\beta^{t_{ck}}$. Dada a definição da função-tradução, a tradução de $\{\alpha, \alpha \to \beta\}^{t_{ck}} = \{\alpha^{t_{ck}}, \alpha^{t_{ck}} \to \beta^{t_{ck}}\}$ – sendo $\alpha^{t_{ck}}$ e $\beta^{t_{ck}}$ fórmulas de $\mathcal{LPC}$. Em $\mathcal{LPC}$, do conjunto de fórmulas $\{\alpha^{t_{ck}}, \alpha^{t_{ck}} \to \beta^{t_{ck}}\}$ podemos inferir $\beta^{t_{ck}}$ aplicando a regra de inferência (MP). Como podemos ver, a tradução t_{ck} preserva aplicações do *modus ponens* de $\mathcal{KG}_c$ em $\mathcal{LPC}$. □

Teorema 68. *Para todo conjunto Γ de fórmulas e fórmula α de $\mathcal{KG}_c$*

$$\Gamma \vdash_{kc} \alpha \quad \Rightarrow \quad \Gamma^{t_{ck}} \vdash_{lpc} \alpha^{t_{ck}}$$

Demonstração. Dada a definição de $\vdash_{kc}$, se $\Gamma \vdash_{kc} \alpha$, então há uma sequência de fórmulas $\omega = \langle \beta_1, \beta_2, ... \beta_n \rangle$ tal que (a) $\beta_n = \alpha$ e, para toda β_i $(i \leq n)$, (b.i) β_i é axioma de $\mathcal{KG}_c$, ou (b.ii) pertence a Γ ou (b.iii) é obtido das fórmulas anteriores por *modus ponens*. Essa definição é equivalente à definição de dedução de $\mathcal{LPC}$ que estamos assumindo (Def. 23, p. 64). Precisamos, portanto, provar que se ω é uma derivação para α em $\mathcal{LPC}$, então ω^t é uma derivação para α^t em $\mathcal{KG}_m$. Seja $\omega^{t_{ck}} = \langle \beta_1^{t_{ck}}, \beta_2^{t_{ck}}, ... \beta_n^{t_{ck}} \rangle$, tal que $\beta_n^{t_{ck}} = \alpha^{t_{ck}}$. Para toda $\beta_i^{t_{ck}}$ $(i \leq n)$, se β_i é axioma de $\mathcal{KG}_c$, então $\beta_i^{t_{ck}}$ é um teorema de $\mathcal{LPC}$(Teo. 66), se β_i pertence a Γ, então $\beta_i^{t_{ck}}$ pertence a $\Gamma^{t_{ck}}$ e, por fim, se β_i é obtido das fórmulas anteriores de ω por modus ponens em $\mathcal{KG}_c$, então $\beta_i^{t_{ck}}$ é obtido por modus ponens das fórmulas anteriores de $\omega^{t_{ck}}$ (Teo. 67). □

Em razão dos resultados anteriores, podemos facilmente observar que a tradução de todos os teoremas de $\mathcal{KG}_c$ são teoremas de $\mathcal{LPC}$.

Corolário 30. *Para toda fórmula α de $\mathcal{KG}_c$*

$$\vdash_{kc} \alpha \quad \Rightarrow \quad \vdash_{lpc} \alpha^{t_{ck}}$$

Demonstração. Segue como caso particular do teorema anterior quando $\Gamma = \varnothing$ □

Como podemos observar, a função t_{ck} traduz facilmente os postulados de $\mathcal{KG}_c$ para $\mathcal{LPC}$. Uma vez que todos os outros sistemas $\mathcal{KG}$ são imersíveis em $\mathcal{KG}_c$, temos também uma tradução para *todos* os sistemas $\mathcal{KG}$. E, do mesmo modo, uma vez que podemos demonstrar que a tradução t_{ck} de todos os teoremas de $\mathcal{KG}_c$ são teoremas de $\mathcal{LPC}$, mostramos que $\mathcal{KG}_c$ é imersível em $\mathcal{LPC}$ (e, consequentemente, todos os outros sistemas $\mathcal{KG}$ também o são). Devemos notar, contudo, que este resultado era esperado, uma vez que tanto $\mathscr{P}_n$ $(1 \leq n \leq \omega)$n, $\mathscr{C}_n$ $(1 \leq n \leq \omega)$n quanto $\mathscr{N}_n$ $(0 \leq n \leq \omega)$ são também imersíveis em $\mathcal{LPC}$.

5

SISTEMAS KG: ALGUNS RESULTADOS

> “Shut up and calculate!”
>
> DAVID MERMIN
> *What's Wrong with this Pillow?*

Uma vez que demonstramos a *correção* (Teo. 28, p. 82) e *completude* (Teo. 29, p. 84) dos sistemas $\mathcal{KG}$, como também a Adequação dos Tableaux (Cor. 21, p. 107), podemos então utilizar o *método de tableaux analíticos* (apresentados na seção 3.3, p. 97) para demonstrar alguns resultados dos referidos sistemas. Por questão de brevidade, no entanto, apresentaremos os resultados ocultando as demonstrações, que podem ser feitas pelo leitor utilizando o método de tableaux analíticos.[84]

Nossa análise, de modo geral, utilizará o sistema $\mathcal{KG}_m$. Como visto anteriormente, o sistema $\mathcal{KG}_m$ é imersível em todos os sistemas $\mathcal{KG}$. Deste modo, se α é teorema de $\mathcal{KG}_m$, então α será teorema dos outros sistemas $\mathcal{KG}$.[85] Por outro lado, veremos que há fórmulas que não são demonstráveis em $\mathcal{KG}_m$ que podem ser obtidas em outros sistemas. Deste modo, o leitor deve estar atento ao fato de que, uma vez que os sistemas $\mathcal{KG}$ tem axiomas diferentes, resultados diferentes podem ser obtidos.

---

84 Uma vez que não apresentaremos as demonstrações aqui (posto que o método de prova já está disponível para o leitor), àquele que não quiser revisar as demonstrações, oferecemos as provas através do método *proof by confidence*, que pode ser resumido na seguinte frase: *confia em mim, eu gastei muito tempo fazendo essas provas...*

85 De modo mais preciso, como vimos no capítulo anterior, devemos construir uma tradução de $\mathcal{KG}_m$ para cada sistema $\mathcal{KG}$, mostrando assim que, se α é teorema de $\mathcal{KG}_m$, então a tradução de α é teorema de cada um dos outros sistemas. Todavia, posto que a linguagem dos sistemas $\mathcal{KG}$ é a mesma, mudando apenas os axiomas de cada sistema (como visto na seção 2.4, p. 63), vamos cometer esse abuso de linguagem de modo consciente. Assim, quando falarmos que uma fórmula de um sistema é ou não teorema de outro sistema, estaremos supondo que sua tradução é ou não teorema deste outro sistema.

5.1 LEI DE PEIRCE

A chamada "Lei de Peirce" é uma fórmula, conhecida na literatura, que podemos derivar em $\mathcal{LPC}$ a qual, por outro lado, não é derivável na Lógica Intuicionista, sendo ela a seguinte fórmula:

$$((\alpha \to \beta) \to \alpha) \to \alpha$$

No Cálculo Proposicional Paracompleto $\mathscr{P}_1$, a Lei de Peirce é expressa pelo axioma $\mathscr{P}4$, sendo portanto um teorema desse sistema.[86] No Cálculo Proposicional Paraconsistente $\mathscr{C}_1$, a Lei de Peirce também é válida.[87] Do mesmo modo, a Lei de Peirce também é válida no sistema $\mathcal{KG}_m$:

$$\vdash_{km} ((\alpha \to \beta) \to \alpha) \to \alpha$$

5.2 DUPLA NEGAÇÃO

Há duas fórmulas conhecidas com relação a dupla negação, sendo elas a chamada "introdução da dupla negação" e "eliminação da dupla negação", respectivamente:

$$\alpha \to \neg\neg\alpha \qquad\qquad \neg\neg\alpha \to \alpha$$

Uma vez que nos sistemas $\mathcal{KG}$ temos três tipos de negações, há um total de nove fórmulas distintas de introdução da dupla negação e outras nove de eliminação. Vejamos primeiro quais dessas dezoito fórmulas são teoremas de $\mathcal{KG}_m$.

1. $\vdash_{km} \alpha \to \neg_c\neg_c\alpha$
2. $\vdash_{km} \alpha \to \neg_c\neg_q\alpha$
3. $\vdash_{km} \alpha \to \neg_p\neg_c\alpha$
4. $\vdash_{km} \alpha \to \neg_p\neg_q\alpha$
5. $\vdash_{km} \neg_c\neg_c\alpha \to \alpha$
6. $\vdash_{km} \neg_c\neg_p\alpha \to \alpha$
7. $\vdash_{km} \neg_q\neg_c\alpha \to \alpha$
8. $\vdash_{km} \neg_q\neg_p\alpha \to \alpha$

Vejamos agora quais não são teoremas em $\mathcal{KG}_m$.

86 Ver os postulados de $\mathscr{P}_1$ na página 32.
87 *Cf.* da Costa et al. (2007, Teo.25, p.806).

1. $\nvdash_{km} \alpha \to \neg_p \neg_p \alpha$
2. $\nvdash_{km} \alpha \to \neg_c \neg_p \alpha$
3. $\nvdash_{km} \alpha \to \neg_q \neg_q \alpha$
4. $\nvdash_{km} \alpha \to \neg_q \neg_c \alpha$
5. $\nvdash_{km} \alpha \to \neg_q \neg_p \alpha$
6. $\nvdash_{km} \neg_c \neg_q \alpha \to \alpha$
7. $\nvdash_{km} \neg_p \neg_p \alpha \to \alpha$
8. $\nvdash_{km} \neg_p \neg_c \alpha \to \alpha$
9. $\nvdash_{km} \neg_p \neg_q \alpha \to \alpha$
10. $\nvdash_{km} \neg_q \neg_q \alpha \to \alpha$

Devemos ressaltar que, uma vez que em $\mathcal{KG}_m$ não temos os axiomas

$$(N5)\ \neg_p \neg_p \alpha \to \alpha$$
$$(N6)\ \alpha \to \neg_q \neg_q \alpha$$

não conseguimos obter como teorema as fórmulas (7) e (3) anteriores, respectivamente. Deste fato mostramos que a negação paraconsistente do sistema $\mathcal{KG}_m$ difere do comportamento da negação do cálculo $\mathscr{C}_1$. Do mesmo modo, a negação paracompleta de $\mathcal{KG}_m$ difere da negação do cálculo $\mathscr{P}_1$. Por outro lado, em $\mathcal{KG}_p$, que contém o axioma (N5), (7) é obtido como teorema

$$\vdash_{kp} \neg_p \neg_p \alpha \to \alpha$$

consequentemente, a negação paraconsistente de $\mathcal{KG}_p$ se comporta de modo equivalente a negação do cálculo $\mathscr{C}_1$. De modo similar, em $\mathcal{KG}_q$, que contém (N6), (3) é obtido como teorema

$$\vdash_{kq} \alpha \to \neg_q \neg_q \alpha$$

de modo que a negação paracompleta de $\mathcal{KG}_q$ se comporta de modo equivalente a negação do cálculo $\mathscr{P}_1$. Visto que tanto $\mathcal{KG}_p$ quanto $\mathcal{KG}_q$ são imersíveis em $\mathcal{KG}_c$, então (7) e (3) serão teoremas de $\mathcal{KG}_c$

$$\vdash_{kc} \neg_p \neg_p \alpha \to \alpha \qquad \vdash_{kc} \alpha \to \neg_q \neg_q \alpha$$

e, por conseguinte, suas negações paraconsistente e paracompleta se comportam de modo equivalente as negações dos cálculos $\mathscr{C}_1$ e $\mathscr{P}_1$, respectivamente.

5.3 CONECTIVOS DEFINIDOS

Posto as definições oferecidas dos conectivos de conjunção, disjunção e bicondicional (Def. 19, p. 61), obteremos como teoremas de $\mathcal{KG}_m$ as seguintes fórmulas:

1. $\vdash_{km} \alpha \to (\beta \to (\alpha \wedge \beta))$
2. $\vdash_{km} \alpha \to (\beta \to (\beta \wedge \alpha))$
3. $\vdash_{km} (\alpha \wedge \beta) \to \alpha$
4. $\vdash_{km} (\alpha \wedge \beta) \to \beta$
5. $\vdash_{km} \alpha \to (\alpha \vee \beta)$
6. $\vdash_{km} \alpha \to (\beta \vee \alpha)$
7. $\vdash_{km} (\alpha \to \gamma) \to ((\beta \to \gamma) \to ((\alpha \vee \beta) \to \gamma))$
8. $\vdash_{km} (\alpha \to \beta) \to ((\beta \to \alpha) \to (\alpha \leftrightarrow \beta))$
9. $\vdash_{km} (\alpha \to \beta) \to ((\beta \to \alpha) \to (\beta \leftrightarrow \alpha))$
10. $\vdash_{km} \alpha \leftrightarrow \alpha$

5.4 AS TRÊS NEGAÇÕES ESTUDADAS

Vejamos agora o comportamento das negações de $\mathcal{KG}_m$. Primeiro, vejamos com relação aos Princípios do Terceiro Excluído e Não-Contradição:

1. $\vdash_{km} \alpha \vee \neg_c\alpha$
2. $\vdash_{km} \alpha \vee \neg_p\alpha$
3. $\nvdash_{km} \alpha \vee \neg_q\alpha$
4. $\vdash_{km} \neg_c(\alpha \wedge \neg_c\alpha)$
5. $\vdash_{km} \neg_q(\alpha \wedge \neg_q\alpha)$
6. $\nvdash_{km} \neg_p(\alpha \wedge \neg_p\alpha)$

Como esperado, o Terceiro Excluído para a negação paracompleta não é obtido em $\mathcal{KG}_m$ (3) e, do mesmo modo, a Não-Contradição para a negação paraconsistente (6). Isso preserva os resultados esperados quanto ao comportamento dessas negações. Repare, contudo, que o Princípio da Não-Contradição utiliza duas negações, de modo que podemos avaliar suas variações (*i.e.*, onde ocorrem negações de tipos diferentes) em $\mathcal{KG}_m$.

1. $\vdash_{km} \neg_p(\alpha \wedge \neg_c\alpha)$
2. $\vdash_{km} \neg_p(\alpha \wedge \neg_q\alpha)$
3. $\vdash_{km} \neg_c(\alpha \wedge \neg_q\alpha)$
4. $\nvdash_{km} \neg_q(\alpha \wedge \neg_c\alpha)$
5. $\nvdash_{km} \neg_q(\alpha \wedge \neg_p\alpha)$
6. $\nvdash_{km} \neg_c(\alpha \wedge \neg_p\alpha)$

Esses resultados são interessantes, pois ainda que $\neg_p(\alpha \wedge \neg_p\alpha)$ não seja teorema de $\mathcal{KG}_m$, as fórmulas $\neg_p(\alpha \wedge \neg_c\alpha)$ e $\neg_p(\alpha \wedge \neg_q\alpha)$ são. Do mesmo modo, ainda que $\neg_q(\alpha \wedge \neg_q\alpha)$ seja teorema de $\mathcal{KG}_m$, as fórmulas $\neg_q(\alpha \wedge \neg_c\alpha)$ e $\neg_q(\alpha \wedge \neg_p\alpha)$ não são. Vejamos agora o comportamento das negações para diferentes formulações do *Ex Falso*. As seguintes versões do *Ex Falso* são teoremas de $\mathcal{KG}_m$.

1. $\vdash_{km} \alpha \to (\neg_c \alpha \to \beta)$
2. $\vdash_{km} \alpha \to (\neg_q \alpha \to \beta)$
3. $\vdash_{km} \neg_c \alpha \to (\alpha \to \beta)$
4. $\vdash_{km} \neg_q \alpha \to (\alpha \to \beta)$
5. $\vdash_{km} (\alpha \wedge \neg_c \alpha) \to \beta$
6. $\vdash_{km} (\alpha \wedge \neg_q \alpha) \to \beta$
7. $\vdash_{km} (\alpha \to \neg_c \alpha) \to \neg_c \alpha$
8. $\vdash_{km} (\alpha \to \neg_c \alpha) \to \neg_p \alpha$
9. $\vdash_{km} (\alpha \to \neg_q \alpha) \to \neg_c \alpha$
10. $\vdash_{km} (\alpha \to \neg_q \alpha) \to \neg_p \alpha$
11. $\vdash_{km} (\alpha \to \neg_p \alpha) \to \neg_p \alpha$
12. $\vdash_{km} (\neg_c \alpha \to \alpha) \to \alpha$
13. $\vdash_{km} (\neg_p \alpha \to \alpha) \to \alpha$

As seguintes formulações do *Ex Falso não* são teoremas de $\mathcal{KG}_m$:

1. $\nvdash_{km} \alpha \to (\neg_p \alpha \to \beta)$
2. $\nvdash_{km} \neg_p \alpha \to (\alpha \to \beta)$
3. $\nvdash_{km} (\alpha \wedge \neg_p \alpha) \to \beta$
4. $\nvdash_{km} (\alpha \to \neg_c \alpha) \to \neg_q \alpha$
5. $\nvdash_{km} (\alpha \to \neg_q \alpha) \to \neg_q \alpha$
6. $\nvdash_{km} (\alpha \to \neg_q \alpha) \to \neg_q \alpha$
7. $\nvdash_{km} (\alpha \to \neg_p \alpha) \to \neg_c \alpha$
8. $\nvdash_{km} (\alpha \to \neg_p \alpha) \to \neg_q \alpha$
9. $\nvdash_{km} (\neg_q \alpha \to \alpha) \to \alpha$

5.5 REDUCTIONES AD ABSURDUM

Como vimos anteriormente, há duas formas gerais das *Reduções ao Absurdo*, sendo elas:

$$(\alpha \to \beta) \to ((\alpha \to \neg \beta) \to \neg \alpha)$$

$$(\neg \alpha \to \beta) \to ((\neg \alpha \to \neg \beta) \to \alpha)$$

Uma vez que nos sistemas $\mathcal{KG}$ há três negações, haverão ao menos dezoito formas diferentes de reduções ao absurdo que podemos compôr ao alternarmos as negações. As seguintes versões de reduções ao absurdo são teoremas de $\mathcal{KG}_m$.

1. $\vdash_{km} (\alpha \to \beta) \to ((\alpha \to \neg_c \beta) \to \neg_c \alpha)$
2. $\vdash_{km} (\alpha \to \beta) \to ((\alpha \to \neg_c \beta) \to \neg_p \alpha)$
3. $\vdash_{km} (\alpha \to \beta) \to ((\alpha \to \neg_q \beta) \to \neg_c \alpha)$

4. $\vdash_{km} (\alpha \to \beta) \to ((\alpha \to \neg_q \beta) \to \neg_p \alpha)$
5. $\vdash_{km} (\neg_c \alpha \to \beta) \to ((\neg_c \alpha \to \neg_c \beta) \to \alpha)$
6. $\vdash_{km} (\neg_p \alpha \to \beta) \to ((\neg_p \alpha \to \neg_c \beta) \to \alpha)$
7. $\vdash_{km} (\neg_c \alpha \to \beta) \to ((\neg_c \alpha \to \neg_q \beta) \to \alpha)$
8. $\vdash_{km} (\neg_p \alpha \to \beta) \to ((\neg_p \alpha \to \neg_q \beta) \to \alpha)$

As seguintes versões de reduções *não* são teoremas de $\mathcal{KG}_m$.

1. $\nvdash_{km} (\alpha \to \beta) \to ((\alpha \to \neg_c \beta) \to \neg_q \alpha)$
2. $\nvdash_{km} (\alpha \to \beta) \to ((\alpha \to \neg_q \beta) \to \neg_q \alpha)$
3. $\nvdash_{km} (\alpha \to \beta) \to ((\alpha \to \neg_p \beta) \to \neg_p \alpha)$
4. $\nvdash_{km} (\alpha \to \beta) \to ((\alpha \to \neg_p \beta) \to \neg_c \alpha)$
5. $\nvdash_{km} (\alpha \to \beta) \to ((\alpha \to \neg_p \beta) \to \neg_q \alpha)$
6. $\nvdash_{km} (\neg_q \alpha \to \beta) \to ((\neg_q \alpha \to \neg_c \beta) \to \alpha)$
7. $\nvdash_{km} (\neg_p \alpha \to \beta) \to ((\neg_p \alpha \to \neg_p \beta) \to \alpha)$
8. $\nvdash_{km} (\neg_c \alpha \to \beta) \to ((\neg_c \alpha \to \neg_p \beta) \to \alpha)$
9. $\nvdash_{km} (\neg_q \alpha \to \beta) \to ((\neg_q \alpha \to \neg_p \beta) \to \alpha)$
10. $\nvdash_{km} (\neg_q \alpha \to \beta) \to ((\neg_q \alpha \to \neg_q \beta) \to \alpha)$

5.6 FORMAS DE CONTRAPOSIÇÕES

Vejamos agora diferentes formas de contraposições, que dividiremos em dois grupos com relação a suas formas:

$$\alpha \to \beta \vdash_i \neg\beta \to \neg\alpha$$

$$\alpha \to \neg\beta \vdash_i \beta \to \neg\alpha$$

Vejamos primeiro quais das versões anteriores são obtidas nos Sistemas $\mathcal{KG}$:

1. $\alpha \to \beta \vdash_{km} \neg_c\beta \to \neg_c\alpha$
2. $\alpha \to \beta \vdash_{km} \neg_c\beta \to \neg_p\alpha$
3. $\alpha \to \beta \vdash_{km} \neg_q\beta \to \neg_c\alpha$
4. $\alpha \to \beta \vdash_{km} \neg_q\beta \to \neg_p\alpha$
5. $\alpha \to \neg_c\beta \vdash_{km} \beta \to \neg_c\alpha$
6. $\alpha \to \neg_c\beta \vdash_{km} \beta \to \neg_p\alpha$
7. $\alpha \to \neg_q\beta \vdash_{km} \beta \to \neg_c\alpha$
8. $\alpha \to \neg_q\beta \vdash_{km} \beta \to \neg_p\alpha$

Vejamos agora as versões que *não* são obtidas nos Sistemas $\mathcal{KG}$:

1. $\alpha \to \beta \nvdash_{km} \neg_c\beta \to \neg_q\alpha$
2. $\alpha \to \beta \nvdash_{km} \neg_q\beta \to \neg_q\alpha$
3. $\alpha \to \beta \nvdash_{km} \neg_p\beta \to \neg_p\alpha$
4. $\alpha \to \beta \nvdash_{km} \neg_p\beta \to \neg_c\alpha$
5. $\alpha \to \beta \nvdash_{km} \neg_p\beta \to \neg_p\alpha$
6. $\alpha \to \neg_c\beta \nvdash_{km} \beta \to \neg_q\alpha$
7. $\alpha \to \neg_q\beta \nvdash_{km} \beta \to \neg_q\alpha$
8. $\alpha \to \neg_p\beta \nvdash_{km} \beta \to \neg_p\alpha$
9. $\alpha \to \neg_p\beta \nvdash_{km} \beta \to \neg_c\alpha$
10. $\alpha \to \neg_p\beta \nvdash_{km} \beta \to \neg_q\alpha$

5.7 LEIS DE *de morgan*

As chamadas "Leis de De Morgan" são quatro inferências diferentes tendo as seguintes estruturas:

$$\neg(\alpha \wedge \beta) \vdash \neg\alpha \vee \neg\beta \qquad \neg(\alpha \vee \beta) \vdash \neg\alpha \wedge \neg\beta$$
$$\neg\alpha \vee \neg\beta \vdash \neg(\alpha \wedge \beta) \qquad \neg\alpha \wedge \neg\beta \vdash \neg(\alpha \vee \beta)$$

Podemos estender essas quatro formas para mais outras oito, envolvendo usos de duplas negações (ou eliminações de duplas negações), tal como se segue:

$$\neg(\neg\alpha \wedge \neg\beta) \vdash \neg\neg\alpha \vee \neg\neg\beta \qquad \neg(\neg\alpha \vee \neg\beta) \vdash \neg\neg\alpha \wedge \neg\neg\beta$$
$$\neg(\neg\alpha \wedge \neg\beta) \vdash \alpha \vee \beta \qquad \neg(\neg\alpha \vee \neg\beta) \vdash \alpha \wedge \beta$$
$$\neg\neg\alpha \vee \neg\neg\beta \vdash \neg(\neg\alpha \wedge \neg\beta) \qquad \neg\neg\alpha \wedge \neg\neg\beta \vdash \neg(\neg\alpha \vee \neg\beta)$$
$$\alpha \vee \beta \vdash \neg(\neg\alpha \wedge \neg\beta) \qquad \alpha \wedge \beta \vdash \neg(\neg\alpha \vee \neg\beta)$$

Podemos compreender essas doze formas como sendo versões das *Leis de De Morgan*. Iremos dividi-las em dois tipos. Chamaremos de "tipo simples" as formulações das leis de De Morgan que utilizem apenas um tipo de negação (seja ela clássica, paraconsistente ou paracompleta). Por outro lado, chamaremos de "tipo composto" as formulações das leis de De Morgan que utilizem diferentes tipos negações. Trataremos aqui de pelo menos trinta e seis versões diferentes de *tipo simples* e vinte e quatro versões diferentes de *tipo composto* para as leis de De Morgan. Vejamos primeiro as versões de tipo simples. As seguintes versões do De Morgan são teoremas de $\mathcal{KG}_m$.

1. $\neg_c(\alpha \wedge \beta) \vdash_{km} \neg_c\alpha \vee \neg_c\beta$
2. $\neg_c\alpha \vee \neg_c\beta \vdash_{km} \neg_c(\alpha \wedge \beta)$
3. $\neg_c(\alpha \vee \beta) \vdash_{km} \neg_c\alpha \wedge \neg_c\beta$
4. $\neg_c\alpha \wedge \neg_c\beta \vdash_{km} \neg_c(\alpha \vee \beta)$
5. $\neg_c(\neg_c\alpha \wedge \neg_c\beta) \vdash_{km} \alpha \vee \beta$
6. $\alpha \vee \beta \vdash_{km} \neg_c(\neg_c\alpha \wedge \neg_c\beta)$
7. $\neg_c(\neg_c\alpha \vee \neg_c\beta) \vdash_{km} \alpha \wedge \beta$
8. $\alpha \wedge \beta \vdash_{km} \neg_c(\neg_c\alpha \vee \neg_c\beta)$
9. $\neg_c(\neg_c\alpha \wedge \neg_c\beta) \vdash_{km} \neg_c\neg_c\alpha \vee \neg_c\neg_c\beta$
10. $\neg_c\neg_c\alpha \vee \neg_c\neg_c\beta \vdash_{km} \neg_c(\neg_c\alpha \wedge \neg_c\beta)$
11. $\neg_c(\neg_c\alpha \vee \neg_c\beta) \vdash_{km} \neg_c\neg_c\alpha \wedge \neg_c\neg_c\beta$
12. $\neg_c\neg_c\alpha \wedge \neg_c\neg_c\beta \vdash_{km} \neg_c(\neg_c\alpha \vee \neg_c\beta)$

As seguintes versões do De Morgan *não* são teoremas de $\mathcal{KG}_m$.

1. $\neg_p(\alpha \wedge \beta) \nvdash_{km} \neg_p\alpha \vee \neg_p\beta$
2. $\neg_p\alpha \vee \neg_p\beta \nvdash_{km} \neg_p(\alpha \wedge \beta)$
3. $\neg_p(\alpha \vee \beta) \nvdash_{km} \neg_p\alpha \wedge \neg_p\beta$
4. $\neg_p\alpha \wedge \neg_p\beta \nvdash_{km} \neg_p(\alpha \vee \beta)$
5. $\neg_p(\neg_p\alpha \wedge \neg_p\beta) \nvdash_{km} \alpha \vee \beta$
6. $\alpha \vee \beta \nvdash_{km} \neg_p(\neg_p\alpha \wedge \neg_p\beta)$
7. $\neg_p(\neg_p\alpha \vee \neg_p\beta) \nvdash_{km} \alpha \wedge \beta$
8. $\alpha \wedge \beta \nvdash_{km} \neg_p(\neg_p\alpha \vee \neg_p\beta)$
9. $\neg_q(\alpha \wedge \beta) \nvdash_{km} \neg_q\alpha \vee \neg_q\beta$
10. $\neg_q\alpha \vee \neg_q\beta \nvdash_{km} \neg_q(\alpha \wedge \beta)$
11. $\neg_q(\alpha \vee \beta) \nvdash_{km} \neg_q\alpha \wedge \neg_q\beta$
12. $\neg_q\alpha \wedge \neg_q\beta \nvdash_{km} \neg_q(\alpha \vee \beta)$
13. $\neg_q(\neg_q\alpha \wedge \neg_q\beta) \nvdash_{km} \alpha \vee \beta$
14. $\alpha \vee \beta \nvdash_{km} \neg_q(\neg_q\alpha \wedge \neg_q\beta)$
15. $\neg_q(\neg_q\alpha \vee \neg_q\beta) \nvdash_{km} \alpha \wedge \beta$
16. $\alpha \wedge \beta \nvdash_{km} \neg_q(\neg_q\alpha \vee \neg_q\beta)$
17. $\neg_p(\neg_p\alpha \wedge \neg_p\beta) \nvdash_{km} \neg_p\neg_p\alpha \vee \neg_p\neg_p\beta$
18. $\neg_p\neg_p\alpha \vee \neg_p\neg_p\beta \nvdash_{km} \neg_p(\neg_p\alpha \wedge \neg_p\beta)$
19. $\neg_p(\neg_p\alpha \vee \neg_p\beta) \nvdash_{km} \neg_p\neg_p\alpha \wedge \neg_p\neg_p\beta$

20. $\neg_p\neg_p\alpha \wedge \neg_p\neg_p\beta \nvdash_{km} \neg_p(\neg_p\alpha \vee \neg_p\beta)$

21. $\neg_q(\neg_q\alpha \wedge \neg_q\beta) \nvdash_{km} \neg_q\neg_q\alpha \vee \neg_q\neg_q\beta$

22. $\neg_q\neg_q\alpha \vee \neg_q\neg_q\beta \nvdash_{km} \neg_q(\neg_q\alpha \wedge \neg_q\beta)$

23. $\neg_q(\neg_q\alpha \vee \neg_q\beta) \nvdash_{km} \neg_q\neg_q\alpha \wedge \neg_q\neg_q\beta$

24. $\neg_q\neg_q\alpha \wedge \neg_q\neg_q\beta \nvdash_{km} \neg_q(\neg_q\alpha \vee \neg_q\beta)$

Vejamos agora as versões do De Morgan de *tipo composto*. As seguintes versões do De Morgan são teoremas de $\mathcal{KG}_m$.

1. $\neg_c(\alpha \wedge \beta) \vdash_{km} \neg_p\alpha \vee \neg_p\beta$
2. $\neg_c(\alpha \vee \beta) \vdash_{km} \neg_p\alpha \wedge \neg_p\beta$
3. $\neg_c\alpha \vee \neg_c\beta \vdash_{km} \neg_p(\alpha \wedge \beta)$
4. $\neg_c\alpha \wedge \neg_c\beta \vdash_{km} \neg_p(\alpha \vee \beta)$
5. $\neg_q\alpha \vee \neg_q\beta \vdash_{km} \neg_c(\alpha \wedge \beta)$
6. $\neg_q\alpha \wedge \neg_q\beta \vdash_{km} \neg_c(\alpha \vee \beta)$
7. $\neg_q(\alpha \wedge \beta) \vdash_{km} \neg_c\alpha \vee \neg_c\beta$
8. $\neg_q(\alpha \vee \beta) \vdash_{km} \neg_c\alpha \wedge \neg_c\beta$
9. $\neg_q\alpha \vee \neg_q\beta \vdash_{km} \neg_p(\alpha \wedge \beta)$
10. $\neg_q\alpha \wedge \neg_q\beta \vdash_{km} \neg_p(\alpha \vee \beta)$
11. $\neg_q(\alpha \wedge \beta) \vdash_{km} \neg_p\alpha \vee \neg_p\beta$
12. $\neg_q(\alpha \vee \beta) \vdash_{km} \neg_p\alpha \wedge \neg_p\beta$

As seguintes versões do De Morgan *não* são teoremas de $\mathcal{KG}_m$.

1. $\neg_p\alpha \vee \neg_p\beta \nvdash_{km} \neg_c(\alpha \wedge \beta)$
2. $\neg_p\alpha \wedge \neg_p\beta \nvdash_{km} \neg_c(\alpha \vee \beta)$
3. $\neg_p(\alpha \wedge \beta) \nvdash_{km} \neg_c\alpha \vee \neg_c\beta$
4. $\neg_p(\alpha \vee \beta) \nvdash_{km} \neg_c\alpha \wedge \neg_c\beta$
5. $\neg_c(\alpha \wedge \beta) \nvdash_{km} \neg_q\alpha \vee \neg_q\beta$
6. $\neg_c(\alpha \vee \beta) \nvdash_{km} \neg_q\alpha \wedge \neg_q\beta$
7. $\neg_c\alpha \vee \neg_c\beta \nvdash_{km} \neg_q(\alpha \wedge \beta)$
8. $\neg_c\alpha \wedge \neg_c\beta \nvdash_{km} \neg_q(\alpha \vee \beta)$
9. $\neg_p(\alpha \wedge \beta) \nvdash_{km} \neg_q\alpha \vee \neg_q\beta$
10. $\neg_p(\alpha \vee \beta) \nvdash_{km} \neg_q\alpha \wedge \neg_q\beta$
11. $\neg_p\alpha \vee \neg_p\beta \nvdash_{km} \neg_q(\alpha \wedge \beta)$
12. $\neg_p\alpha \wedge \neg_p\beta \nvdash_{km} \neg_q(\alpha \vee \beta)$

Como dito anteriormente, como $\mathcal{KG}_m$ é imersível em todos os sistemas $\mathcal{KG}$, segue-se que todo teorema de $\mathcal{KG}_m$ é um teorema dos outros Sistemas $\mathcal{KG}$. Todavia, uma fórmula pode não ser um teorema de $\mathcal{KG}_m$, mas ser um teorema de algum outro sistema $\mathcal{KG}$. Portanto, ao avaliarmos os resultados que podemos obter com os outro sistemas $\mathcal{KG}$, assumiremos que todos os resultados obtidos para $\mathcal{KG}_m$ são, também, resultados dos outros sistemas –

de modo que nos focaremos, principalmente, nas derivações que não podem ser obtidas em $\mathcal{KG}_m$, mas sim nos outros sistemas.

5.8 OPERADORES DE *bom comportamento*

Como vimos, no Cálculo Proposicional Paraconsistente $\mathscr{C}_1$, definimos um operador, $^\circ$, tratado como de *bom comportamento* (Def. 6, p. 21), definido como

$$\alpha^\circ \stackrel{\text{def}}{=} \neg_{c1}(\alpha \wedge \neg_{c1}\alpha)$$

e, no Cálculo Proposicional Paracompleto $\mathscr{P}_1$, definimos um outro operador, $^\bullet$, também tratado como de *bom comportamento* (Def. 9, p. 32), definido como[88]

$$\alpha^\bullet \stackrel{\text{def}}{=} \alpha \vee \neg_{p1}\alpha$$

Nos referidos cálculos, os operadores de *bom comportamento* têm como função determinar que uma certa fórmula se comporta (ou não) como uma fórmula clássica. Deste modo, se α é uma fórmula de $\mathscr{C}_1$ e obtemos que α°, *i.e.*, α é bem comportada, então a negação de α, $\neg_{c1}\alpha$, terá o comportamento da negação clássica (que chamamos de "negação forte" nesse cálculo). De modo similar, se α é uma fórmula do cálculo $\mathscr{P}_1$ e $\alpha^\bullet$, então a negação de α, $\neg_{p1}\alpha$, terá o comportamento da negação clássica (também chamada de "negação forte" nesse cálculo).

Nos sistemas $\mathcal{KG}$ nós introduzimos três operadores distintos, também tratados como de *bom comportamento*, designados por ^{p}, ^{q} e ^{c} (seção 2.3, p. 61), definidos como se seguem

$$\text{Operador-}^p\text{: } \alpha^p \stackrel{\text{def}}{=} \neg_p\alpha \rightarrow \neg_c\alpha$$
$$\text{Operador-}^q\text{: } \alpha^p \stackrel{\text{def}}{=} \neg_c\alpha \rightarrow \neg_q\alpha$$
$$\text{Operador-}^c\text{: } \alpha^p \stackrel{\text{def}}{=} \neg_p\alpha \rightarrow \neg_q\alpha$$

88 Note que utilizaremos $\neg_{c1}$ na definição do operador $^\circ$ e $\neg_{p1}$ para o operador $^\bullet$ para nos referirmos as negações dos referidos sistemas. O índice p e q introduzidos nos símbolos da negação, para esses sistemas, serviu apenas para compreendermos suas diferenças. Na construção original desses sistemas, o símbolo da negação era o mesmo (*viz.*, $\neg$), sem qualquer índice. Nos sistemas $\mathcal{KG}$, por outro lado, introduzimos três negações diferenciadas pelo índice. Assim, para evitarmos confusões desnecessárias nesta parte do trabalho, quando nos referirmos a negação utilizada no cálculo $\mathscr{C}_1$, utilizaremos $\neg_{c1}$ e, do mesmo modo, ao falarmos da negação do cálculo $\mathscr{P}_1$, utilizaremos $\neg_{p1}$, reservando o uso de $\neg_p$ e $\neg_q$ como os conectivos de negação introduzidos nos sistemas $\mathcal{KG}$.

Posto isso, podíamos perguntar a possível relação que o operador-^{p}, dos sistemas $\mathcal{KG}$, poderia ter com o operador $^\circ$ do cálculo $\mathscr{C}_1$; e, do mesmo modo, a possível relação que o operador-^{q} teria com o operador $^\bullet$ do cálculo $\mathscr{P}_1$.

O primeiro ponto é quanto ao modo como iremos *compreender* α° e $\alpha^\bullet$ nos sistemas $\mathcal{KG}$. No caso de $\alpha^\bullet \stackrel{\text{def}}{=} \alpha \vee \neg_{p1}\alpha$, posto que só há uma ocorrência de negação (no caso, a negação de $\mathscr{P}_1$, que é paracompleta), uma compreensão direta de $\alpha^\bullet$ em $\mathcal{KG}$ seria como $\alpha \vee \neg_q\alpha$. Todavia, no caso de $\alpha^\circ \stackrel{\text{def}}{=} \neg_{c1}(\alpha \wedge \neg_{c1}\alpha)$, uma vez que há duas ocorrências de negações de $\mathscr{C}_1$ (que é uma negação paraconsistente), podemos oferecer ao menos duas interpretações diferentes, sendo elas:

Nos sistemas $\mathcal{KG}$, α° significará

(i) $\neg_p(\alpha \wedge \neg_p\alpha)$; ou

(ii) $\neg_c(\alpha \wedge \neg_p\alpha)$

Tanto (i) quanto (ii) podem ser leituras aparentemente razoáveis. Contudo, como veremos, elas diferirão em relação ao que podemos obter nos sistemas $\mathcal{KG}$. Há nove perguntas que podemos fazer com relação a essas interpretações dos operadores $^\circ$ e $^\bullet$ e resultados importantes que vimos em $\mathscr{C}_1$ e $\mathscr{P}_1$.

(1) Seria α^p equivalente a α° dada a interpretação (i)? Não, em $\mathcal{KG}_m$ não obtemos essa equivalência. Isto é:

$$\neg_p\alpha \to \neg_c\alpha \quad \vdash_{km} \quad \neg_p(\alpha \wedge \neg_p\alpha)$$

$$\neg_p(\alpha \wedge \neg_p\alpha) \quad \nvdash_{km} \quad \neg_p\alpha \to \neg_c\alpha$$

Ou seja, podemos dizer que o *bom comportamento paraconsistente* do sistema $\mathcal{KG}_m$ implica no *bom comportamento* do cálculo $\mathscr{C}_1$ (dada a interpretação (i)), mas o *bom comportamento* do cálculo $\mathscr{C}_1$ não implica o *bom comportamento paraconsistente* do sistema $\mathcal{KG}_m$.

Mas então, (2) seriam equivalentes dada a interpretação (ii) de α°? Sim, em $\mathcal{KG}_m$ obtemos essa equivalência. Isto é:

$$\neg_p\alpha \to \neg_c\alpha \quad \vdash_{km} \quad \neg_c(\alpha \wedge \neg_p\alpha)$$

$$\neg_c(\alpha \wedge \neg_p\alpha) \quad \vdash_{km} \quad \neg_p\alpha \to \neg_c\alpha$$

Portanto, se assumirmos a interpretação (ii) para α°, então obtemos a equivalência entre o *bom comportamento* do cálculo $\mathscr{C}_1$ e o *bom comportamento paraconsistente* dos sistemas $\mathcal{KG}$.

(3) Seria α^q equivalente a $\alpha^\bullet$? Sim, uma vez que em $\mathcal{KG}_m$ obtemos que:

$$\neg_c\alpha \rightarrow \neg_q\alpha \quad \vdash_{km} \quad \alpha \vee \neg_q\alpha$$

$$\alpha \vee \neg_q\alpha \quad \vdash_{km} \quad \neg_c\alpha \rightarrow \neg_q\alpha$$

(4) Em $\mathscr{C}_1$ obtemos que $\vdash_{c1} \alpha^{\circ\circ}$ (Teorema de Arruda, Teo. 7, p. 23). Esse teorema se segue para algum sistema $\mathcal{KG}$ dada a interpretação (i)? Não, como podemos ver:

$$\nvdash_{km} \neg_p(\neg_p(\alpha \wedge \neg_p\alpha) \wedge \neg_p\neg_p(\alpha \wedge \neg_p\alpha))$$

No entanto, (5) e em relação a interpretação (ii)? Nesse caso, sim, pois obtemos como teorema que:

$$\vdash_{km} \neg_c(\neg_c(\alpha \wedge \neg_p\alpha) \wedge \neg_c\neg_c(\alpha \wedge \neg_p\alpha))$$

(6) Em $\mathscr{P}_1$ uma versão do Teorema de Arruda (Teo. 17, p. 39) não é obtido, *i.e.*, $\nvdash_{p1} \alpha^{\bullet\bullet}$. Ele é obtido em algum sistema $\mathcal{KG}$? Tal como em $\mathscr{P}_1$, também não obtemos como teorema que $\alpha^{\bullet\bullet}$. Isto é:
$\nvdash_{km} (\alpha \vee \neg_q\alpha) \vee \neg_q(\alpha \vee \neg_q\alpha)$
(7) Em $\mathscr{C}_1$ obtemos o corolário do Teorema da Arruda (Cor. 3, p. 24), *i.e.*, $\vdash_{c1} \alpha^\circ \rightarrow (\neg_{c1}\alpha)^\circ$. Esse teorema se segue para algum sistema $\mathcal{KG}$ dada a interpretação (i)? Não, uma vez que não obtemos o corolário do Teorema de Arruda para a interpretação (i) de α°. Isto é:

$$\neg_p(\alpha \wedge \neg_p\alpha) \nvdash_{km} \neg_p(\neg_p\alpha \wedge \neg_p\neg_p\alpha)$$

Todavia, (8) e quanto a interpretação (ii)? Dada a interpretação (ii) o corolário do Teorema de Arruda continua não sendo obtido em $\mathcal{KG}_m$, mas o é em $\mathcal{KG}_p$, como podemos ver:

$$\neg_c(\alpha \wedge \neg_p\alpha) \nvdash_{km} \neg_c(\neg_p\alpha \wedge \neg_p\neg_p\alpha)$$

$$\neg_c(\alpha \wedge \neg_p\alpha) \vdash_{kp} \neg_c(\neg_p\alpha \wedge \neg_p\neg_p\alpha)$$

Isso ocorre pois, em uma dada passagem, exige-se que $\neg_p\neg_p\alpha \rightarrow \alpha$ (que é axioma de $\mathcal{KG}_p$, mas não de $\mathcal{KG}_m$). Desse modo, na prova por *tableaux* teremos de utilizar a regra 3.11 (p. 102) para obtermos um *tableau* fechado, que não é uma regra de $\mathcal{KG}_m$, mas sim de $\mathcal{KG}_p$ e $\mathcal{KG}_c$.

Por fim, (9) em $\mathscr{P}_1$ obtemos uma versão do corolário do Teorema de Arruda (Cor. 6, p. 34), *i.e.*, $\vdash_{p1} \alpha^\bullet \rightarrow (\neg_{p1}\alpha)^\bullet$. Esse teorema se segue para algum sistema $\mathcal{KG}$? Em $\mathcal{KG}_m$ não obtemos como teorema que $\alpha^{\bullet\bullet}$, mas em $\mathcal{KG}_q$ obtemos. Isto é:

$$\alpha \vee \neg_q \alpha \nvdash_{km} \neg_q \alpha \vee \neg_q \neg_q \alpha$$

$$\alpha \vee \neg_q \alpha \vdash_{kq} \neg_q \alpha \vee \neg_q \neg_q \alpha$$

De modo semelhante ao que vimos anteriormente, isso ocorre pois, em uma dada passagem, exige-se que $\alpha \rightarrow \neg_q \neg_q \alpha$ (que é um axioma de $\mathcal{KG}_q$, mas não de $\mathcal{KG}_m$). Desse modo, na prova por *tableaux* teremos de utilizar a regra 3.12 (p. 103) para obtermos um *tableau* fechado, que não é uma regra de $\mathcal{KG}_m$, mas sim de $\mathcal{KG}_q$ e $\mathcal{KG}_c$.

5.9 KG E OUTROS SISTEMAS APRESENTADOS

Como podemos facilmente observar, os sistemas $\mathcal{KG}$ nos permitem não apenas obter resultados já conhecidos e demonstrados em $\mathcal{LPC}$, e toda a hierarquia $\mathscr{C}_n$, $\mathscr{P}_n$ e $\mathscr{N}_n$ $(0 \leq n \leq \omega)$,[89] como também outros resultados que não eram possíveis ser compreendidos por esses sistemas. Por exemplo, toda *reiteração de negações diferentes, i.e.*, ocorrência de negações diferentes em uma mesma fórmula, não podia ser tratada por nenhum dos sistemas anteriores. Como vimos anteriormente, o único sistema que nos permitia tratar das três negações, os Cálculos Proposicionais $\mathscr{N}_n$ $(0 \leq n \leq \omega)$, não nos permitia tais reiterações de negações diferentes.[90] Portanto, fórmulas como $\neg_q \neg_c \alpha$ não seriam tratadas por tais sistemas e, consequentemente, não poderíamos garantir que $\neg_q \neg_c \alpha \rightarrow \alpha$ (resultado visto anteriormente). Justifica-se, portanto, o uso dos sistemas $\mathcal{KG}$ em virtude de sua capacidade expressiva e ganho teórico no que toca a investigação da natureza e relação entre as diferentes negações investigadas.

5.9.1 *Tetraedro das Oposições*

Como vimos na seção 1.7 (p. 51), podemos compreender as relações entre os três tipos de negações utilizando a análise proposta para o Quadrado de Oposições Aristotélico, sendo as relações propostas: (i) *Contraditoriedade*: Duas fórmulas são contraditórias quando não podem possuir *os mesmos* valores-de-verdade sob uma mesma valoração; (ii) *Contrariedade*: Duas fórmulas são contrárias quando podem ter valores *não-designados (falso)* sob uma mesma valoração; (iii) *Subcontrariedade*: Duas fórmulas são subcontrárias quando podem ter valores *designados (verdadeiro)* sob uma mesma valoração; (iv)

89 Posto que todos esses sistemas são imersíveis em algum dos sistemas $\mathcal{KG}$, como vimos no capítulo anterior.

90 Isso em virtude da versão do Teorema de Arruda (Teo. 8, p. 8) e seu corolário (Cor. 9, p. 44).

Subalternação: Uma fórmula α é subalterna de uma fórmula β quando toda valoração que β tem valor *designado*, é uma valoração no qual α tem valor *designado*.

Como vimos anteriormente (p. 55), podemos compreender as relações entre as negações no seguinte diagrama:[91]

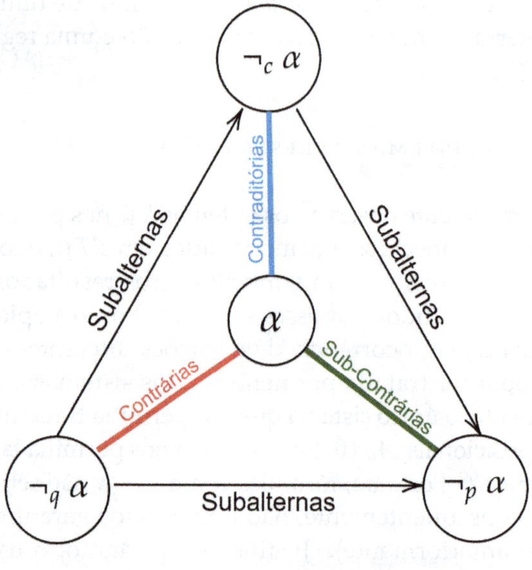

Figura 6: Tetraedro Simples das Oposições

Conseguimos obter essas relações facilmente utilizando o sistemas $\mathcal{KG}_m$ (que diferente dos cálculos $\mathcal{N}_n$ $(0 \leq n \leq \omega)$ nos permite compreendermos as relações entre os três tipos de negações em uma mesma fórmula). No entanto, outros resultados importantes que observamos estão relacionados a reiterações de negações. Por exemplo, enquanto que em $\mathcal{KG}_m$ não obtemos que $\neg_p\neg_p\alpha \rightarrow \alpha$, essa mesma fórmula é um teorema (posto que é um axioma) de $\mathcal{KG}_p$ e $\mathcal{KG}_c$.

De modo apropriado, deveríamos introduzir todas as possíveis reiterações de negações (*i.e.*, as possíveis combinações de duplas negações) para, então,

91 O diagrama seria melhor compreendido como sendo um *tetraedro*, *i.e.*, um poliedro composto por quatro faces triangulares, três delas encontrando-se em cada vértice. O tetraedro regular é também conhecido como sendo um *sólido platônico*, sendo esta uma figura geométrica espacial formada por quatro triângulos equiláteros (triângulos que possuem lados com medidas iguais); possuindo 4 vértices, 4 faces e 6 arestas.

analisarmos suas relações. O resultado disto pode ser conferido abaixo, no diagrama que chamaremos de "Tetraedro Completo das Oposições":

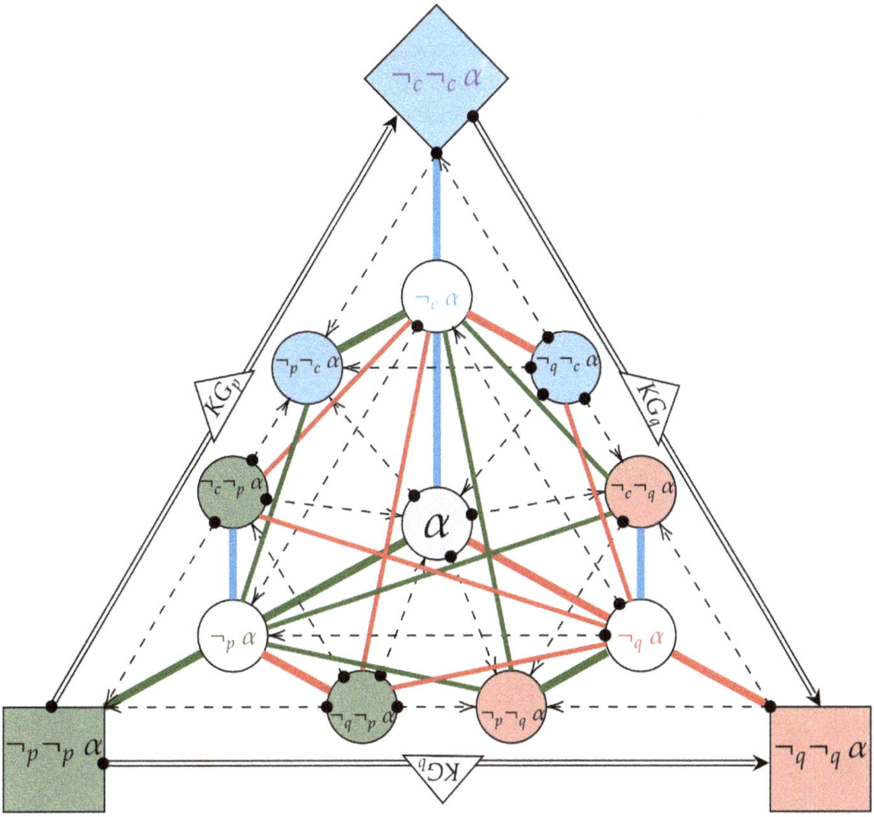

Figura 7: Tetraedro Completo das Oposições

Onde conexões azuis representam a relação de contradição entre as fórmulas conectadas; as conexões vermelhas representam a relação de contrariedade; as conexões verdes, a relação de subcontrariedade; as conexões trastejadas, cujas pontas são uma pequena bola e uma seta, representam que a fórmula na seta é subalterna à fórmula na bola; e, por fim, as três conexões externas, representam conexões de subalternidade nos diferentes sistemas $\mathcal{KG}$ (nomeadamente, $\mathcal{KG}_p$, $\mathcal{KG}_q$ e $\mathcal{KG}_c$). Todas as conexões que podemos observar no tetraedro podem ser demonstradas utilizando o método de tableaux analíticos proposto para os Sistemas $\mathcal{KG}$ (Seção 3.3, p. 97).

Como vimos, nenhum dos sistemas discutidos anteriormente tinha a capacidade expressiva para analisar tais relações entre os três tipos de negações que estamos investigando. O único sistema que, de algum modo, permitia introduzirmos as três negações ($\mathcal{N}_n$ $(0 \leq n \leq \omega)$), não nos permitia reiterar negações de tipos diferentes em uma mesma fórmula – o que impossibilitaria uma análise tal como estamos propondo. Por outro lado, através dos Sistemas $\mathcal{KG}$, somos capazes de compreender essas relações, além de demonstrar resultados não obtidos anteriormente.

6

EXTENSÕES ELEMENTARES DOS SISTEMAS KG

> “All you need is ~~love~~ first order logic!”
>
> ~~Lennon and McCartney~~
> ~~Willard Van Orman Quine~~
> Autor Desconhecido

Como vimos anteriormente, os sistemas proposicionais $\mathcal{KG}$ são corretos e completos, sendo oferecida uma semântica adequada, um método de provas por tableaux analíticos e um conjunto de resultados que diferem de possíveis resultados que encontramos nos sistemas proposicionais clássicos ($\mathcal{LPC}$), paraconsistente ($\mathscr{C}_1$), paracompleto ($\mathscr{P}_1$) e não-alético ($\mathscr{N}_1$). No entanto, todos os quatro sistemas referidos oferecem uma extensão para linguagem de primeira-ordem (que chamamos de "elementar") de modo que todos os teoremas proposicionais são teoremas de suas versões elementares. Tais extensões, de modo geral, nos oferecem sistemas capazes de axiomatizar teorias mais robustas, como a *Aritmética de Robinson* Robinson (1950) ou mesmo algum tipo de *Teoria de Conjuntos*.[92] Podemos fazer o mesmo com os sistemas $\mathcal{KG}$? Isto é, podemos construir uma extensão elementar conservativa de $\mathcal{KG}$ – que representaremos por $\mathcal{KG}^1$? Como seria sua semântica? De modo similar à lógica elementar clássica, seriam os sistemas $\mathcal{KG}^1$ corretos e completos dada sua semântica? Trataremos dessas questões neste capítulo.

6.1 SINTAXE PARA OS SISTEMAS KG^1

Seja $\mathcal{KG}^1$ as extensões elementares (*sem identidade*) dos sistemas $\mathcal{KG}$, cuja linguagem de primeira-ordem é definida como se segue:

92 Apenas como exemplo, ver a Teoria Paraconsistente de Conjuntos em da Costa et al. (1998).

Definição 61 (Alfabeto). *Seja $\mathcal{A}$ um alfabeto composto pelos seguintes conjuntos (enumeráveis) de símbolos:*

(i) *$\mathcal{A}_v$ de variáveis individuais: x, x^1, ..., y, ...*

(ii) *$\mathcal{A}_c$ de constantes individuais: a, a^1, ..., b, ...*

(iii) *$\mathcal{A}_p$ de símbolos relacionais: P, P^1, ..., R, ...*

(iv) *$\mathcal{A}_f$ de símbolos funcionais: $f, f^1, ...,$*

(v) *Conectivos Lógicos: $\neg_c, \neg_p, \neg_q$ e $\rightarrow$*

(vi) *Quantificador: $\forall$*

(vii) *Símbolos Auxiliares: (,), [e]*

Associado a cada $P \in \mathcal{A}_p$ e $f \in \mathcal{A}_f$ há um número $n \in \mathbb{N}$, $n > 0$, chamado de "aridade" de P ou f. Chamaremos as relações e funções com aridade n de "relação n-ária" e "função n-ária", respectivamente. As relações unárias (de aridade 1) serão chamadas de "predicados".

Definição 62 (Termo). *Seja $\mathcal{A}$ o alfabeto definido anteriormente. Um termo de $\mathcal{A}$ é definido como se segue:*

(i) *Se x é uma variável ($x \in \mathcal{A}_v$), então x é um termo*

(ii) *Se c é uma constante ($c \in \mathcal{A}_c$), então c é um termo*

(iii) *Se f é uma função n-ária ($f \in \mathcal{A}_f$) e $t_1, ..., t_n$ são termos, então $f(t_1, ..., t_n)$ é um termo*

(iv) *Apenas esses são termos de $\mathcal{A}$*

Podemos então definir uma linguagem de predicados de primeira ordem, $\mathcal{L}_1$, sobre $\mathcal{A}$. Para isso precisamos definir a noção de *fórmula atômica* e *fórmula.*

Definição 63 (Fórmula Atômica). *Uma fórmula atômica de $\mathcal{L}_1$ é uma expressão da forma $P(t_1, ..., t_n)$ onde P é uma relação n-ária e $t_1, ..., t_n$ são termos de $\mathcal{A}$.*

Definição 64 (Fórmula). *Sejam $\mathcal{A}$ o alfabeto previamente definido e $\mathcal{L}_1$ uma linguagem de primeira ordem definida sobre $\mathcal{A}$. Uma Fórmula Bem Formada (ou apenas "fórmula") é uma expressão de $\mathcal{L}_1$ que pode ser obtida através das seguintes regras:*

(a) *Uma fórmula atômica é fórmula*

(b) *Se α é uma fórmula, então $\neg_c\alpha$, $\neg_p\alpha$ e $\neg_q\alpha$ são fórmulas*

(c) *Se α e β são fórmulas, então $(\alpha \to \beta)$ é fórmula*

(d) *Se α é uma fórmula e x uma variável, então $\forall x\alpha$ é uma fórmula*

(e) *Apenas as expressões obtidas através de (a)-(d) são fórmulas*

Dizemos que a ocorrência de uma variável x em uma fórmula α é "ligada", se essa ocorrência ou faz parte ou está no escopo de um quantificador para x em α. Assim, se x ocorre em alguma parte de α que é da forma $\forall x\beta$ (sendo β uma sub-fórmula de α), dizemos que x é uma variável "ligada". Devemos notar que utilizaremos expressões como "$\alpha(x_1, ..., x_n)$" indicando que as variáveis $x_1, ..., x_n$ ocorrem livres em α (com possivelmente outras variáveis livres além dessas).

Definição 65 (Conectivos Clássicos e Quantificador Existencial). *Podemos então definir os Conectivos Clássicos e o Quantificador Existencial de modo usual:*

Conjunção: $\alpha \wedge \beta \overset{def}{=} \neg_c(\alpha \to \neg_c\beta)$

Disjunção: $\alpha \vee \beta \overset{def}{=} \neg_c\alpha \to \beta$

Bicondicional: $\alpha \leftrightarrow \beta \overset{def}{=} (\alpha \to \beta) \wedge (\beta \to \alpha)$

Q. Existencial: $\exists x\alpha \overset{def}{=} \neg_c\forall x\neg_c\alpha$

Definição 66 (Substituição). *Para qualquer fórmula α, variável x e termo t, definimos a fórmula $\alpha_{[x/t]}$ como a fórmula obtida pela substituição (admissível) de cada ocorrência livre de x em α por t. De modo geral, podemos oferecer um esquema indutivo:*

$$(\alpha \to \beta)_{[x/t]} = \alpha_{[x/t]} \to \beta_{[x/t]}$$

$$(\alpha \vee \beta)_{[x/t]} = \alpha_{[x/t]} \vee \beta_{[x/t]}$$

$$(\alpha \wedge \beta)_{[x/t]} = \alpha_{[x/t]} \wedge \beta_{[x/t]}$$

$$(\neg_c\alpha)_{[x/t]} = \neg_c\alpha_{[x/t]}$$

$$(\neg_p\alpha)_{[x/t]} = \neg_p\alpha_{[x/t]}$$

$$(\neg_q\alpha)_{[x/t]} = \neg_q\alpha_{[x/t]}$$

$$(\forall x\alpha)_{[x/t]} = \forall x\alpha$$

- *Para uma variável y, distinta de x:*

$(\forall x\alpha)_{[y/t]} = \forall x(\alpha_{[y/t]})$

Por convenção, caso x não ocorra em α*, então* $\alpha_{[x/t]}$ *é a própria fórmula* α*. Tal notação é generalizável do seguinte modo. Seja* α *uma fórmula nas quais as variáveis* $x_1, ..., x_n$ *ocorrem livres. Entenderemos* $\alpha_{[x_1/t_1,...,x_n/t_n]}$ *a substituição uniforme das ocorrências livres das variáveis* x_i *pelos termos* t_i *– desde que* x_i *seja substituível por* t_i *em* α*.*

Por convenção, em todas as ocorrências de expressões da forma $\alpha[x_1/t_1, ..., x_n/t_n]$, a fórmula α, as variáveis $x_1, ..., x_n$ e os termos $t_1, ..., t_n$ estarão restritos a casos em que cada um dos x_i é substituível por t_i em α. Isto é, toda ocorrência de uma expressão na forma de substituição, a substituição é admissível.

Definição 67 (Sentença). *Uma sentença de* $\mathfrak{L}_1$ *é uma fórmula de* $\mathfrak{L}_1$ *que não contém ocorrências livres de variáveis.*

Definição 68 (Fecho Universal). *Seja* α *uma fórmula e* $x_1, ..., x_n$ *a sequência de todas as variáveis livres de* α *de acordo com a ordem de sua primeira ocorrência. Então, definimos o "fecho" de* α *como* $\forall x_1 ... \forall x_n \alpha$*, onde* $\forall x_1 ... \forall x_n$ *é entendido como uma sequência de quantificadores sobre a sequência de variáveis* $x_1, ..., x_n$ *- sendo possivelmente vazio caso* $n = 0$*. Utilizaremos a notação* α^f *para designar a fórmula que é o "fecho universal" da fórmula* α*.*

Dada a definição anterior é fácil observarmos que, se α é uma sentença, então α é igual ao seu fecho, α^f.

Definição 69 (Fórmulas Congruentes). *Dizemos que duas fórmula* α *e* β *são congruentes se podemos obter uma a partir da outra pela substituição de variáveis ligadas ou por suprimir quantificadores vácuos (sem confusão de variáveis).*

6.1.1 *Postulados de* KG^1

Do mesmo modo como fizemos para os cálculos $\mathcal{KG}$, podemos agora oferecer o conjunto de postulados para os cálculos $\mathcal{KG}^1$.

(Q1) $\forall x\alpha(x) \rightarrow \alpha_{[x/t]}$

(Q2) $\forall x(\alpha \rightarrow \beta(x)) \rightarrow (\alpha \rightarrow \forall x\beta(x))$ onde x não é livre em α

(GEN) $\alpha(x) / \forall x\alpha$ se x ocorre livre em α

(MP) $\alpha, \alpha \to \beta \,/\, \beta$

(C1) $\alpha \to (\beta \to \alpha)$

(C2) $(\alpha \to \beta) \to ((\alpha \to (\beta \to \gamma)) \to (\alpha \to \gamma))$

(N1) $(\alpha \to \beta) \to ((\alpha \to \neg_c \beta) \to \neg_c \alpha)$

(N2) $\neg_q \alpha \to \neg_c \alpha$

(N3) $\neg_c \alpha \to \neg_p \alpha$

(N4) $\neg_c \neg_c \alpha \to \alpha$

(N5) $\neg_p \neg_p \alpha \to \alpha$

(N6) $\alpha \to \neg_q \neg_q \alpha$

Equivalentemente aos sistemas proposicionais $\mathcal{KG}$, podemos diferenciar quatro sistemas elementares $\mathcal{KG}^1$ por seus postulados:

$\mathcal{KG}^1$-minimal ($\mathcal{KG}^1_m$): postulados (Q1)-(N4)

$\mathcal{KG}^1$-paraconsistente ($\mathcal{KG}^1_p$): postulados (Q1)-(N4) + (N5)

$\mathcal{KG}^1$-paracompleto ($\mathcal{KG}^1_q$): postulados (Q1)-(N4) + (N6)

$\mathcal{KG}^1$-completo ($\mathcal{KG}^1_c$): postulados (Q1)-(N6)

Podemos definir também os três operadores de *bom comportamento* para $\mathcal{KG}^1$, tal como se segue:

$$\alpha^p \stackrel{\text{def}}{=} \neg_p \alpha \to \neg_c \alpha$$

$$\alpha^q \stackrel{\text{def}}{=} \neg_c \alpha \to \neg_q \alpha$$

$$\alpha^c \stackrel{\text{def}}{=} \neg_p \alpha \to \neg_q \alpha$$

Por fim, de modo equivalente a definição de dedução dos sistemas $\mathcal{KG}$ (Def. 23, p. 64), definimos a noção de dedução para os sistemas $\mathcal{KG}^1$.

Definição 70 (Dedução de $\mathcal{KG}^1$). *Seja i algum dos sistemas de $\mathcal{KG}^1$ e $\mathfrak{L}_1 = \langle \mathfrak{L}, A_{i1}, R_{i1} \rangle$ uma estrutura onde $\mathfrak{L}_1$ é a linguagem de primeira ordem previamente definida, A_{i1} é o conjunto de axiomas e R_{i1} o conjunto de regras de inferência de i^1. Dizemos que uma fórmula $\alpha \in \mathfrak{L}_1$ é dedutível de um conjunto de fórmulas $\Gamma \subseteq \mathfrak{L}_1$ (o que representamos por $\Gamma \vdash_{i1} \alpha$) sse há uma sequência finita de fórmulas $\langle \beta_1, ..., \beta_n \rangle \in \mathfrak{L}_1$ tal que:*

(a) $\beta_n = \alpha$; *e*

(b) para toda β_j, onde $j \leqslant n$: ou

(i) $\beta_j \in A_{i1}$, *i.e, é um axioma de i; ou*

(ii) $\beta_j \in \Gamma$; *ou*

(iii) há um subconjunto de fórmulas $\{\beta_1, ..., \beta_i\}_{i<j}$ de $\beta_1, ..., \beta_j$ onde $\langle \{\beta_1, ..., \beta_i\}, \beta_j \rangle \in r$ para uma regra de inferência $r \in R_{i1}$ – i.e., há uma regra $r \in R_{i1}$ onde β_j é uma consequência das fórmulas anteriores $(\beta_1, ..., \beta_i)$ quando aplicamos r.

As noções de *dedução de conjunto, i.e.,* $\Gamma \vdash_{i1} \Delta$ (Def. 25, p. 65) e *teorema, i.e.,* $\varnothing \vdash_{i1} \alpha$ (Def. 24, p. 65) serão, do mesmo modo, equivalentes as definições apresentadas para $\mathcal{KG}$.[93]

Devemos notar que nem todos os metateoremas obtidos para os sistemas $\mathcal{KG}$ (Seção 2.6, p. 65) serão obtidos de modo usual para os sistemas $\mathcal{KG}^1$. Por exemplo, o Teorema da Dedução não valerá de modo irrestrito. Seja $\mathcal{T}^i$ uma teoria de i (sendo i um sistema $\mathcal{KG}^1$).[94] Para qualquer fórmula α (onde x é livre em α) obtemos que

$$\alpha \vdash_{\mathcal{T}^i} \forall x \alpha$$

No entanto, não será sempre o caso que

$$\vdash_{\mathcal{T}^i} \alpha \rightarrow \forall x \alpha$$

Lema 7. *Para um conjunto de fórmulas Γ e duas fórmulas, α e β de i (sendo i um sistema $\mathcal{KG}^1$), se β não depende de α em uma dedução $\Gamma, \alpha \vdash_{i1} \beta$, então $\Gamma \vdash_{i1} \beta$.*

93 Por questão de notação, utilizaremos $\vdash_{k1m}$ e $\vDash_{k1m}$; $\vdash_{k1p}$ e $\vDash_{k1p}$; $\vdash_{k1q}$ e $\vDash_{k1q}$; como também $\vdash_{k1c}$ e $\vDash_{k1c}$ para as noções de consequência sintática e semântica dos sistemas $\mathcal{KG}^1_m$, $\mathcal{KG}^1_p$, $\mathcal{KG}^1_q$ e $\mathcal{KG}^1_c$, respectivamente.

94 Utilizaremos a definição usual de *Teoria*, entendendo aqui $\mathcal{T}^i$ como sendo uma teoria erigida sobre algum sistema i de $\mathcal{KG}^1$.

Demonstração. Seja $\omega_1, ..., \omega_n = \beta$ uma dedução de β a partir de Γ e α, em que β não depende de α. Suponhamos (por hipótese de indução) que o lema é verdadeiro para todas as deduções de comprimento menor que n. Se $\beta \in \Gamma$ ou é um axioma de i, então $\Gamma \vdash_{i1} \beta$. Se β foi obtida por GEN ou MP de uma ou duas fórmulas precedentes, então, uma vez que β não depende de α, essas fórmulas também não dependem. Pela hipótese de indução, essas fórmulas são dedutivas somente de Γ. Portanto, β também o é. □

Teorema 69 (Teorema da Dedução para $\mathcal{KG}^1$). *Seja Γ um conjunto de fórmulas e α e β fórmulas de i (sendo i um dos sistemas $\mathcal{KG}^1$). Suponha que, em uma dedução $\Gamma, \alpha \vdash_{i1} \beta$, nenhuma aplicação da regra GEN a uma fórmula que depende de α tem como sua variável quantificada uma variável que ocorre livre em α. Então $\Gamma \vdash_{i1} \alpha \to \beta$.*

Demonstração. Seja $\omega_1, ..., \omega_n = \beta$ uma sequência de fórmulas que é uma dedução de β a partir de Γ, e α satisfazendo a hipótese do teorema. Devemos então mostrar, por indução em k $1 \leqslant k \leqslant n$, que $\Gamma \vdash_{i1} \alpha \to \omega_i$.

(1) Seja $k = 1$. Nesse caso, $\omega_k \in \Gamma$ ou $\omega_k = \alpha$ ω_k é um axioma e, dado que $\omega_k \to (\alpha \to \omega_k)$ e $\omega_k \to \omega_k$ são tautologias, $\Gamma \vdash_{i1} \alpha \to \omega_k$.

(2) Seja $k > 1$ e suponhamos (por hipótese de indução) que, para todo $j < i$, $\Gamma \vdash_{i1} \alpha \to \omega_j$. Caso $\omega_k \in \Gamma$ ou a própria $\omega_k = \alpha$ ou um axioma, a prova procede como em (1). Temos então dois casos:

(i) A fórmula ω_k foi obtida por MP de ω_e e $\omega_l = \omega_e \to \omega_k$, para $e < k$ e $l < k$. Pela hipótese de indução, $\Gamma \vdash_{i1} \alpha \to \omega_e$ e $\Gamma \vdash_{i1} \alpha \to (\omega_e \to \omega_k)$. Todavia, a fórmula

$$(\alpha \to (\omega_e \to \omega_k)) \to ((\alpha \to \omega_e) \to (\alpha \to \omega_k))$$

é uma tautologia. Portanto, é um axioma. Após duas aplicações de MP obteremos $\Gamma \vdash_{i1} \alpha \to \omega_k$.

(ii) A fórmula ω_k foi obtida por GEN de alguma ω_l, ou seja, $\omega_l = \forall x \omega_k$, para $l < k$. Pela hipótese de indução, $\Gamma \vdash_{i1} \alpha \to \omega_l$. Dada a hipótese inicial do teorema, ou ω_l não depende de α ou x não ocorre livre em α. Se ω_l não depende de α, pelo lema anterior (Lema 7, p. 166), $\Gamma \vdash_{i1} \beta$ e, por GEN, $\Gamma \vdash_{i1} \forall x \omega_l$. Ou seja, $\Gamma \vdash_{i1} \omega_k$. Como $\omega_k \to (\alpha \to \omega_k)$ é uma instância de um axioma, por MP obtemos que $\Gamma \vdash_{i1} \alpha \to \omega_k$. Suponhamos, então, que x não ocorre livre em α. Ora, a fórmula

$$\forall x(\alpha \to \omega_l) \to (\alpha \to \forall x \omega_l)$$

é uma instância de axioma do sistema i, desde que x não ocorra livre em α. E, como vimos, esse é o caso. Pela regra GEN, portanto, se $\Gamma \vdash_{i1} \alpha \to \omega_l$, então $\Gamma \vdash_{i1} \forall x(\alpha \rightarrow \omega_l)$. Uma aplicação de MP nos deixa, então, como $\Gamma \vdash_{i1} \alpha \rightarrow \forall x\omega_l$, ou seja, $\Gamma \vdash_{i1} \alpha \rightarrow \omega_k$. □

Como podemos observar, os metateoremas obtidos para os sistemas $\mathcal{KG}$ (Seção 2.6, p. 65), que dependem dos axiomas e definição de dedução para os sistemas $\mathcal{KG}$, são também obtidos para as suas extensões elementares conservativas $\mathcal{KG}^1$ – posto que tais extensões contém os axiomas de $\mathcal{KG}$ e a definição de dedução equivalente.

6.2 SEMÂNTICAS PARA OS SISTEMAS KG^1

Uma vez apresentada a sintaxe dos sistemas elementares $\mathcal{KG}^1$, podemos então partir para a construção de suas semânticas. No entanto, devemos notar que dividiremos essa sessão em duas subseções. A primeira trataremos de uma *semântica direta* para os Sistemas $\mathcal{KG}^1$. O que isto quer dizer? No capítulo 3 desenvolvemos uma semântica valorativa para os sistemas proposicionais $\mathcal{KG}$, que é correta (Teo. 28, p. 82) e completa (Teo. 29, p. 84). Chamaremos de "Semântica Direta dos Sistemas $\mathcal{KG}^1$" uma extensão da semântica valorativa dos sistemas proposicionais $\mathcal{KG}$, introduzindo a noção de "Linguagem Diagrama". A partir desta semântica direta demonstraremos a correção e completude dos Sistemas $\mathcal{KG}^1$. Na segunda subseção trataremos de uma *semântica alternativa* para os sistemas $\mathcal{KG}^1$, oferecendo uma estrutura de primeira-ordem não-convencional. Devemos notar que as demonstrações de correção e completude para essa semântica alternativa não serão apresentadas, sendo esse um desafio a ser enfrentado.

Ressaltamos que, como vimos anteriormente, as linguagens de todos os sistemas $\mathcal{KG}$ têm as mesmas *definições preliminares*, alterando-se apenas o conjunto de seus postulados, o que levou também as suas semânticas terem as mesmas *definições preliminares*, alterando-se apenas as condições de suas valorações (e adição ou não de regras dos tableaux). De modo similar, as linguagens de todos os sistemas $\mathcal{KG}^1$ têm as mesmas *definições preliminares*, alterando-se apenas o conjunto de postulados para cada sistema. Assim, faremos o mesmo com suas semânticas, oferecendo um conjunto de definições preliminares que servirão para todos os sistemas $\mathcal{KG}^1$ e, posteriormente, modificando algumas condições para que as semânticas resultantes sejam *coerentes* com as sintaxes de cada sistema.

6.2.1 *Semântica Direta dos Sistemas KG^1*

Como dito, a *Semântica Direta dos Sistemas $\mathcal{KG}^1$* é uma extensão da semântica valorativa dos sistemas proposicionais $\mathcal{KG}$. De modo geral , ofereceremos a definição de uma *estrutura elementar*, construir uma linguagem enriquecida de i^1 (sendo i^1 um sistema $\mathcal{KG}^1$) com ao menos uma constante individual para cada elemento que pertence ao domínio da estrutura elementar (que chamaremos de "linguagem diagrama")[95] e oferecer então as condições para uma valoração das sentenças dessa em um conjunto de valores-de-verdade $\{1,0\}$.[96] Vejamos então as principais definições.

Definição 71 (Estrutura Elementar). *Seja $\mathfrak{A} = \langle D, I \rangle$ uma estrutura de i^1 (sendo i^1 um sistema $\mathcal{KG}^1$) tal que:*

(a) *$D \neq \varnothing$ – que chamaremos de "domínio" de $\mathfrak{A}$;*

(b) *I um mapeamento tal que:*

(b.i) *para cada constante individual c de i^1, um elemento $I(c) \in D$;*

(b.ii) *para cada símbolo de função n-ária f, $I(f) : D^n \to D$;*

(b.iii) *e para cada relação n-ária P, uma relação $I(P) \subseteq D^n$.*

Definição 72 (Linguagem Diagrama). *Seja $\mathfrak{A}$ uma estrutura elementar de i^1 (sendo i^1 um sistema $\mathcal{KG}^1$). Para cada elemento de $\mathcal{D} \in \mathfrak{A}$, escolhemos uma nova constante individual a, sendo o nome do elemento (e, de modo usual, para nomes diferentes escolhemos elementos diferentes). Chamamos essa nova linguagem de "Linguagem de Diagrama" de i^1 relativamente a I. Adiante, referiremos a linguagem diagrama de i^1 como "Di^1". Designaremos por $\mathcal{T}_{i1}(\mathcal{A})$ o conjunto dos termos e $S(Di^1)$ o conjunto de sentenças da linguagem diagrama Di^1 construída sobre a estrutura $\mathcal{A}$.*

Definição 73 (Valoração de i^1). *Seja $\mathfrak{A}$ uma estrutura elementar para i^1 (sendo i^1 um sistema $\mathcal{KG}^1$), uma atribuição v^{i1} é um mapeamento (ou função-valoração) do conjunto $S(Di^1)$ de sentenças de Di^1 em $\{0,1\}$, $v^{i1} : S(Di^1) \longrightarrow \{0,1\}$, definida como se segue:*

Seja $i^1 = \mathcal{KG}_m{}^1, \mathcal{KG}_p{}^1, \mathcal{KG}_q{}^1$ ou $\mathcal{KG}_c{}^1$:

95 *Cf.* Shoenfield (1967, p.18).
96 Suporemos definições já conhecidas e que podem ser conferidas em Carnielli and Coniglio (2016, p. 302).

(1) $v^{i1}(P(t_1, ..., t_n)) = 1$ *sse* $\langle I(t_1), ..., I(t_n)\rangle \in I(P)$, *para* $P(t_1, ..., t_n)$ *que seja uma fórmula atômica.*

(2) $v^{i1}(\forall x\alpha) = 1$ *sse para toda constante individual c de* Di^1 *é tal que* $v^{i1}(\alpha(c)) = 1$

(a) $v^{i1}(\alpha) = 1$ *sse* $v^{i1}(\alpha) \neq 0$

(b) $v^{i1}(\neg_c\alpha) = 1$ *sse* $v^{i1}(\alpha) = 0$

(c) *Se* $v^{i1}(\neg_p\alpha) = 0$, *então* $v^{i1}(\alpha) = 1$

(d) *Se* $v^{i1}(\neg_q\alpha) = 1$, *então* $v^{i1}(\alpha) = 0$

(e) $v^{i1}(\alpha \to \beta) = 1$ *sse* $\alpha = 0$ *ou* $\beta = 1$

Seja $i^1 = \mathcal{KG}_p{}^1$ *ou* $\mathcal{KG}_c{}^1$:

(f) $v^{i1}(\neg_p\neg_p\alpha) = 1$, *então* $v^{i1}(\alpha) = 1$

Seja $i^1 = \mathcal{KG}_q{}^1$ *ou* $\mathcal{KG}_c{}^1$:

(g) *Se* $v^{i1}(\alpha) = 1$, *então* $v^{i1}(\neg_q\neg_q\alpha) = 1$

Como podemos notar, as condições (a)-(g) da definição anterior correspondem as condições da semântica (bivalorada) dos sistemas proposicionais $\mathcal{KG}$ (Cor. 11, p. 73), enquanto que a condição (1) e (2) é adicionada para corresponder à formulas atômicas e ao quantificador universal. Obtemos diretamente da definição anterior que:

$$v^{i1}(\exists x\alpha) = 1 \text{ sse há ao menos uma constante individual } c \text{ de } Di^1 \text{ tal que } v^{i1}(\alpha(c)) = 1$$

Definição 74 (Interpretação de $\mathcal{KG}^1$). *Uma interpretação de* i^1 *(sendo* i^1 *um sistema* $\mathcal{KG}^1$*) é um par* $\langle \mathfrak{A}, v^{i1}\rangle$ *tal que* $\mathfrak{A}$ *é uma estrutura elementar e* v^{i1} *uma função-valoração de* $S(Di^1)$ *em* $\{1,0\}$ *tal como definida anteriormente.*

Definição 75 (Satisfação). *Seja* $\langle \mathfrak{A}, v^{i1}\rangle$ *uma interpretação de* i^1 *(sendo* i^1 *um sistema* $\mathcal{KG}^1$*). Dizemos que uma interpretação satisfaz uma sentença* α *de* Di^1 *se, e somente se,* $v^{i1}(\alpha) = 1$, *o que denotamos por* $\mathfrak{A}, v^{i1} \vDash_{i1} \alpha$.

Definição 76 (Modelo). *Se para toda fórmula* $\beta \in \Gamma$ *(onde* $\Gamma \subseteq S(Di^1)$*) é tal que* $\mathfrak{A}, v^{i1} \vDash_{i1} \beta$, *dizemos que* v^{i1} *modela* Γ.

Definição 77 (Consequência Semântica). *Se para toda interpretação $\langle \mathfrak{A}, v^{i1} \rangle$ é tal que, se v^{i1} é modelo de Γ implica que $\mathfrak{A}, v^{i1} \vDash_{i1} \alpha$, então dizemos que α é consequência semântica de Γ, denotando por $\Gamma \vDash_{i1} \alpha$.*

Definição 78 (Fórmula Válida). *Se $\Gamma \vDash_{i1} \alpha$ e $\Gamma = \varnothing$, dizemos que α é uma "fórmula válida" – o que denotaremos por $\vDash_{i1} \alpha$, omitindo assim Γ.*

Teorema 70 (Correção de $\mathcal{KG}^1$). $\Gamma \vdash_{i1} \alpha \quad \Rightarrow \quad \Gamma \vDash_{i1} \alpha$

Demonstração. Como no caso clássico, usando indução sobre comprimento de prova de α a partir de Γ. □

Devemos manter em mente as definições de Conjunto Inconsistente (Def. 35, p. 80), Conjunto Paracompleto (Def. 36, p, 80), Conjunto Trivial (Def. 34, p. 80) e Conjunto Maximal Não-Trivial (Def. 37, p. 80) apresentadas anteriormente.

Definição 79 (Conjunto de Henkin). *Um conjunto Γ é dito um "Conjunto de Henkin" se, e somente se, para toda fórmula α e variável individual x, há uma constante individual c tal que $\exists x\alpha \rightarrow \alpha_{[x/c]}$ que pertence a Γ – onde $\alpha_{[x/c]}$ é o resultado da substituição de cada ocorrência livre de x pela constante c na fórmula α. Chamaremos a constante c de "testemunha" para $\exists x\alpha$.*

Uma consequência da definição anterior é que, se Γ é um conjunto de Henkin, então para toda fórmula α: se $\Gamma \vdash_{i1} \exists x\alpha$, então há uma constante $c \in i^1, \Gamma \vdash_{i1} \alpha(c)$

Teorema 71. *Se Γ é um conjunto não-trivial de Henkin, então ele está contido em um conjunto maximal e não-trivial de Henkin.*

Demonstração. A demonstração se segue de modo similar ao Lema 1 (p. 82). □

Teorema 72. *Se Γ é um conjunto maximal e não-trivial de Henkin, então:*

1. $\Gamma \vdash_{i1} \alpha \Leftrightarrow \alpha \in \Gamma$
2. $\vdash_{i1} \alpha \Rightarrow \alpha \in \Gamma$
3. $\alpha \in \Gamma \Leftrightarrow \neg_c \alpha \notin \Gamma$
4. $\alpha \in \Gamma \Rightarrow \neg_q \alpha \notin \Gamma$
5. $\alpha \notin \Gamma \Rightarrow \neg_p \alpha \in \Gamma$
6. $\alpha \in \Gamma$ *ou* $\neg_c \alpha \in \Gamma$
7. $\alpha \in \Gamma$ *ou* $\neg_p \alpha \in \Gamma$
8. $\alpha, \alpha \rightarrow \beta \in \Gamma \Rightarrow \beta \in \Gamma$
9. $\forall x\alpha(x) \in \Gamma \Leftrightarrow$ *para toda constante c de i^1*, $\alpha(c) \in \Gamma$
10. $\exists x\alpha(x) \in \Gamma \Leftrightarrow$ *há uma constante c de i^1*, $\alpha(c) \in \Gamma$

Demonstração. Os resultados (1)-(8) são obtidos tal como visto no Teorema 27 (p. 80). Os resultados (9) e (10) obtemos facilmente pela definição de Conjunto de Henkin (Def. 79, p. 171). Se $\forall x\alpha(x) \in \Gamma$ e Γ é um Conjunto de Henkin, então para toda constante $c \in i^1$, $\Gamma \vdash_{i1} \alpha(c)$ e, pelo resultado (1), se $\Gamma \vdash_{i1} \alpha(c)$, então $\alpha(c) \in \Gamma$. Do mesmo modo, se $\exists x\alpha(x) \in \Gamma$ e Γ é um Conjunto de Henkin, então há uma constante $c \in i^1$, $\Gamma \vdash_{i1} \alpha(c)$ e, novamente pelo resultado (1), se $\Gamma \vdash_{i1} \alpha(c)$, então $\alpha(c) \in \Gamma$. □

Teorema 73. *Se Γ é um conjunto maximal e não-trivial de Henkin, então Γ tem modelo.*

Demonstração. Consequência do teorema anterior. □

Demonstramos no teorema anterior que todo conjunto de maximal e não-trivial de Henkin tem modelo. Contudo, precisamos agora mostrar que qualquer conjunto não-trivial de fórmulas de um sistema $\mathcal{KG}^1$ pode ser estendido a um conjunto maximal e não-trivial de Henkin. Para isso, precisamos de uns passos adicionais. Seja $\mathcal{KG}^H$ uma teoria $\mathcal{KG}^1$ com a adição de uma quantidade enumerável de novas constantes individuais. Os axiomas de $\mathcal{KG}^H$ são os mesmos de $\mathcal{KG}^1$. Se $\mathcal{KG}^1$ é não-trivial, então $\mathcal{KG}^H$ é não-trivial, uma vez que, se $\mathcal{KG}^1$ é trivial, então podemos encontrar alguma contradição na forma $\alpha \wedge \neg_c\alpha$ em $\mathcal{KG}^1$, que pode ser facilmente convertida em uma contradição em $\mathcal{KG}^H$ – que lhe trivializará. Considere agora uma enumeração de todas as fórmulas de $\mathcal{KG}^1$ na forma de generalização existencial: $\exists x_1\alpha(x_1)$, $\exists x_2, \alpha(x_2)$, ... Escolhemos então uma sequencia denumerável de novas constantes (adicionadas em $\mathcal{KG}^H$), $c_1, c_2, ...$ tal que, para toda $m < n$, c_n é distinta de c_m e não aparece em α_m ou α_n. Definimos então uma nova sequência de fórmulas:

(S1) $\exists x_1\alpha_1(x_1) \rightarrow \alpha_1[x_1/c_1]$

(S2) $\exists x_2\alpha_2(x_2) \rightarrow \alpha_2[x_2/c_2]$

...

(Sn) $\exists x_n\alpha_n(x_n) \rightarrow \alpha_n[x_n/c_n]$

...

Através dessa nova sequência de fórmulas (S1–Sn) definimos uma sequência infinita de teorias. Para cada $n \geq 1$, seja $\mathcal{KG}_n{}^H$ a teoria que resulta ao adicionar S1, ... Sn a $\mathcal{KG}^H$. Seja a teoria $\mathcal{KG}_\omega{}^H$ a teoria que resulta na adição de todas as fórmulas Sn a $\mathcal{KG}^H$. Podemos facilmente observar que, se $\mathcal{KG}^1$ é consistente, cada $\mathcal{KG}_n{}^H$ é consistente e, portanto, $\mathcal{KG}_\omega{}^H$ é consistente. Além disso, $\mathcal{KG}_\omega{}^H$ é uma simples extensão de $\mathcal{KG}^1$. A partir de agora fica fácil observarmos que, se Γ é um conjunto não-trivial de fórmulas de $\mathcal{KG}^1$, então Γ está contido em um conjunto Γ^H de fórmulas de $\mathcal{KG}_\omega{}^H$. Como Γ é não-trivial, Γ^H também o será, além de ter a propriedade de ser um conjunto de Henkin, posto que para qualquer fórmula $\exists x_j \alpha(x_j)$, terá sido adicionado a $\mathcal{KG}_\omega{}^H$ uma fórmula (Sj) $\exists x_j \alpha(x_j) \to \alpha[x_j/c_j]$, tal que a constante c_j será testemunha. Posto que Γ^H é um conjunto de Henkin não-trivial, pelo teorema 73 (p. 172), Γ^H tem modelo. Isso resulta, imediatamente, no seguinte corolário.

Corolário 31. *Todo conjunto não-trivial de fórmulas de i^1 (sendo i^1 um sistema $\mathcal{KG}^1$) tem modelo.*

Demonstração. Imediato pelos resultados anteriores. □

Teorema 74 (Completude de $\mathcal{KG}^1$). $\Gamma \vDash_{i1} \alpha \quad \Rightarrow \quad \Gamma \vdash_{i1} \alpha$

Demonstração. A demonstração se segue de modo similar ao Teorema da Completude dos sistemas proposicionais $\mathcal{KG}$ (Teo. 29, p. 84). □

Teorema 75 (Completude Forte de $\mathcal{KG}^1$). $\Gamma \vdash_{i1} \alpha \quad \Leftrightarrow \quad \Gamma \vDash_{i1} \alpha$

Demonstração. Diretamente do Teorema da Correção de $\mathcal{KG}^1$ (Teo. 70, p. 171) e Teorema da Completude de $\mathcal{KG}^1$ (Teo. 74, p. 173). □

6.2.2 *Semântica Alternativa dos Sistemas KG¹*

Como dito anteriormente, através da *semântica alternativa* para os sistemas $\mathcal{KG}^1$ ofereceremos uma estrutura de primeira-ordem não-convencional. Devemos notar que as demonstrações de correção e completude para essa semântica alternativa não serão apresentadas, que deixaremos como um desafio a ser enfrentado no futuro. Mas o que queremos dizer com "estrutura de primeira-ordem não-convencional"? Vejamos sua definição:

Definição 80 (Estrutura de Primeira Ordem para $\mathcal{KG}^1$). *Seja $\mathfrak{A} = \langle \mathcal{D}, I, {}^c, {}^p, {}^q \rangle$ uma estrutura para $\mathcal{KG}^1$ tal que:*

(1) $\mathcal{D} \neq \varnothing$ – que chamaremos de "domínio" de $\mathfrak{A}$;

(2) I uma função-interpretação sobre $\mathcal{D}$, definida como se segue:

(2.a) Se c é uma constante individual, então $I(c) = c^I \in \mathcal{D}$;

(2.b) *Se P é uma relação n-ária, então* $I(P) = P^I \subseteq \mathcal{D}^n$;

(2.c) *Se f é uma função n-ária, então* $I(f) = f^I$, *tal que* f^I *é uma função em* $\mathcal{D}^n$;

(3) ^{c} *um operador tal que, se X é um subconjunto em* $\mathcal{D}^n$, $X^c = \{x \in \mathcal{D}^n : x \notin X\}$

(4) ^{q} *um operador tal que, se X é um subconjunto em* $\mathcal{D}^n$, $X^q \subseteq X^c$

(5) ^{p} *um operador tal que, se X é um subconjunto em* $\mathcal{D}^n$, $X^p = X^c \cup X'$, *onde* $X' \subset X$

Para entender nosso objetivo, vejamos uma abordagem intuitiva dessa estrutura. As definições anteriores garantem que cada constante individual de i^1 será interpretada como um elemento $I(a) \in \mathcal{D}$; cada relação n-ária P será interpretada em $I(P) \subseteq \mathcal{D}^n$; e cada função n-ária f interpretada em uma função n-ária f^I definida sobre $\mathcal{D}^n$. A diferença dessa estrutura é que utilizaremos os operadores ^{c}, ^{p} e ^{q} para *dividir* nosso domínio em algumas partes. Essa ideia fica melhor representada no seguinte diagrama (para facilitar nossa análise inicial, utilizaremos aqui apenas um predicado unário P):

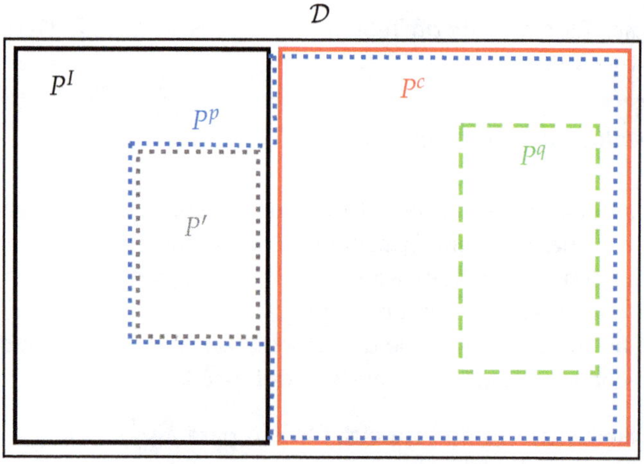

Figura 8: Estrutura de Primeira-Ordem

Adiantando a definição de *satisfação por uma atribuição* que apresentaremos adiante (Def. 84, p. 176), uma fórmula atômica como $P(a)$ será verdadeira em uma estrutura $\mathfrak{A}$ quando o elemento de $\mathcal{D}$ que interpreta a, $I(a)$, pertence ao subconjunto de $\mathcal{D}$ que interpreta o predicado P, $I(P)$ – *i.e.*, $a^I \in P^I$. A fórmula $P(a)$ será falsa, portanto, quando $a^I \notin P^I$. Como já podemos adiantar, se $P(a)$ é falso, então $\neg_c P(a)$ é verdadeiro e, como podemos facilmente observar pelas definições anteriores, se $a^I \notin P^I$, então $a^I \in P^c$. Ou seja, $\neg_c P(a)$ é verdadeiro se $a^I \in P^c$.

Preservando os resultados que obtivemos acerca das relações entre as negações, sabemos que se $\neg_q P(a) \rightarrow \neg_c P(a)$. Seja $\neg_q P(a)$ então interpretado como $a^I \in P^q$. Uma vez que $P^q \subseteq P^c$, segue que $a^I \in P^c$, obtendo assim que $\neg_c P(a)$. O que seria então um caso de paracompletude? Como vimos, seria um caso que tanto α quanto $\neg_q \alpha$ não são obtidos, o que seria equivalente a $\neg_c \alpha$ e $\neg_c \neg_q \alpha$. Sendo $\alpha = P(a)$ obteremos que $\neg_c P(a)$ e $\neg_c \neg_q P(a)$. Dada nossa análise da estrutura oferecida, seria o caso que $a^I \in P^c$ e $a^I \notin P^q$ (ou $a^I \in P^{q^c}$).

Por fim, sabemos que se $\neg_c P(a) \rightarrow \neg_p P(a)$. Como $P^p = P^c \cup P'$, onde $P' \subset P^I$, se $a^I \in P^c$ então $a^I \in P^p$. O que seria então um caso de paraconsistência? Como vimos, seria um caso que tanto α quanto $\neg_p \alpha$ são obtidos. Sendo $\alpha = P(a)$ obteremos que $P(a)$ e $\neg_p P(a)$. Dada nossa análise da estrutura oferecida, seria o caso que $a^I \in P^I$ e, ao mesmo tempo, $a^I \in P^p$. Como $P^p = P^c \cup P'$, onde $P' \subset P^I$, obtemos assim que $a^I \in P'$.[97] Até aqui fizemos apenas uma análise intuitiva da estrutura que pretendemos oferecer como semântica alternativa para os sistemas $\mathcal{KG}^1$. Vejamos outras definições importantes.

Definição 81 (Atribuição). *Seja $\mathfrak{A}$ uma estrutura de primeira ordem para $\mathcal{KG}^1$. Uma atribuição de valores a variáveis (ou simplesmente atribuição) é uma função v do conjunto de variáveis no domínio $\mathcal{D}$ tal que, para toda variável x de $\mathcal{KG}^1$, $v(x) \in \mathcal{D}$.*

Definição 82 (Variante). *Sejam v e u duas atribuições com respeito a um mesmo domínio $\mathcal{D}$. Dizemos que a atribuição u é "x-variante" de v se, para toda variável $y \neq x$, $u(y) = v(y)$. Isto é, u é uma x-variante de v se atribuem às mesmas variáveis os mesmos elementos de $\mathcal{D}$, com a possível exceção da variável x.*

Como podemos facilmente observar, toda atribuição é x-variante de si mesma. Dada a definição de variante, duas atribuições são x-variantes se concordam em todas as variáveis, *com a possível exceção da [própria] variável x*. Isso permite, portanto, que se duas atribuições, u e v, concordem para toda $y \neq x$, elas sejam x-variantes mesmo que $u(x) = v(x)$. Logo, toda valoração é x-variante de si mesma.

97 Devemos notar que a análise apresentada até aqui se utiliza de um predicado P, mas que podemos facilmente estender essa análise para relações n-árias.

Definição 83 (Valoração de um Termo). *Dada uma estrutura de primeira ordem $\mathfrak{A}$ e uma atribuição v, definimos o valor semântico de um termo t com respeito a v em uma estrutura $\mathfrak{A}$, que denotaremos por $(t)^v$:*

(i) Se t é uma constante, então $(t)^v = t^I$

(ii) Se t uma variável, então $(t)^v = v(t)$

(iii) Se $t = f$ é uma função n-ária e $t_1, ..., t_n$ termos, $(t)^v = f^I((t_1)^v, ..., (t_n)^v)$

Podemos agora apresentar as condições em que uma fórmula qualquer é satisfeita em uma estrutura.

Definição 84 (Satisfação por uma Valoração). *Seja $\mathfrak{A}$ uma estrutura de primeira ordem para um sistema i^1 (tal que i^1 é um sistema $\mathcal{KG}^1$) e v uma valoração em $\mathfrak{A}$.*

Seja $i^1 = \mathcal{KG}^1_m$ ou $\mathcal{KG}^1_p$ ou $\mathcal{KG}^1_q$ ou $\mathcal{KG}^1_c$:

(a) $\mathfrak{A}, v \Vdash_{i1} P(t_1, ..., t_n)$ sse $\langle (t_1)^v, ..., (t_n)^v \rangle \in P^I$

(b) $\mathfrak{A}, v \Vdash_{i1} \neg_c P(t_1, ..., t_n)$ sse $\langle (t_1)^v, ..., (t_n)^v \rangle \in P^c$

(c) $\mathfrak{A}, v \Vdash_{i1} \neg_p P(t_1, ..., t_n)$ sse $\langle (t_1)^v, ..., (t_n)^v \rangle \in P^p$

(d) $\mathfrak{A}, v \Vdash_{i1} \neg_q P(t_1, ..., t_n)$ sse $\langle (t_1)^v, ..., (t_n)^v \rangle \in P^q$

(e) $\mathfrak{A}, v \Vdash_{i1} \alpha$ sse $\mathfrak{A}, v \nVdash_{i1} \neg_c \alpha$

(f) Se $\mathfrak{A}, v \nVdash_{i1} \neg_p \alpha$, então $\mathfrak{A}, v \Vdash_{i1} \alpha$

(g) Se $\mathfrak{A}, v \Vdash_{i1} \neg_q \alpha$, então $\mathfrak{A}, v \nVdash_{i1} \alpha$

(h) $\mathfrak{A}, v \Vdash_{i1} \forall x \alpha$ sse para toda u, x-variante de v, $\mathfrak{A}, u \Vdash_{i1} \alpha$

(i) $\mathfrak{A}, v \Vdash_{i1} \alpha \to \beta$ sse $\mathfrak{A}, v \nVdash_{i1} \alpha$ ou $\mathfrak{A}, v \Vdash_{i1} \beta$

Seja $i^1 = \mathcal{KG}^1_p$ ou $\mathcal{KG}^1_c$:

(j) Se $\mathfrak{A}, v \Vdash_{i1} \neg_p \neg_p \alpha$, então $\mathfrak{A}, v \Vdash_{i1} \alpha$

Seja $i^1 = \mathcal{KG}^1_q$ ou $\mathcal{KG}^1_c$:

(k) Se $\mathfrak{A}, v \Vdash_{i1} \alpha$, então $\mathfrak{A}, v \Vdash_{i1} \neg_q \neg_q \alpha$

Podemos então estender as condições aos conectivos definidos:

- $\mathfrak{A}, v \Vdash_{i1} \alpha \wedge \beta$ *sse* $\mathfrak{A}, v \Vdash_{i1} \alpha$ *e* $\mathfrak{A}, v \Vdash_{i1} \beta$

- $\mathfrak{A}, v \Vdash_{i1} \alpha \vee \beta$ *sse* $\mathfrak{A}, v \Vdash_{i1} \alpha$ *ou* $\mathfrak{A}, v \Vdash_{i1} \beta$

- $\mathfrak{A}, v \Vdash_{i1} \alpha \leftrightarrow \beta$ *sse* $\mathfrak{A}, v \Vdash_{i1} \alpha \rightarrow \beta$ *e* $\mathfrak{A}, v \Vdash_{i1} \beta \rightarrow \alpha$ *(ou se ambas são falsas)*

- $\mathfrak{A}, v \Vdash_{i1} \exists x\alpha$ *sse há algum* u, *x-variante de* v, $\mathfrak{A}, u \Vdash_{i1} \alpha$

Dizemos que uma fórmula α *é "satisfatível" se, para pelo menos uma estrutura* $\mathfrak{A}$, *e pelo menos uma valoração* v *em* $\mathfrak{A}$, *temos que* $\mathfrak{A}, v \Vdash_i \alpha$

Note que as condições (b)-(d) diferem de uma definição usual das condições de verdade para uma fórmula com negação. Como podemos facilmente observar, se P é uma relação n-ária, então $P^I \cup P^c = \mathcal{D}^n$, o que implica que $P^I \cup P^p = \mathcal{D}^n$. No entanto, se $P^q \neq P^c$, então $P^I \cup P^q \neq \mathcal{D}^n$. A ideia geral das cláusulas (b)-(d) pode ser melhor visualizadas no diagrama da Estrutura de Primeira-Ordem apresentado anteriormente (p. 174).

Dada a definição de P^p, esse conjunto é a união de P^c e uma parte própria de P^I, que chamamos de P'. Se $P' = \emptyset$, então $P^p = P^c$, de modo que se $\langle (t_1)^v, ..., (t_n)^v \rangle \in P^p$, então $\langle (t_1)^v, ..., (t_n)^v \rangle \in P^c$ – o que ocasionará que $\neg_p P(t_1, ..., t_n)$ é equivalente a $\neg_c P(t_1, ..., t_n)$. De modo semelhante, P^q é uma parte igual ou própria do conjunto P^c. Se $P^q \neq P^c$, *i.e.*, é uma parte própria de P^c, então a $\neg_q P(t_1, ..., t_n)$ não será equivalente a $\neg_c P(t_1, ..., t_n)$. Por outro lado, caso $P^q = P^c$, então $\neg_q P(t_1, ..., t_n)$ será equivalente a $\neg_c P(t_1, ..., t_n)$. Disso é fácil percebermos que se $P' = \emptyset$ e $P^q = P^c$, então $P^p = P^c = P^q$, de modo que $\neg_p P(t_1, ..., t_n)$ será equivalente a $\neg_q P(t_1, ..., t_n)$ e $\neg_c P(t_1, ..., t_n)$. Esses fatos representam três situações já conhecidas por nós, quando observamos o funcionamento dos três operadores de *bom comportamento* para $\mathcal{KG}$: Se $\alpha = P(a)$ e obtemos que α^p, então será o caso apenas $P^p = P^c$; se α^q, então $P^q = P^c$; por fim, se α^c, então $P^p = P^c = P^q$.

Definição 85 (Fórmula Verdadeira). *Uma fórmula* α *de* i^1 *(sendo* i^1 *um sistema* $\mathcal{KG}^1$*) é dita "verdadeira" em uma estrutura* $\mathfrak{A}$, *o que indicaremos por* $\mathfrak{A}(\alpha) = 1$ *se, e somente se, para toda valoração* v *em* $\mathfrak{A}$, $\mathfrak{A}, v \Vdash_i \alpha$. *Dizemos que uma fórmula é "falsa" em* $\mathfrak{A}$, *o que indicaremos por* $\mathfrak{A}(\alpha) = 0$ *se, e somente se, para toda valoração* v *de* $\mathfrak{A}$, $\mathfrak{A}, v \nVdash_i \alpha$.

Teorema 76 (Fecho Universal). *Seja* α *uma fórmula qualquer de* i^1 *(sendo* i^1 *um sistema de* $\mathcal{KG}^1$*) e* α^f *o fecho de* α. *Para qualquer estrutura* $\mathfrak{A}$, $\mathfrak{A}(\alpha) = \mathfrak{A}(\alpha^f)$

Demonstração. Se α é uma fórmula fechada, então a demonstração é imediata – tal como observado na definição de fecho de uma fórmula. Seja então α uma fórmula aberta no qual $x_1, ..., x_n$ sejam todas as variáveis que ocorrem livres em α. Segue-se, portanto, que α^f será a fórmula $\forall x_1 ... \forall x_n \alpha$. A demonstração

desse teorema deverá seguir duas partes (1) se $\mathfrak{A}(\alpha) = 1$, então $\mathfrak{A}(\alpha^f) = 1$; (2) se $\mathfrak{A}(\alpha^f) = 1$, então $\mathfrak{A}(\alpha) = 1$.
Vejamos (1). Suponha que $\mathfrak{A}(\alpha) = 1$. Pela definição, α é satisfeita por todas as atribuições em $\mathfrak{A}$. Seja v uma valoração qualquer em $\mathfrak{A}$. Assim, $\mathfrak{A}, v \Vdash_i \alpha$. Mas se α é satisfeita por todas as atribuições em $\mathfrak{A}$, então é satisfeita por uma valoração u qualquer que seja x_n-variante de v. Logo, $\mathfrak{A}, v \Vdash_i \forall x_n \alpha$. Posto que v é uma valoração qualquer de $\mathfrak{A}$, temos que $\forall x_n \alpha$ é satisfeita por todas as atribuições em $\mathfrak{A}$ e, portanto, $\mathfrak{A}(\forall x_n \alpha) = 1$. Devemos então repetir esse processo para $x_{n-1}, ..., x_1$, mostrando assim que, se $\mathfrak{A}(\alpha) = 1$, então $\mathfrak{A}(\alpha^f) = 1$.
Vejamos (2). Suponha que $\mathfrak{A}(\alpha^f) = 1$ o que, de acordo com nossa suposição, significa que $\mathfrak{A}(\forall x_1, ..., \forall x_n \alpha) = 1$. Então esta fórmula é satisfeita por todas as atribuições, particularmente para uma valoração v qualquer. Temos então que $\mathfrak{A}, v \Vdash_i \forall x_1, ..., \forall x_n \alpha$, o que implica que $\forall x_1, ..., \forall x_n \alpha$ é satisfeita por todas as atribuições, posto que v é qualquer. Deste modo, se $\forall x_1, ..., \forall x_n \alpha$ é satisfeita por todas as atribuições, é satisfeita por todas as atribuições x_1-variantes de si mesma. Logo, $\mathfrak{A}(\forall x_2, ..., \forall x_n \alpha) = 1$. Devemos então repetir esse processo para $x_2, ..., x_n$, o que chegaremos então ao resultado que $\mathfrak{A}(\alpha) = 1$. □

Definição 86 (Modelo). *Seja Γ um conjunto de fórmulas de i (sendo i um dos sistemas $\mathcal{KG}^1$). Dizemos que uma valoração v em uma estrutura $\mathfrak{A}$ é "modelo" para Γ se, e somente se, para toda fórmula $\alpha \in \Gamma$, $\mathfrak{A}(\alpha) = 1$. Denotaremos isso como $\mathfrak{A}, v \Vdash_{i1} \Gamma$ ou $\mathfrak{A}(\Gamma) = 1$*

Definição 87 (Consequência Semântica). *Seja Γ um conjunto de fórmulas e α uma fórmula de i (sendo i um dos sistemas $\mathcal{KG}^1$). Dizemos que α é consequência semântica de Γ se, e somente se, todo modelo de Γ é também um modelo de α. Isto é, para toda estrutura $\mathfrak{A}$ e valoração v que interprete as fórmulas de Γ e α, se $\mathfrak{A}(\Gamma) = 1$, então $\mathfrak{A}(\alpha) = 1$. Denotaremos isso por*

$$\Gamma \vDash_i \alpha$$

Definição 88 (Equivalência Semântica). *Dizemos que duas proposições, α e β de um sistema i (sendo i é um sistema $\mathcal{KG}^1$) são "semanticamente equivalente" se, e somente se, todo modelo de α é um modelo de β (e vice-versa). Isto é, para toda estrutura $\mathfrak{A}$ e valoração v que interprete α e β,*

$$\mathfrak{A}(\alpha) = \mathfrak{A}(\beta)$$

Definição 89 (Validade). *Uma fórmula α de um sistema i de $\mathcal{KG}^1$ é dita "válida" se, e somente se, para toda estrutura $\mathcal{B}$ e toda valoração u, $\mathfrak{B}, u \Vdash_{i1} \alpha$. Denotaremos isso como:*

$$\Vdash_{i1} \alpha$$

Dada a definição de *Consequência Semântica* e *Validade*, escreveremos $\Gamma \Vdash_{i1} \alpha$ para o caso que, se toda estrutura $\mathfrak{A}$ e toda valoração v, se $\mathfrak{A}(\Gamma) = 1$ então $\mathfrak{A}(\alpha) = 1$.

Teorema 77. *Se α^f é o Fecho Universal de α, então*

$$\vDash_i \alpha \Longleftrightarrow \vDash_i \alpha^f$$

Demonstração. Segue diretamente do teorema 76 (p. 177) e pela definição 88 (p. 178). □

Através das definições apresentadas, podemos então observar alguns resultados semânticos importantes:

Teorema 78 (Valores Semânticos das Negações).

(i) *Não é o caso que* $\mathfrak{A}(\alpha) = 1$ *e* $\mathfrak{A}(\alpha) = 0$

(ii) *Não é o caso que* $\mathfrak{A}(\alpha) = 1$ *e* $\mathfrak{A}(\neg_c\alpha) = 1$

(iii) *Não é o caso que* $\mathfrak{A}(\alpha) = 0$ *e* $\mathfrak{A}(\neg_c\alpha) = 0$

(iv) *Não é o caso que* $\mathfrak{A}(\alpha) = 0$ *e* $\mathfrak{A}(\neg_p\alpha) = 0$

(v) *Não é o caso que* $\mathfrak{A}(\alpha) = 1$ *e* $\mathfrak{A}(\neg_q\alpha) = 1$

(vi) *É possível que* $\mathfrak{A}(\alpha) = 1$ *e* $\mathfrak{A}(\neg_p\alpha) = 1$

(vii) *É possível que* $\mathfrak{A}(\alpha) = 0$ *e* $\mathfrak{A}(\neg_q\alpha) = 0$

Demonstração. São obtidos diretamente, posto a definição de Verdade (Def. 84, p. 176). □

Teorema 79.

(i) *Se* $\mathfrak{A}(\alpha) = 1$ *e* $\mathfrak{A}(\alpha \to \beta) = 1$, *então* $\mathfrak{A}(\beta) = 1$

(ii) $\mathfrak{A}(\forall x\alpha) = 1$ *sse* $\mathfrak{A}(\neg_c\exists x\neg_c\alpha) = 1$

(iii) $\mathfrak{A}(\exists x\alpha) = 1$ *sse* $\mathfrak{A}(\neg_c\forall x\neg_c\alpha) = 1$

(iv) *Se* $\mathfrak{A}(\forall x\alpha) = 1$, *então* $\mathfrak{A}(\alpha_{[x/t]}) = 1$

(v) *Se x não é livre em α, então se* $\mathfrak{A}(\forall x(\alpha \to \beta)) = 1$, *segue que* $\mathfrak{A}(\alpha \to \forall x\beta) = 1$

(vi) *Se as variáveis livres de uma fórmula α (caso haja alguma) ocorrem na lista $x_1, ..., x_n$, e as atribuições v e u (de uma mesma estrutura $\mathfrak{A}$) são tais que, para todo x_i, $v(x_i) = t(x_i)$, então $\mathfrak{A}, v \vDash_i \alpha$ sse $\mathfrak{A}, u \vDash_i \alpha$*

Demonstração.
Demonstração de (i). Suponha que (a) $\mathfrak{A}(\alpha) = 1$, (b) $\mathfrak{A}(\alpha \rightarrow \beta) = 1$, mas $\mathfrak{A}(\beta) = 0$. Posto a condição (i) da definição 84 (p. 176), $\mathfrak{A}(\alpha \rightarrow \beta) = 1$ se, e somente se, $\mathfrak{A}(\alpha) = 0$ ou $\mathfrak{A}(\beta) = 1$. Dada a suposição (b) e a condição de verdade da condicional, ou $\mathfrak{A}(\alpha) = 0$ – o que contradiz a suposição (a); ou $\mathfrak{A}(\beta) = 1$ – que é o que queremos demonstrar.
Demonstrações de (ii)-(iii). São obtidas tal como na lógica clássica de primeira ordem.
Demonstração de (iv). Suponhamos que $\mathfrak{A}(\forall x\alpha) = 1$. Por definição, a fórmula é verdadeira em todas as atribuições, do que se segue que α é satisfeita por todas as x-variantes de todas as atribuições. Como cada atribuição é x-variante de si mesma, isso implica que α é satisfeita por todas as atribuições. Deste modo, α é satisfeita não importando qual valor seja atribuído à variável x, o que inclui qualuqer valor que o termo t possa tomar em uma atribuição. Portanto, $\alpha_{[x/t]}$ é satisfeita por qualquer atribuição, seguindo-se assim que $\mathfrak{A}(\alpha_{[x/t]}) = 1$.
Demonstração de (v). Suponhamos que $\forall x(\alpha \rightarrow \beta)$ seja uma fórmula que x não ocorre livre em α e seja satisfeita por todas as atribuições na estrutura $\mathfrak{A}$. Suponhamos também que há alguma atribuição v tal que $v \nVdash_{i1} \alpha \rightarrow \forall x\beta$. Segue-se que $v \Vdash_{i1} \alpha$ e $v \nVdash_{i1} \forall x\beta$. Pela definição de verdade, deve haver uma atribuição u que é uma x-variante de v tal que $u \nVdash_{i1} \beta$. Todavia, dado que $\mathfrak{A}(\forall x(\alpha \rightarrow \beta)) = 1$, temos que $v \Vdash_{i1} \forall x(\alpha \rightarrow \beta)$, seguindo-se que, pela definição de verdade (Def. 84, p. 176), $\alpha \rightarrow \beta$ é satisfeita por todas as x-variantes de v, incluindo u. Portanto, $u \Vdash_{i1} \alpha \rightarrow \beta$. Como $v \Vdash_{i1} \alpha$, segue-se que $u \Vdash_{i1} \alpha$. Se α for uma fórmula fechada, ser satisfeita por uma atribuição implicará que será satisfeita por todas. Caso α seja aberta, pela hipótese a variável x não ocorre em α. Como v e u concordam no valor que atribuem a todas as variáveis, com a possível exceção de x, segue-se que $v \Vdash_{i1} \alpha$ se, e somente se, $u \Vdash_{i1} \alpha$. No entanto, disso se segue que $u \Vdash_{i1} \beta$ – o que é uma contradição. Logo, $\mathfrak{A}(\alpha \rightarrow \forall x\beta) = 1$.
Demonstração de (vi). Segue-se diretamente do teorema 76 (p. 177). □

Teorema 80. *Em $\mathcal{KG}^1_m$, obtemos que:*

(C1) $\vDash_{k1m} \alpha \rightarrow (\beta \rightarrow \alpha)$

(C2) $\vDash_{k1m} (\alpha \rightarrow \beta) \rightarrow ((\alpha \rightarrow (\beta \rightarrow \gamma)) \rightarrow (\alpha \rightarrow \gamma))$

(N1) $\vDash_{k1m} (\alpha \to \beta) \to ((\alpha \to \neg_c\beta) \to \neg_c\alpha)$

(N2) $\vDash_{k1m} \neg_q\alpha \to \neg_c\alpha$

(N3) $\vDash_{k1m} \neg_c\alpha \to \neg_p\alpha$

(N4) $\vDash_{k1m} \neg_c\neg_c\alpha \to \alpha$

(N5) $\nvDash_{k1m} \neg_p\neg_p\alpha \to \alpha$

(N6) $\nvDash_{k1m} \alpha \to \neg_q\neg_q\alpha$

Demonstração. (C1) Suponha que haja uma estrutura $\mathfrak{A}$ de $\mathcal{KG}^1_m$ tal que (1) $\mathfrak{A}(\alpha \to (\beta \to \alpha)) = 0$. Então (2.a) $\mathfrak{A}(\alpha) = 1$ e (2.b) $\mathfrak{A}(\beta \to \alpha) = 0$. De (2.b) obtemos que (2.b.i) $\mathfrak{A}(\beta) = 1$ e (2.b.ii) $\mathfrak{A}(\alpha) = 0$. No entanto, (2.b.ii) contradiz (2.a). Portanto, $\mathfrak{A}(\alpha \to (\beta \to \alpha)) = 1$, para toda estrutura $\mathcal{A}$ de $\mathcal{KG}^1_m$.

(C2) Suponha que haja uma estrutura $\mathfrak{A}$ de $\mathcal{KG}^1_m$ tal que (1) $\mathfrak{A}((\alpha \to \beta) \to ((\alpha \to (\beta \to \gamma)) \to (\alpha \to \gamma))) = 0$. De (1) obtemos que (2.a) $\mathfrak{A}(\alpha \to \beta) = 1$ e (2.b) $\mathfrak{A}((\alpha \to (\beta \to \gamma)) \to (\alpha \to \gamma)) = 0$. De (2.b) obtemos que (3.a) $\mathfrak{A}(\alpha \to (\beta \to \gamma)) = 1$ e (3.b) $\mathfrak{A}(\alpha \to \gamma) = 0$. De (3.b) obtemos que (3.b.i) $\mathfrak{A}(\alpha) = 1$ e (3.b.ii) $\mathfrak{A}(\gamma) = 0$. De (2.a) obtemos que ou (2.a.i) $\mathfrak{A}(\alpha) = 0$ ou (2.a.ii) $\mathfrak{A}(\beta) = 1$. No entanto, (2.a.i) contradiz (3.b.i). Portanto, segue-se que (2.a.ii) De (3.a) obtemos que ou (3.a.i) $\mathfrak{A}(\alpha) = 0$ ou (3.a.ii) $\mathfrak{A}(\beta \to \gamma) = 1$. No entanto, (3.a.i) contradiz, novamente, (3.b.i). Portanto, segue-se que (3.a.ii). De (3.a.ii) obtemos que ou (3.a.ii.I) $\mathfrak{A}(\beta) = 0$ ou (3.a.ii.II) $\mathfrak{A}(\gamma) = 1$. No entanto, (3.a.ii.I) contradiz (2.a.ii) e (3.a.ii.II) contradiz (3.b.ii). Logo, segue-se que não há uma estrutura $\mathfrak{A}$ para $\mathcal{KG}^1_m$ tal que $\mathfrak{A}((\alpha \to \beta) \to ((\alpha \to (\beta \to \gamma)) \to (\alpha \to \gamma))) = 0$.

(N1) Suponha que haja uma estrutura $\mathfrak{A}$ de $\mathcal{KG}^1_m$ tal que (1)$\mathfrak{A}((\alpha \to \beta) \to ((\alpha \to \neg_c\beta) \to \neg_c\alpha)) = 0$. De (1) obtemos que (2.a) $\mathfrak{A}(\alpha \to \beta) = 1$ e (2.b) $\mathfrak{A}((\alpha \to \neg_c\beta) \to \neg_c\alpha) = 0$. De (2.b) obtemos que (3.a) $\mathfrak{A}(\alpha \to \neg_c\beta) = 1$ e (3.b) $\mathfrak{A}(\neg_c\alpha) = 0$. De (3.b) obtemos que (3.b.i) $\mathfrak{A}(\alpha) = 1$. De (2.a) obtemos que ou (2.a.i) $\mathfrak{A}(\alpha) = 0$ ou (2.a.ii) $\mathfrak{A}(\beta) = 1$. No entanto, (2.a.i) contradiz (3.b.i). Portanto, segue-se que (2.a.ii). De (3.a) segue-se que (3.a.i) $\mathfrak{A}(\alpha) = 0$ ou (3.a.ii) $\mathfrak{A}(\neg_c\beta) = 1$. No entanto, como vimos anteriormente, (3.a.i) contradiz (3.b.i), seguindo-se que (3.a.ii). No entanto, de (3.a.ii) obtemos que (3.a.ii.I) $\mathfrak{A}(\beta) = 0$, que contradiz (2.a.ii). Logo, segue-se que não há uma estrutura $\mathfrak{A}$ para $\mathcal{KG}^1_m$ tal que $\mathfrak{A}((\alpha \to \beta) \to ((\alpha \to \neg_c\beta) \to \neg_c\alpha)) = 0$.

(N2) Suponha que haja uma estrutura $\mathfrak{A}$ de $\mathcal{KG}^1_m$ tal que (1) $\mathfrak{A}(\neg_q\alpha \to \neg_c\alpha) = 0$. De (1) se segue que (2) $\mathfrak{A}(\neg_q\alpha) = 1$ e (3) $\mathfrak{A}(\neg_c\alpha) = 0$. De (2) segue-se que (2.a) $\mathfrak{A}(\alpha) = 0$ e de (3) segue-se que (3.a) $\mathfrak{A}(\alpha) = 1$. Mas (2.a) e (3.a) se contradizem. Logo, não há uma estrutura $\mathfrak{A}$ para $\mathcal{KG}^1_m$ tal que $\mathfrak{A}(\neg_q\alpha \to \neg_c\alpha) = 0$.

(N3) Suponha que haja uma estrutura $\mathfrak{A}$ de $\mathcal{KG}^1_m$ tal que (1) $\mathfrak{A}(\neg_c\alpha \to \neg_p\alpha) = 0$. De (1) se segue que (2) $\mathfrak{A}(\neg_c\alpha) = 1$ e (3) $\mathfrak{A}(\neg_p\alpha) = 0$. De (2) segue-se que (2.a) $\mathfrak{A}(\alpha) = 0$ e de (3) segue-se que (3.a) $\mathfrak{A}(\alpha) = 1$. Mas (2.a) e (3.a) se contradizem. Logo, não há uma estrutura $\mathfrak{A}$ para $\mathcal{KG}^1_m$ tal que $\mathfrak{A}(\neg_c\alpha \to \neg_p\alpha) = 0$.

(N4) Suponha que haja uma estrutura $\mathfrak{A}$ de $\mathcal{KG}^1_m$ tal que (1) $\mathfrak{A}(\neg_c\neg_c\alpha \to \alpha) = 0$. De (1) se segue que (2) $\mathfrak{A}(\neg_c\neg_c\alpha) = 1$ e (3) $\mathfrak{A}(\alpha) = 0$. De (2) segue-se que (2.a) $\mathfrak{A}(\neg_c\alpha) = 0$ e de (2.a) segue-se que (2.b) $\mathfrak{A}(\alpha) = 1$. No entanto, (2.b) contradiz (3). Portanto, não há uma estrutura $\mathfrak{A}$ para $\mathcal{KG}^1_m$ tal que $\mathfrak{A}(\neg_c\neg_c\alpha \to \alpha) = 0$.

(N5) Se fosse o caso que $\vDash_{k1m} \neg_p\neg_p\alpha \to \alpha$, então obteríamos uma contradição semântica da suposição que há alguma estrutura $\mathfrak{A}$ de $\mathcal{KG}^1_m$ tal que (1) $\mathfrak{A}(\neg_p\neg_p\alpha \to \alpha) = 0$. Vejamos se esse é o caso. De (1) obtemos que (2) $\mathfrak{A}(\neg_p\neg_p\alpha) = 1$ e (3) $\mathfrak{A}(\alpha) = 0$. No entanto, de (2) não somos capazes de obter que $\mathfrak{A}(\alpha) = 1$ e, assim, seguir-se uma contradição. Portanto, $\nvDash_{k1m} \neg_p\neg_p\alpha \to \alpha$.

(N6) Se fosse o caso que $\vDash_{k1m} \alpha \to \neg_q\neg_q\alpha$, então obteríamos uma contradição semântica da suposição que há alguma estrutura $\mathfrak{A}$ de $\mathcal{KG}^1_m$ tal que (1) $\mathfrak{A}(\alpha \to \neg_q\neg_q\alpha) = 0$. Vejamos se esse é o caso. De (1) obtemos que (2) $\mathfrak{A}(\alpha) = 1$ e (3) $\mathfrak{A}(\neg_q\neg_q\alpha) = 0$. No entanto, de (1) não somos capazes de obter que $\mathfrak{A}(\alpha) = 0$ e, assim, seguir-se uma contradição. Portanto, $\nvDash_{k1m} \alpha \to \neg_q\neg_q\alpha$. □

Teorema 81. *Em $\mathcal{KG}^1_p$, obtemos que:*

(C1) $\vDash_{k1p} \alpha \to (\beta \to \alpha)$

(C2) $\vDash_{k1p} (\alpha \to \beta) \to ((\alpha \to (\beta \to \gamma)) \to (\alpha \to \gamma))$

(N1) $\vDash_{k1p} (\alpha \to \beta) \to ((\alpha \to \neg_c\beta) \to \neg_c\alpha)$

(N2) $\vDash_{k1p} \neg_q\alpha \to \neg_c\alpha$

(N3) $\vDash_{k1p} \neg_c\alpha \to \neg_p\alpha$

(N4) $\vDash_{k1p} \neg_c\neg_c\alpha \to \alpha$

(N5) $\vDash_{k1p} \neg_p\neg_p\alpha \to \alpha$

(N6) $\nvDash_{k1p} \alpha \to \neg_q\neg_q\alpha$

Demonstração. As demonstração de (C1)-(N4) e (N6) são as mesmas vistas no teorema 80 (p. 180). Precisamos, portanto, avaliar (N5). Antes de iniciarmos a demonstração, devemos levar em consideração que a semântica para $\mathcal{KG}^1_p$ introduz, além de todas as condições de verdade para $\mathcal{KG}^1_m$, a condição: (j) Se $\mathfrak{A}, v \Vdash_{i1} \neg_p\neg_p\alpha$, então $\mathfrak{A}, v \Vdash_{k1p} \alpha$. Através dessa condição, a demonstração de

(N5) se torna direta. Suponha que haja uma estrutura $\mathfrak{A}$ de $\mathcal{KG}_p^1$ tal que (1) $\mathfrak{A}(\neg_p\neg_p\alpha \rightarrow \alpha) = 0$. De (1) obtemos que (2) $\mathfrak{A}(\neg_p\neg_p\alpha) = 1$ e (3) $\mathfrak{A}(\alpha) = 0$. Dada a condição (j), segue-se de (2) que (2.a) $\mathfrak{A}(\alpha) = 1$, o que contradiz (3). Portanto, não há uma estrutura $\mathfrak{A}$ para $\mathcal{KG}_p^1$ tal que $\mathfrak{A}(\neg_p\neg_p\alpha \rightarrow \alpha) = 0$ □

Teorema 82. *Em $\mathcal{KG}_q^1$, obtemos que:*

(C1) $\vDash_{k1q} \alpha \rightarrow (\beta \rightarrow \alpha)$

(C2) $\vDash_{k1q} (\alpha \rightarrow \beta) \rightarrow ((\alpha \rightarrow (\beta \rightarrow \gamma)) \rightarrow (\alpha \rightarrow \gamma))$

(N1) $\vDash_{k1q} (\alpha \rightarrow \beta) \rightarrow ((\alpha \rightarrow \neg_c\beta) \rightarrow \neg_c\alpha)$

(N2) $\vDash_{k1q} \neg_q\alpha \rightarrow \neg_c\alpha$

(N3) $\vDash_{k1q} \neg_c\alpha \rightarrow \neg_p\alpha$

(N4) $\vDash_{k1q} \neg_c\neg_c\alpha \rightarrow \alpha$

(N5) $\nvDash_{k1q} \neg_p\neg_p\alpha \rightarrow \alpha$

(N6) $\vDash_{k1q} \alpha \rightarrow \neg_q\neg_q\alpha$

Demonstração. As demonstração de (C1)-(N5) são as mesmas vistas no teorema 80 (p. 180). Precisamos, portanto, avaliar (N6). Antes de iniciarmos a demonstração, devemos levar em consideração que a semântica para $\mathcal{KG}_q^1$ introduz, além de todas as condições de verdade para $\mathcal{KG}_m^1$, a condição: (k) Se $\mathfrak{A}, v \Vdash_{i1} \alpha$, então $\mathfrak{A}, v \Vdash_{i1} \neg_q\neg_q\alpha$. Através dessa condição, a demonstração de (N6) se torna direta. Suponha que haja uma estrutura $\mathfrak{A}$ de $\mathcal{KG}_q^1$ tal que (1) $\mathfrak{A}(\alpha \rightarrow \neg_q\neg_q\alpha) = 0$. De (1) obtemos que (2) $\mathfrak{A}(\alpha) = 1$ e (3) $\mathfrak{A}(\neg_q\neg_q\alpha) = 0$. Dada a condição (k), segue-se de (2) que (2.a) $\mathfrak{A}(\neg_q\neg_q\alpha) = 1$, o que contradiz (3). Portanto, não há uma estrutura $\mathfrak{A}$ para $\mathcal{KG}_p^1$ tal que $\mathfrak{A}(\alpha \rightarrow \neg_q\neg_q\alpha) = 0$. □

Teorema 83. *Em $\mathcal{KG}_c^1$, obtemos que:*

(C1) $\vDash_{k1c} \alpha \rightarrow (\beta \rightarrow \alpha)$

(C2) $\vDash_{k1c} (\alpha \rightarrow \beta) \rightarrow ((\alpha \rightarrow (\beta \rightarrow \gamma)) \rightarrow (\alpha \rightarrow \gamma))$

(N1) $\vDash_{k1c} (\alpha \rightarrow \beta) \rightarrow ((\alpha \rightarrow \neg_c\beta) \rightarrow \neg_c\alpha)$

(N2) $\vDash_{k1c} \neg_q\alpha \rightarrow \neg_c\alpha$

(N3) $\vDash_{k1c} \neg_c\alpha \rightarrow \neg_p\alpha$

(N4) $\vDash_{k1c} \neg_c \neg_c \alpha \rightarrow \alpha$

(N5) $\vDash_{k1c} \neg_p \neg_p \alpha \rightarrow \alpha$

(N6) $\vDash_{k1c} \alpha \rightarrow \neg_q \neg_q \alpha$

Demonstração. As demonstrações (C1)-(N4) são as mesmas vistas no teorema 80 (p. 180). Posto que $\mathcal{KG}^1_c$ contém a condição (j), a demonstração de (N5) é a mesma que a vista no teorema 81 (p. 182). E, uma vez que $\mathcal{KG}^1_c$ contém a condição (k), a demonstração de (N6) é a mesma que a vista no teorema 82 (p. 183). □

Deveríamos agora demonstrar alguns metateoremas para a semântica alternativa que acabamos de oferecer. Contudo, como dito anteriormente, deixaremos esses resultados em aberto para uma investigação futura.

6.3 TABLEAUX ANALÍTICOS PARA KG¹

Podemos oferecer então um método de prova por Tableaux Analíticos, de modo similar ao oferecido para os sistemas proposicionais $\mathcal{KG}$. Para isso nós estenderemos as regras dos tableaux analíticos de $\mathcal{KG}$, *i.e.*, manteremos as regras dos tableaux analíticos de $\mathcal{KG}$ (o que foi visto na seção 3.3, p. 97) e adicionando regras especiais para os quantificadores. Antes de introduzirmos as regras dos quantificadores, devemos introduzir uma regra que chamaremos de "Regra do Fecho". Provamos que uma para fórmula qualquer, α, de i (sendo i um sistema de $\mathcal{KG}^1$) e α^f sendo o fecho de α, para qualquer estrutura $\mathfrak{A}$, $\mathfrak{A}(\alpha) = \mathfrak{A}(\alpha^f)$ (Teorema do Fecho: Teo. 76, p. 177). Então, introduziremos uma regra que, para qualquer fórmula aberta $\alpha(x)$, iremos substituí-la por seu fecho $\forall x \alpha(x)$. Deste modo, trabalharemos apenas com as sentenças (fórmulas fechadas) dos sistemas $\mathcal{KG}^1$.

Regra de Tableux: Fecho (FC)

1.	$\alpha(y)$	$\boxed{1}$	
2.	$\forall x \alpha[y/x]$	$\boxed{1}$	1, FC

Sendo $\alpha(y)$ uma fórmula aberta, substituindo a variável y na fórmula α por um x que não tenha ocorrido no ramo.

Regra de Tableux: Fecho (FC)

1.	$\alpha(y)$	$\boxed{0}$	
2.	$\forall x\alpha[y/x]$	$\boxed{0}$	1, FC

Sendo $\alpha(y)$ uma fórmula aberta, substituindo a variável y na fórmula α por um x que não tenha ocorrido no ramo.

Devemos também introduzir uma regra de substituição para variáveis, conforme vimos anteriormente.

Regra de Tableux: Substituição (Sub)

1.	$\alpha[x/t]$	$\boxed{1}$	
2.	$\alpha(t)$	$\boxed{1}$	1, Sub

Sendo $\alpha_{[x/t]}$ uma substituição admissível.

Regra de Tableux: Substituição (Sub)

1.	$\alpha[x/t]$	$\boxed{0}$	
2.	$\alpha(t)$	$\boxed{0}$	1, Sub

Sendo $\alpha_{[x/t]}$ uma substituição admissível.

Podemos então introduzir as regras para o Quantificador Universal e Existencial (ainda que esse último tenha sido introduzido como definido, mas será útil termos a regra para facilitar a notação).

Regra de Tableux: Quant. Universal (QU)

1.	$\forall x\alpha$	$\boxed{1}$	
2.	$\alpha[x/c]$	$\boxed{1}$	1, QU

Substituindo x por c em α para qualquer constante c.

Regra de Tableux: Quant. Universal (QU)

1.	$\forall x\alpha$	$\boxed{0}$	
2.	$\alpha[x/c]$	$\boxed{0}$	1, QU

Substituindo x por c em α desde que c seja uma nova constante no ramo.

Regra de Tableux: Quant. Existencial (QE)

1.	$\exists x\alpha$	$\boxed{1}$	
2.	$\alpha[x/c]$	$\boxed{1}$	1, QE

Substituindo x por c em α desde que c seja uma nova constante no ramo.

Regra de Tableux: Quant. Existencial (QE)

1.	$\exists x\alpha$	$\boxed{0}$	
2.	$\alpha[x/c]$	$\boxed{0}$	1, QE

Substituindo x por c em α para qualquer constante c.

Tal como vimos no capítulo 3, devemos também provar que, se assumirmos os postulados de $\mathcal{KG}^1$ com valor $\boxed{0}$, obteremos um tableaux analítico fechado (*i.e.*, encontraremos uma contradição semântica). Para a regra (MP) e os axiomas (C1)-(N6) dos sistemas $\mathcal{KG}^1$ as demonstração se seguem iguais as que desenvolvemos para os sistemas $\mathcal{KG}$. Vejamos então os postulados dos sistemas $\mathcal{KG}^1$ que diferem de $\mathcal{KG}$, sendo eles (Q1)-(GEN).

Teorema 84 (Demonstração de Q1). $\vDash_i \forall x\alpha(x) \to \alpha_{[x/t]}$

Demonstração:

1.	$\forall x\alpha(x) \to \alpha[x/t]$	$\boxed{0}$	
2.	$\forall x\alpha(x)$	$\boxed{1}$	1, CD
3.	$\alpha[x/t]$	$\boxed{0}$	1, CD
4.	$\alpha(t)$	$\boxed{0}$	3, Sub
5.	$\alpha(t)$	$\boxed{1}$	2, QU
	$\otimes$		

Teorema 85 (Demonstração de Q2). *Seja α uma fórmula onde a variável x não ocorre livre*

$$\vDash_i \forall(x)(\alpha \to \beta(x)) \to \alpha \to \forall x\beta(x)$$

Demonstração:

1.	$\forall(x)(\alpha \to \beta(x)) \to \alpha \to \forall x\beta(x)$ $\boxed{0}$	
2.	$\forall x(\alpha \to \beta(x))$ $\boxed{1}$	
3.	$\alpha \to \forall x\beta(x)$ $\boxed{0}$	
4.	α $\boxed{1}$	2, CD
5.	$\forall x\beta(x)$ $\boxed{0}$	2, CD
6.	$\beta(a)$ $\boxed{0}$	4, QU
7.	$\alpha \to \beta(a)$ $\boxed{1}$	1, QU
8.	α $\boxed{0}$ $\otimes$ ∣ $\beta(a)$ $\boxed{1}$ $\otimes$	6, CD

Teorema 86 (Demonstração de GEN). *Se x ocorre livre em α, então*

$$\alpha \vDash_i \forall x\alpha(x)$$

Demonstração:

1.	α $\boxed{1}$	
2.	$\forall x\alpha(x)$ $\boxed{0}$	
3.	$\alpha(t)$ $\boxed{0}$	2, QU
4.	$\forall y\alpha(y)$ $\boxed{1}$	1, FC
5.	$\alpha(t)$ $\boxed{1}$ $\otimes$	4, QU

Deveríamos agora provar a correção e completude do método de Tableaux Analítico. Contudo, como vimos anteriormente, posto que os sistemas $\mathcal{KG}^1$ são corretos e completos, assumiremos que seu método de tableux também é.

6.4 POSSÍVEIS TEORIAS SOBRE OS SISTEMAS KG[1]

Existem, a princípio, infinitas possíveis teorias que podemos construir sobre os sistemas $\mathcal{KG}^1$. Todavia, algumas dessas são *dignas de nota*, como é o caso das extensões dos sistemas $\mathcal{KG}^1$ introduzindo a noção de identidade, como também a chamada "Aritmética de Robinson" Robinson (1950).

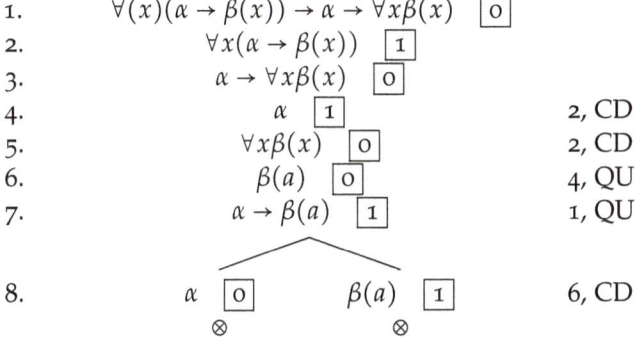

6.4.1 *Extensão dos Sistemas KG^1 com Identidade*

Posto que vimos até agora, podemos estender a linguagem dos sistemas $\mathcal{KG}^1$ ao introduzir um símbolo "=" (que chamaremos de "identidade"), adicionando postulados (no caso, um axioma e um esquema de axioma) específicos para esse símbolo, que seriam (sendo φ uma metavariável para fórmulas):

$(=_1)$ $\forall x(x = x)$

$(=_2)$ $\forall x \forall y(x = y \rightarrow (\varphi(x) \rightarrow \varphi(y)))$

Iremos nos referir às teorias resultantes como sistemas $\mathcal{KG}^=$. De modo geral, precisamos agora oferecer uma semântica adequada para tais expressões e provar a correção e completude dos referidos sistemas. Todavia, como vimos até agora, as demonstrações desses metateoremas são similares aos já conhecidos para a Lógica Clássica de Primeira Ordem. Deste modo, assumiremos aqui que as extensões elementares com identidade são, também, corretas e completas.

Vinculada à noção de *identidade* (=), temos a noção de *diferença* ($\neq$), compreendida como a negação de uma relação de identidade entre dois termos. Todavia, posto que qualquer sistema $\mathcal{KG}^=$ contém três tipos de negações, consequentemente teremos três tipos de diferenças, sendo elas definidas como:

Diferença Clássica: $(x \neq_c y) \stackrel{\text{def}}{=} \neg_c(x = y)$

Diferença Paraconsistente: $(x \neq_p y) \stackrel{\text{def}}{=} \neg_p(x = y)$

Diferença Paracompleta: $(x \neq_q y) \stackrel{\text{def}}{=} \neg_q(x = y)$

Note, pois, que $\mathfrak{A}(a \neq_c b) = 1$ sse $\mathfrak{A}(a = b) = 0$. No entanto, pode ser o caso que (1) $\mathfrak{A}(a \neq_p b) = \mathfrak{A}(a = b) = 1$ ou mesmo que (2) $\mathfrak{A}(a \neq_q b) = \mathfrak{A}(a = b) = 0$. Qual seria o significado dos casos (1) e (2)? Como interpretar essas noções de diferenças que divergem da *tradicional* (*i.e.*, noção clássica)?

6.4.2 *Aritmética de Robinson em KG^1*

Vejamos a Aritmética de Robinson, tal como apresentada por Mendelson (1997, p. 202-3). Seja $\mathcal{T}^i_{ar} = \langle i, s, 0, \times, +, <, = \rangle$ uma teoria tal que i é um dos sistemas $\mathcal{KG}^1$; s é uma função unária $s(x)$, lido como "o sucessor de x"; 0 é um símbolo distinguido, que interpretaremos como *zero*; $\times$ e $+$ sendo duas operações binárias que interpretaremos como multiplicação e adição, respectivamente;

$=$ e $<$ serão duas relações binária que interpretaremos como identidade e relação de menor que, respectivamente. Os postulados de T_{ar} são a união dos postulados de i e o conjunto de postulados específicos apresentados abaixo, definidos sobre a linguagem de $\mathcal{T}^i_{ar}$:

(a) $\forall x(x = x)$

(b) $\forall x \forall y(x = y \rightarrow y = x)$

(c) $\forall x \forall y \forall z(x = y \rightarrow (x = z \rightarrow y = z))$

(d) $\forall x \forall y(x = y \rightarrow s(x) = s(y))$

(e) $\forall x \forall y \forall z(x = y \rightarrow ((x + z = y + z) \wedge (z + x = z + y))$

(f) $\forall x \forall y \forall z(x = y \rightarrow ((x \times z = y \times z) \wedge (z \times x = z \times y)))$

(g) $\forall x \forall y(s(x) = s(y) \rightarrow x = y)$

(h) $\forall x \neg_c(0 = s(x))$

(i) $\forall x \neg_c(x = 0) \rightarrow \exists y(x = s(y))$

(j) $\forall x((x + 0) = x)$

(k) $\forall x \forall y(x + s(y) = s(x + y))$

(l) $\forall x((x \times 0) = 0)$

(m) $\forall x \forall y((x \times s(y)) = ((x \times y) + x))$

(n) $\forall x \neg_c(x < 0)$

(o) $\forall x(0 = x \vee 0 < x)$

(p) $\forall x \forall y((x < y) \leftrightarrow (s(x) < y \vee s(y) = y))$

(q) $\forall x \forall y((x < s(y) \leftrightarrow (x < y \vee x = y)))$

Com os postulados do sistema i e os dezessete postulados anteriores, somos capazes de obter a chamada "Aritmética de Robinson", dado que os postulados (h), (i) e (n) utilizam da negação clássica – equivalentes, portanto, a formulação usual da aritmética de Robinson no cálculo de predicados clássico. Mas e se utilizarmos alguma das outras negações nesses postulados? Como, por exemplo, para os postulados (h) e (n):

(h′) $\forall x(\neg_p(0 = s(x)))$ (h″) $\forall x(\neg_q(0 = s(x)))$

(n′) $\forall x \neg_p(x < 0)$ (n″) $\forall x \neg_q(x < 0)$

Poderíamos construir alguma *matemática* que pudesse ser tanto clássica, quanto paraconsistente e paracompleta em uma mesma teoria erigida sobre algum dos sistemas $\mathcal{KG}^1$? Seria ela relevante (ou útil)? Se utilizarmos (h′) e (n′), posto que a negação paraconsistente de uma fórmula não implica em sua negação clássica, a aritmética resultante sofreria dos Teoremas de Incompletude de Gödel (1992)?

6.5 UMA VARIAÇÃO DOS SISTEMAS KG^1

Façamos agora uma variação dos sistemas $\mathcal{KG}^1$, que chamaremos de "$\mathcal{KG}^*$". Esta variação será construída sobre um i que seja algum dos sistemas $\mathcal{KG}^1$, adicionamos os seguintes postulados específicos a sintaxe de i:

(NQ1) $\neg_q \forall x \alpha \to \neg_c \forall x \neg_c \neg_q \alpha$

(NQ2) $\neg_q \neg_c \forall x \neg_c \alpha \to \forall x \neg_q \alpha$

(NQ3) $\neg_p \forall x \alpha \to \neg_c \forall x \neg_c \neg_p \alpha$

(NQ4) $\neg_p \neg_c \forall x \neg_c \alpha \to \forall x \neg_p \alpha$

Posto a definição do quantificador existencial (Def. 65, p. 163):

$$\exists x \alpha \stackrel{\text{def}}{=} \neg_c \forall x \neg_c \alpha$$

obtemos que os esquemas de axiomas (NQ1)-(NQ4) podem ser lidos como:

(NQ1) $\neg_q \forall x \alpha \to \exists x \neg_q \alpha$

(NQ2) $\neg_q \exists x \alpha \to \forall x \neg_q \alpha$

(NQ3) $\neg_p \forall x \alpha \to \exists x \neg_p \alpha$

(NQ4) $\neg_p \exists x \alpha \to \forall x \neg_p \alpha$

Para a semântica de $\mathcal{KG}^*$, introduzimos todas as condições de i (sendo i um sistema $\mathcal{KG}^1$) para a noção de verdade em uma estrutura (Def. 84, p. 176) e adicionamos as seguintes condições:

1) Se $\mathfrak{A}, v \Vdash_{i1} \neg_q \forall x \alpha$, então $\mathfrak{A}, v \Vdash_{i1} \neg_c \forall x \neg_c \neg_q \alpha$

2) Se $\mathfrak{A}, v \Vdash_{i1} \neg_p \forall x \alpha$, então $\mathfrak{A}, v \Vdash_{i1} \neg_c \forall x \neg_c \neg_p \alpha$

3) Se $\mathfrak{A}, v \Vdash_{i1} \neg_q \neg_c \forall x \neg_c \alpha$, então $\mathfrak{A}, v \Vdash_{i1} \forall x \neg_q \alpha$

4) Se $\mathfrak{A}, v \Vdash_{i1} \neg_p \neg_c \forall x \neg_c \alpha$, então $\mathfrak{A}, v \Vdash_{i1} \forall x \neg_p \alpha$

O que, novamente levando em consideração a definição do quantificador existencial, entendemos as condições anteriores como:

1) Se $\mathfrak{A}, v \Vdash_{i1} \neg_q \forall x \alpha$, então $\mathfrak{A}, v \Vdash_{i1} \exists x \neg_q \alpha$

2) Se $\mathfrak{A}, v \Vdash_{i1} \neg_p \forall x \alpha$, então $\mathfrak{A}, v \Vdash_{i1} \exists x \neg_p \alpha$

3) Se $\mathfrak{A}, v \Vdash_{i1} \neg_q \exists x \alpha$, então $\mathfrak{A}, v \Vdash_{i1} \forall x \neg_q \alpha$

4) Se $\mathfrak{A}, v \Vdash_{i1} \neg_p \exists x \alpha$, então $\mathfrak{A}, v \Vdash_{i1} \forall x \neg_p \alpha$

Para os tableaux de $\mathcal{KG}^*$ introduziremos quatro regras que reflitam as condições (1)-(4) a cima. Note que os esquemas axiomas (NQ1)-(NQ4) garantem resultados que não eram antes demonstráveis. Por exemplo, como afirmam da Costa et al. (2007, p. 813), no cálculo $\mathscr{C}_1{}^1$ (que são as extensões elementares do cálculo $\mathscr{C}_1$), o seguinte esquema é válido:

$$\forall x(\alpha(x))^\circ \vdash_{C_1^1} \neg_p \exists x \alpha \rightarrow \forall x \neg_p \alpha$$

Contudo, como podemos reparar, a fórmula $\alpha(x)$ deve ser *bem comportada* (no sentido paraconsistente), o que implicaria, portanto, que a seguinte fórmula vale:

$$\vdash_{C_1^1} \neg_c \exists x \alpha \rightarrow \forall x \neg_c \alpha$$

posto que em $\mathscr{C}_1{}^1$ a negação paraconsistente de uma fórmula bem comportada é equivalente a sua negação clássica (ou "negação forte", como chamam os autores). Em $\mathcal{KG}_c^1$ nós obtemos que

$$\vdash_{K1c} \neg_c \exists x \alpha \rightarrow \forall x \neg_c \alpha$$

no entanto, o seguinte esquema não é válido nem em $\mathscr{C}_1^1$ e nem em $\mathcal{KG}_c^1$:

$$\neg_p \exists x \alpha \rightarrow \forall x \neg_p \alpha$$

Todavia, dado o postulado (NQ4), este esquema é válido em qualquer um dos sistemas $\mathcal{KG}^*$. Qual a utilidade disso (e de outros resultados semelhantes)? Pensemos nas seguintes fórmulas que poderiam ser ambas verdadeiras em $\mathcal{KG}^1$:

$$(1)\ \exists x P(x)$$
$$(2)\ \neg_p \exists x P(x)$$

O que elas, intuitivamente, querem dizer? A fórmula (1) conseguimos compreender posto a semântica oferecida: há ao menos um indivíduos sob quantificação que pertence a extensão de P. No entanto, o que significaria (2) intuitivamente? A semântica que oferecemos para os sistemas $\mathcal{KG}^1$ apenas permitem que a fórmula (2) seja verdadeira, mesmo que (1) também o seja. Todavia, essa semântica não nos descreve intuitivamente qual o significado disso. Por outro lado, nos sistemas $\mathcal{KG}^*$ (através do postulado (NQ4)), obtermos a partir de (2) a fórmula

$$(2')\ \forall x \neg_p P(x)$$

e, posto a interpretação intuitiva que oferecemos, podemos entender (2') significando que todo indivíduo sob quantificação pertence ao conjunto P^p. Ao substituirmos em (1) a variável x por uma constante individual c, obtemos que $P(c)$ e, a partir de (2'), obtemos que $\neg_p P(c)$. Conforme o diagrama que oferecemos, podemos entender assim que o elemento que interpreta c no domínio de nossa estrutura de primeira ordem (que chamarei de "c^I") estaria no conjunto $P^{i'}$, tal como podemos ver:

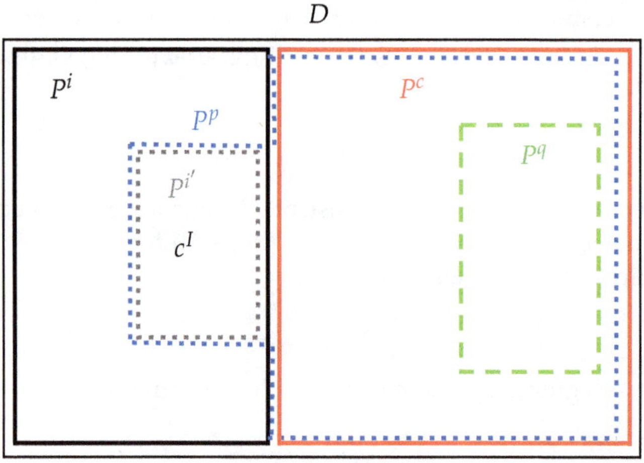

Algo semelhante ocorre com as fórmulas

$$(3)\ \neg_c \exists x P(x)$$

$$(4)\ \neg_c\neg_q\exists xP(x)$$

A partir de (3) obtemos que (3') $\forall x\neg_c P(x)$. No entanto, a partir de (4), nos sistemas $\mathcal{KG}^1$, não obtemos que (4') $\neg_c\forall x\neg_q P(x)$ e, a partir disso, (4") $\exists x\neg_c\neg_q P(x)$. Esse resultado seria obtido em $\mathcal{KG}^*$, posto o axioma (NQ2). A partir de (4"), substituindo a variável x por uma constante c, obtemos que $\neg_c\neg_q P(c)$ e, de (3'), obtemos que $\neg_c P(c)$. Interpretando a constante c no elemento c^I do domínio, podemos observar esse resultado em nosso diagrama do seguinte modo:

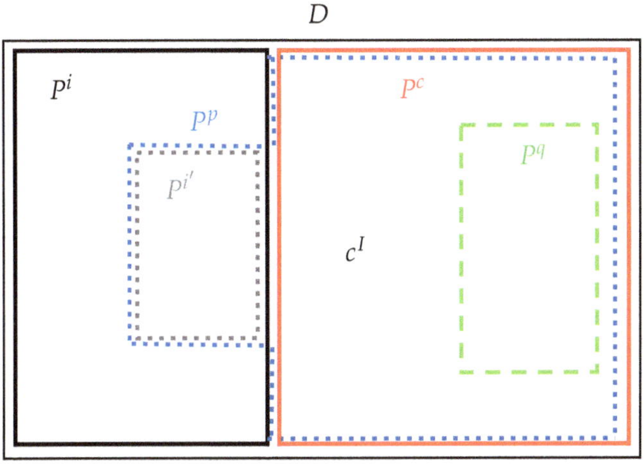

Repare que c^I pertence ao conjunto P^c (ou seja, ao conjunto-complemento de P^i, que é o conjunto que interpreta o predicado P) e, ao mesmo tempo, c^I não pertence a P^q. Ou seja, não obtemos $P(c)$ e $\neg_q P(c)$ ou, de modo equivalente, obtemos que $\neg_c P(c)$ e $\neg_c\neg_q P(c)$. Uma vez que é falso tanto que $P(c)$ como $\neg_q P(c)$ (sem incorrer em uma contradição semântica), isso garante que $\neg_q$ é uma negação paracompleta.

Parte IV

CONCLUSÃO

7

A FILOSOFIA DE TANTAS NEGAÇÕES

> “There can be only one!”
>
> THE KURGAN
> *Highlander, 1986*

> “One ~~ring~~ negation to rule them all...”
>
> ~~J. R. R. TOLKIEN~~
> AUTOR DESCONHECIDO

Como observado inicialmente, alguns problemas referentes às negações foram deixados de lado ao longo de todo o trabalho.[98] Tais problemas, com teor filosófico, serão *brevemente* tratados a seguir. Contudo, faz-se mister que os tópicos discutidos adiante sejam melhor abordados em trabalhos futuros.

Ao longo do trabalho discutimos o comportamento de três conectivos que, de modo geral, chamamos de "negação" (*viz.*, *negação* clássica, *negação* paraconsistente e *negação* paracompleta).[99] Esses conectivos se comportam sintaticamente de acordo com o que é prescrito em seus sistemas (que eles levam o nome), enquanto que semanticamente (assumindo uma semântica *standard* bivalorativa para cada sistema) eles se comportam como um operador de contradição (no caso da negação clássica), um operador de contrariedade (no caso da negação paracompleta) e um operador de subcontrariedade (no

98 Confesso a dúvida com relação à redação do que abordaremos aqui. Por um lado, alguns dos problemas poderiam ter sido melhor explorados no capítulo introdutório, enquanto que outros só seriam adequadamente abordados após a familiaridade com os sistemas lógicos tratados ao longo de todo o trabalho. Assim, poderia então *diluir* o que será tratado aqui ao longo de todo o trabalho, ou reuni-los em um capítulo só. Optei por reuni-los em um capítulo ao final, uma vez que (como espero deixar claro) tais problemas se relacionam.

99 Discutimos anteriormente a chamada "negação não-alética" que, no compto geral, se comporta como uma dessas outras três negações. Portanto, nos restringiremos a elas.

caso da negação paraconsistente). No entanto, desde o começo, assumimos algo que não é gratuito: esses três conectivos são *tipos* de negações. Ao assumirmos isso estamos supondo ao menos duas coisas: (1) há algo que os três conectivos *satisfazem* que nos permite caracterizá-los como *negações*; (2) não há apenas *uma* negação, mas ao menos três *tipos* de negações. Essas duas suposições enfrentam problemas, que pretendemos tratar adiante. Primeiramente, vejamos o problema suscitado por (1).

7.1 DEFININDO O(S) CONECTIVO(S) DE *negação*

Ao assumirmos que os três conectivos lógicos, designados anteriormente por $\neg_c$, $\neg_p$ e $\neg_q$, são três *tipos* de negações, estamos sub-repticiamente supondo que há algo que eles compartilham, de modo que eles satisfariam alguma(as) condição(ões) mínima(s) para serem *negações*. Mas, para sabermos se eles de fato compartilham tal(is) condição(ões), devemos nos perguntar: o que faz de um conectivo lógico ser uma negação? A resposta a essa pergunta, *prima facie*, nos oferecerá a definição da negação como um conectivo lógico, sendo esperado que tal resposta nos proporcione aquilo que chamamos de condição(ões) "necessária(s)" e (conjuntamente, se mais de uma) "suficiente(s)". Há aqui duas posições iniciais com relação a esse problema, que chamaremos de "essencialistas", assumindo, desse modo, que há uma definição explícita para negação (*i.e.*, uma definição em termos de condições necessárias e suficientes); e "não-essencialistas", assumindo que não há quaisquer condições que tais conectivos devam satisfazer, *i.e.*, não *definimos* a negação explicitamente.

7.1.1 *Respostas Não-Essencialistas*

Para as respostas *não-essencialistas*, vislumbramos aqui dois tipos gerais, que chamaremos de "wittgensteiniana" e "instrumentalista". A resposta wittgensteiniana, como o nome sugere, direciona para o uso linguístico do termo "negação", não havendo uma definição clara para tal termo, de modo que os três conectivos podem ser chamados de "negações" por uma *semelhança de família*. Ou seja, tal resposta não pretende oferecer uma definição explícita, mas fixar o significado de negação pelo contexto de seu uso.

A posição instrumentalista, por outro lado, pode ser considerada *parcialmente essencialista*, sendo caracterizada pela seguinte ideia: uma *negação* é aquilo que satisfaz os postulados do que chamamos por "negação" em um dado sistema. Repare que, por um lado, um conectivo deve satisfazer um conjunto de postulados (sintáticos e/ou semânticos), dentro de um sistema oferecido, para que o conectivo seja considerado uma negação – o que pode ser entendido como condição necessária e suficiente para ser uma negação relativo àquele sistema. Por outro, esvazia-se a noção de *negação* em prol do seu uso linguístico. Isto é, se questionarmos quais são exatamente os postulados esse conectivo deve satisfazer, a resposta seria algo como: aqueles postulados que resolvemos (seja o autor, seja a comunidade) chamar de "negação" naquele sistema. Essa resposta permite *relativizarmos* a noção de *negação*, de modo que o que chamamos de "negação" será interno a um sistema oferecido. Portanto, em $\mathcal{LPC}$ a negação é o conectivo que satisfaz os postulados da negação da *Lógica Clássica*; em $\mathscr{C}_n$ $(0 \leq n \leq \omega)$ a negação é o conectivo que satisfaz os postulados da negação do *Cálculo Paraconsistente*; e assim por diante.

Devemos notar que essas duas repostas visam a recusar o problema de encontrar uma definição explícita, de modo que não iremos tratar deles aqui. Dito isso, passemos às respostas *essencialistas*.

7.1.2 *Respostas Essencialistas*

Como visto anteriormente, os conectivos lógicos podem ser analisados com relação a seu comportamento sintático ou seu comportamento semântico. Podemos encontrar ao menos três tipos de respostas essencialistas, sendo elas caracterizadas pela *natureza* das condições que são oferecidas. Chamaremos de "definições sintáticas" aquelas definições cujas condições necessárias e (conjuntamente) suficientes se apoiam apenas no comportamento sintático da negação. Chamaremos de "definições semânticas" aquelas cujas as condições são determinas pelo comportamento semântico da negação. Por fim, chamaremos de "definições mistas" aquelas que, de alguma forma, oferecem tanto condições sintáticas quanto semânticas para um conectivo ser uma *negação*.

Definições Sintáticas

Distinguiremos ao menos quatro definições sintáticas da negação, sendo elas:[100]

100 Devemos levar em consideração que não há apenas *uma* Lógica (ou hierarquia de lógicas) Paraconsistente ou *uma* Lógica (ou hierarquia de lógicas) Paracompleta na literatura. Portanto, para cada uma dessas definições devemos levar em conta que há diversos modos diferentes de caracterizar uma negação paraconsistente ou paracompleta. Além do mais, não há apenas esses sistemas, o que pode gerar outras definições sintáticas para além das quatro a seguir.

- **Clássica:** Um conectivo lógico é uma negação *sse* satisfaz os postulados sintáticos da negação clássica, permitindo demonstrar os mesmos teoremas referentes a esse.
- **Paraconsistente:** Um conectivo lógico é uma negação *sse* satisfaz os postulados sintáticos da negação paraconsistente, permitindo demonstrar os mesmos teoremas referentes a esse.
- **Paracompleta:** Um conectivo lógico é uma negação *sse* satisfaz os postulados sintáticos da negação paracompleta, permitindo demonstrar os mesmos teoremas referentes a esse.
- **Disjuntivista:** Um conectivo lógico é uma negação *sse* satisfaz os postulados sintáticos ou da negação paraconsistente ou da negação paracompleta, permitindo demonstrar os mesmos teoremas referentes a esses.

Como podemos esperar, a negação de $\mathcal{LPC}$ satisfaz a *definição sintática clássica*, a negação paraconsistente *forte*, definida em $\mathscr{C}_n$ $(0 \leq n \leq \omega)$, e a negação paracompleta *forte*, definida em $\mathscr{P}_n$ $(0 \leq n \leq \omega)$. Isso não ocorre, contudo, com a própria negação paraconsistente e paracompleta *tout court* (*i.e.*, sem ser suas versões *fortes*, que exigem que a fórmula em questão seja bem comportada). Por outro lado, a negação clássica seria uma negação de acordo com a *definição sintática paraconsistente* e a *definição sintática paracompleta*.

Por fim, devemos notar que a *definição sintática disjuntivista* pode ser considerada a mais fraca de todas, exigindo apenas que os postulados da negação paraconsistente *ou* paracompleta sejam satisfeitos. Uma vez que a negação clássica satisfaz os postulados da negação paraconsistente e paracompleta, obtemos que os três conectivos aqui discutidos são *negações*. A definição sintática disjuntivista pode ser considerada a mais débil, não apenas por abarcar todos os três conectivos como negação (sendo a menos restritiva nesse aspecto),[101] mas também que sua estrutura disjuntiva pode enfrentar objeções.

Definições Semânticas

Distinguiremos ao menos quatro definições sintáticas da negação, sendo elas:[102]

- **Clássica:** Um conectivo lógico é uma negação *sse* seu comportamento semântico é de um operador de contradição.

101 O que, particularmente, não considero sinal de fraqueza.
102 Ressaltamos aqui também o que foi comentado na nota 100, p. 199.

- **Paraconsistente:** Um conectivo lógico é uma negação *sse* seu comportamento semântico é de um operador de subcontrariedade.
- **Paracompleta:** Um conectivo lógico é uma negação *sse* seu comportamento semântico é de um operador de contrariedade.
- **Disjuntivista:** Um conectivo lógico é uma negação *sse* seu comportamento semântico é ou de um operador de contradição, ou de contrariedade ou de subcontrariedade.

Devemos estabelecer aqui duas possíveis formas de definir os operadores de (i) contradição, (ii) contrariedade e (iii) subcontrariedade. O modo pelo qual tais operadores são definidos modifica o modo como entendemos as definições semânticas oferecidas acima. Vejamos o operador de (i) contradição:

Um conectivo $\star$ é um operador de contradição sse:

(i.a) $v(\alpha) = 1 \Leftrightarrow v(\star\alpha) = 0$;

(i.b) não é possível que $v(\alpha) = v(\star\alpha)$.

Podemos facilmente observar que (i.b) se segue de (i.a), mas não o contrário. Isso ficará claro adiante. Vejamos agora o operador de (ii) contrariedade.

Um conectivo $\star$ é um operador de contrariedade sse:

(ii.a) $v(\alpha) = 1 \Rightarrow v(\star\alpha) = 0$;

(ii.b) é possível que $v(\alpha) = v(\star\alpha) = 0$, mas não $v(\alpha) = v(\star\alpha) = 1$.

Notemos que (ii.b) se segue de (ii.a), mas não o contrário. Por fim, o operador de (iii) subcontrariedade pode ser estabelecido através de outras duas abordagens.

Um conectivo $\star$ é um operador de subcontrariedade sse:

(iii.a) $v(\alpha) = 0 \Rightarrow v(\star\alpha) = 1$;

(iii.b) é possível que $v(\alpha) = v(\star\alpha) = 1$, mas não $v(\alpha) = v(\star\alpha) = 0$.

Novamente, (iii.b) se segue de (iii.a), mas não o contrário. Se nos restringirmos às abordagens (i.a), (ii.a) e (iii.a), é fácil observarmos que a negação introduzida em $\mathcal{LPC}$ satisfaz as condições de ser um operador de contradição, contrariedade e subcontrariedade – sendo, assim, uma *negação* de acordo com as definições semânticas clássicas, paraconsistente e paracompleta. Todavia, se nos restringirmos às abordagens (i.b), (ii.b) e (iii.b), o conectivo de negação da $\mathcal{LPC}$ satisfaz a condição de ser um operador de contradição (sendo, assim, uma *negação* de acordo com a *definição semântica clássica*), mas não será um operador de contrariedade ou subcontrariedade – uma vez que não garante as condições (ii.b) e (iii.b). Consequentemente, tal conectivo não seria uma negação de acordo com as *definições semânticas paraconsistente* e *paracompleta*. Por fim, a abordagem disjuntivista permite caracterizarmos os três conectivos analisados, mas enfrentará possíveis objeções que as definições na forma disjuntiva enfrentam.

Definições Mistas

Diferentemente das definições sintáticas e semânticas, distinguiremos ao menos cinco definições mistas da negação, sendo elas:[103]

- **Clássica:** Um conectivo lógico é uma negação *sse* satisfaz os postulados sintáticos da negação clássica e seu comportamento semântico é de um operador de contradição.
- **Paraconsistente:** Um conectivo lógico é uma negação *sse* satisfaz os postulados sintáticos da negação paraconsistente e seu comportamento semântico é de um operador de subcontrariedade.
- **Paracompleta:** Um conectivo lógico é uma negação *sse* satisfaz os postulados sintáticos da negação paracompleta e seu comportamento semântico é de um operador de contrariedade.
- **Disjuntivista:** Um conectivo lógico é uma negação *sse* satisfaz as condições da definição mista clássica, ou da definição mista paraconsistente ou da condição mista paracompleta.
- **Generalista:** Um conectivo lógico é uma negação *sse* satisfaz alguma forma de *redução ao absurdo* e, *em certas condições* que uma fórmula tenha valor designado, torne a mesma fórmula operada pelo conectivo em questão (sob a mesma valoração) em valor não-designado – e vice-versa.

Como podemos ver, as definições mistas clássica, paraconsistente, paracompleta e disjuntiva combinam as respectivas definições sintáticas e semânticas. As análises feitas com relação as definições dos operadores de (i) contradição,

103 Ressaltamos aqui também o que foi comentado na nota 100, p. 199.

(ii) contrariedade e (iii) subcontrariedade também devem ser comentadas aqui. Se nos restringirmos as definições (i.a), (ii.a) e (iii.a), a negação introduzida em $\mathcal{LPC}$ satisfaz as condições das definições mistas clássica, paraconsistente e paracompleta. O mesmo ocorrerá com as negações paraconsistente e paracompleta *forte*. Por outro lado, se nos restringirmos às definições (i.b), (ii.b) e (iii.b), o mesmo não acontece, como observado anteriormente. Os problemas com a definição mista disjuntivista serão os mesmos comentados com relação às definições sintática e semântica disjuntivista.

Por fim, devemos tecer alguns comentários com relação à *definição mista generalista*. Como vimos ao longo do trabalho, os três conectivos analisados satisfazem ao menos uma forma da chamada "redução ao absurdo".[104] É argumentável que tal princípio (ou estrutura argumentativa) é uma ferramenta importante para a racionalidade e para o modo como compreendemos (ainda que intuitivamente) o que é uma *negação*.[105] Esse motivo, ainda que frágil, visa a oferecer uma justificativa para adicionarmos tal condição à definição mista generalista. A segunda condição necessária dessa definição visa a estabelecer outro aspecto importante que um conectivo deve satisfazer para ser uma negação: ser capaz, *em certas condições*, de trocar o valor-de-verdade de uma fórmula entre designado e não-designado. Os três conectivos que analisamos anteriormente (*viz.* $\neg_c$, $\neg_q$ e $\neg_p$) satisfazem a segunda condição, como fica claro na seguinte quase-matriz, que forma suas tabelas de verdade:

<table>
<tr><th></th><th>α</th><th>$\neg_c\alpha$</th><th>$\neg_p\alpha$</th><th>$\neg_q\alpha$</th></tr>
<tr><td>(a.1)</td><td rowspan="2">1</td><td rowspan="2">0</td><td>0</td><td rowspan="2">0</td></tr>
<tr><td>(a.2)</td><td>1</td></tr>
<tr><td>(b.1)</td><td rowspan="2">0</td><td rowspan="2">1</td><td rowspan="2">1</td><td>1</td></tr>
<tr><td>(b.2)</td><td>0</td></tr>
</table>

Nas condições (a.1) e (a.2), nas quais α tem valor designado, o valor de $\neg_c\alpha$ é não-designado; nas condições (b.1) e (b.2), nas quais α tem valor não-designado, $\neg_c\alpha$ tem valor designado. Ou seja, tal conectivo satisfaz o critério de que, em certas condições (no caso, em todas elas), a negação clássica de uma fórmula α tem valor não-designado quando a fórmula α tem valor designado; e tem valor não-designado quando a fórmula α tem valor designado.

Já com relação à negação paraconsistente, nas condições (b.1) e (b.2), nas quais α tem valor não-designado, o valor de $\neg_p\alpha$ é designado; contudo, en-

104 No capítulo 1 com relação à $\mathcal{LPC}$, $\mathscr{C}_n$ e $\mathscr{P}_n$ $(0 \leq n \leq \omega)$ e, posteriormente, acerca das negações dos Sistemas $\mathcal{KG}$, no capítulo 5.
105 *Cf.* Schwed (1999)

quanto que na condição (a.1) a negação paraconsistente inverte o valor de verdade, sendo α com valor designado e $\neg_p\alpha$ com valor não-designado, na condição (a.2) os valores de ambas as fórmulas, α e $\neg_p\alpha$ tem o mesmo valor designado. Uma vez que a condição oferecida pela definição mista generalista exige a troca de valores apenas *em certas condições*, as condições (a.1), (b.1) e (b.2) garantem que a negação paraconsistente seja uma negação. Por fim, com relação à negação paracompleta, as condições (b.1), (a.1) e (a.2) garantem que $\neg_q$ seja também uma negação – pelos mesmos motivos apresentados para a negação paraconsistente. A segunda condição da definição mista generalista parece ser mais próxima da caracterização inicial de negação oferecida anteriormente:

> "(...) *negação* é um operador que (em certas condições) torna uma fórmula falsa, se a fórmula inicial era verdadeira; ou a torna verdadeira, se inicialmente era falsa." (*Prefácio*, p. ix)

Não pretendo alongar a discussão com relação à definição da negação. As definições sintáticas, semânticas e mistas, apresentadas anteriormente, são apenas algumas de muitas que podem ser oferecidas. Além disso, elas pressupõem aspectos metateóricos não discutidos, e que merecem ser tratados cuidadosamente. O que fizemos, de modo geral, foi oferecer uma taxonomia das posições da discussão (que pode ser visualizada no quadro a seguir), além de estabelecer a posição *aproximada* que adotamos ao longo do trabalho – a definição mista generalista.

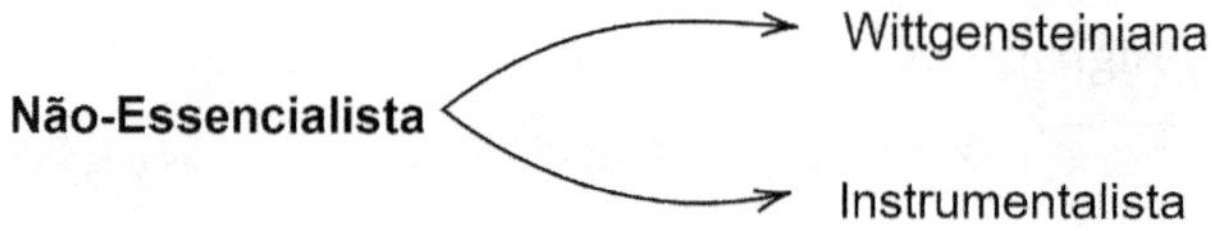

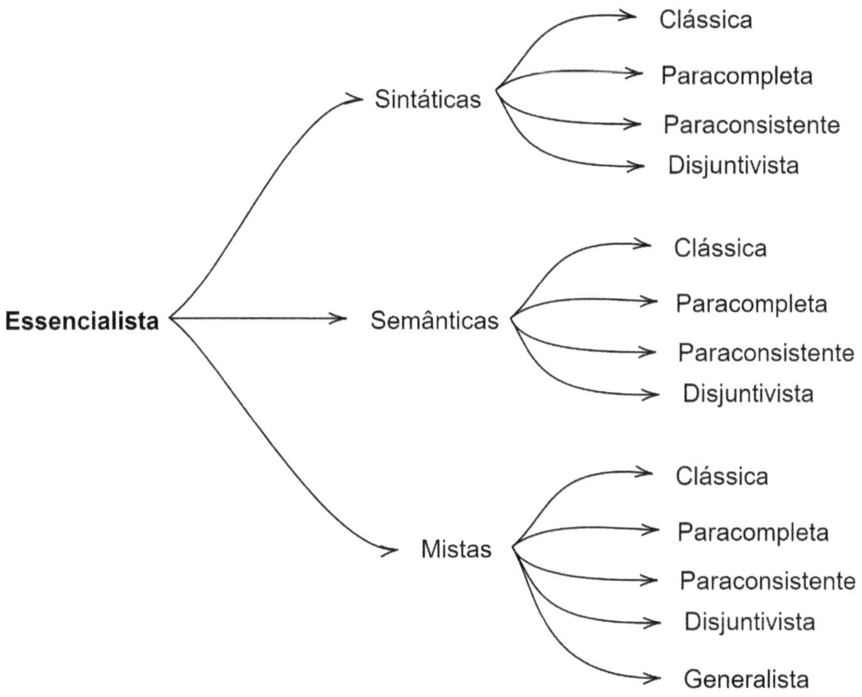

7.2 MONISMO VS. PLURALISMO LÓGICO

A discussão anterior nos direciona a dois problemas filosóficos com relação aos próprios sistemas lógicos, que podemos apresentar por meio de perguntas cujas respostas determinam as diferentes posições no debate (como veremos adiante). Antes de darmos sequência à apresentação desses problemas, devemos esclarecer um ponto importante. Na primeira pergunta que veremos, "há alguma lógica *correta*?", utilizamos a noção de um sistema ser *correto* ou *incorreto*. Mas, o que queremos dizer com isso? Só esse termo, nesse contexto, permitiria-nos desenvolver um trabalho próprio. Uma abordagem, que chamaremos de "realismo ingênuo", entenderá que uma lógica é *correta* se há alguma forma de *correspondência direta* entre ela e a *realidade*. Desse modo, teríamos, por um lado, um sistema lógico (composto por sua *sintaxe* e *semântica*) e, por outro, a *realidade* – e esse sistema seria dito "correto" se seus termos referirem à entidades reais, e se sua estrutura correspondesse a algum tipo de estrutura que a realidade teria. Uma segunda abordagem, que chamaremos de "realismo não-ingênuo", diz que um sistema lógico (composto por sua *sintaxe* e *semântica*) é dito "correto" quando descreve adequadamente uma estrutura que supomos se assemelhar (por abstração) a algum aspecto da realidade. Note que o *realismo ingênuo* pressupõe apenas um passo para uma lógica ser correta, *i.e.*, o de corresponder à realidade; enquanto o *realismo não-ingênuo* pressupõe dois passos diferentes para uma lógica ser correta: (1) ela deve descrever uma estrutura que, por sua vez, é obtida por (2) abstração de uma parte da realidade. Essas duas posições podem ser visualizadas no seguinte esquema:

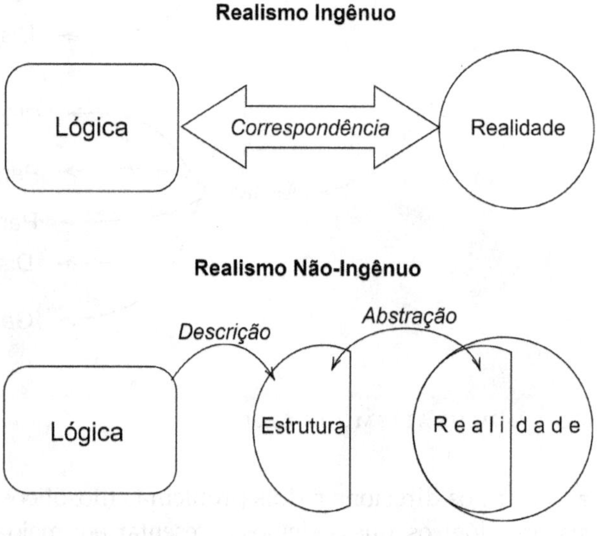

Não iremos adentrar nesse debate, mas ressaltamos que o entendimento de "lógica correta" enfrentará diversas objeções, além de haver outras posições que não apresentamos aqui. Para a discussão que se seguirá, assumiremos uma interpretação intuitiva de "lógica correta", tentando não nos comprometer com o debate anterior.[106] Vejamos então o problema do (1) Realismo *versus* Antirrealismo Lógico e, em sequência, o problema do (2) Monismo *versus* Pluralismo Lógico, que será apresentado no seguinte fluxograma:

106 Esse é um problema que assumo ser central para o debate que virá a seguir, no entanto, para tratá-lo adequadamente deveríamos escrever *outro* livro. Justificamos assim assumirmos tal interpretação intuitiva.

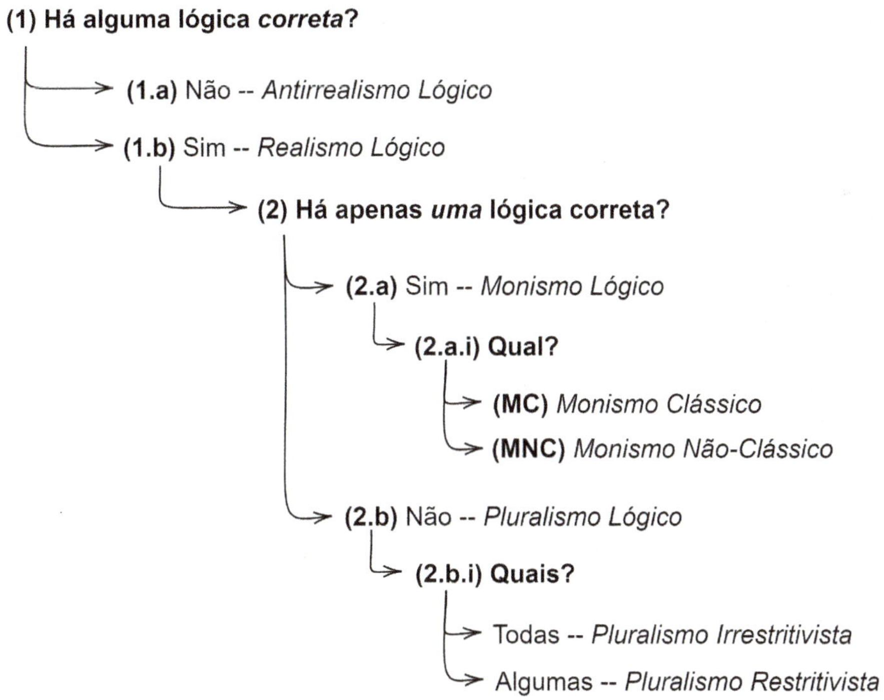

Nosso interesse é discutir brevemente alguns tópicos acerca das sub-teses do *Realismo Lógico*, *i.e.*, as posições Monistas e Pluralistas.[107] Assumindo que respondemos afirmativamente ao problema (1), podemos nos questionar se há mais de um sistema que consiga representar adequadamente a realidade. Chamamos de posição (2.a) "monista" aquelas que assumem só haver uma lógica correta; enquanto que (2.b) "pluralista" aquelas que supõem múltiplas lógicas que se adequam à realidade.

Dentro das posições (2.a) Monistas, podemos identificar dois grandes grupos de posições: o (MC) Monismo Clássico, que advoga que apenas alguma *Lógica Clássica* é correta; e o (MNC) Monismo Não-Clássico, que advoga que a Lógica Não-Clássica é *a* correta. Note que pode haver diversos MNC, posto que há diversas Lógicas Não-Clássicas diferentes. Assim, alguém pode assumir o MNC defendendo que apenas a Hierarquia de Cálculos Paraconsistentes $\mathscr{C}_n$ $(0 \leq n \leq \omega)$ é a correta, ou mesmo assumir o MNC, defendendo a Lógica Intuicionista, entre outras. Um exemplo conhecido de Monista Não-Clássico é Graham Priest 1979, que assume um Sistema Paraconsistente diferente da

107 Para mais, *ver* Russell (2019) e Beall and Restall (2006).

hierarquia $\mathscr{C}_n$ $(0 \leq n \leq \omega)$, chamado de "Logic of Paradox" ($\mathcal{LP}$), assim como a tese chamada de "dialeteísmo", que aceita a existência de contradições verdadeiras na realidade.

Do mesmo modo, podemos distinguir dois grandes grupos de posições (2.b) Pluralistas diferentes: o *Pluralismo Irrestritivista*, que assumirá que toda Lógica, de alguma forma, é capaz de descrever corretamente algum aspecto da realidade; e o *Pluralismo Restritivista*, que irá elencar apenas alguns sistemas que são corretos. Um problema paralelo às posições Pluralistas, mas que merece ser notado, é o da *aplicação* (ou correção) dos sistemas na realidade. Por um lado, o pluralista pode defender que cada lógica, assumida como correta, está *capturando* um aspecto diferente da realidade – o que levaria a assumir algo como uma *ontologia regional*. Isto é, podemos recortar a realidade em diferentes domínios, tal que, para cada um, uma lógica diferente é a mais adequada. Por outro lado, um pluralista pode defender que toda lógica, assumida como correta, lida com o mesmo domínio (não havendo *regiões ontológicas* distintas), de modo que os resultados divergentes encontrados em cada lógica são apenas *perspectivas* diferentes obtidas sobre um mesmo domínio.

7.2.1 *A negação no meio desse debate*

A discussão *Monismo vs. Pluralismo Lógico* está intimamente relacionada com a existência, ou não, de vários *tipos* de negações. De modo geral, um monista irá recusar a existência (ou melhor, a *correção*) de outras negações, que não aquela(as) oferecidas em seu sistema. Assim, enquanto um *Monista Clássico* aceitará apenas a negação clássica como *correta*, um *Monista Não-Clássico*, defensor da Lógica Paraconsistente, por exemplo, aceitará a negação paraconsistente como primitiva (podendo ou não aceitar, também, a negação clássica, sendo essa definida como *negação paraconsistente forte*). Por outro lado, um pluralista poderá aceitar a existência de diversas negações, cada qual introduzida por um sistema diferente, mas sendo todas igualmente corretas.

Nesse ponto podemos relacionar as posições que vimos com relação as definições da negação (*Essencialismo* e *Não-Essencialismo*) com as posições *Monistas* e *Pluralistas*. Mas, primeiro, temos que estabelecer que o problema de definir o significado da *negação* (ou de qualquer outro termo da lógica, como seus conectivos, a noção de dedução, função-interpretação, etc.) é um problema semântico – *i.e.*, um problema de compreender o significado dos termos; enquanto que o debate *realismo vs. antirrealismo lógico* e, posteriormente, o debate entre *monismo vs. pluralismo lógico*, tratam de problemas metafísicos –

i.e., visam investigar as estruturas mais gerais da natureza. Em Carnap (1937), Rudolf Carnap defende uma posição conhecida como *Convencionalismo*, que pode ser observada na seguinte passagem:

> "In logic there are no morals. Everyone is at liberty to build his own logic, *i.e.* his own language, as he wishes. All that is required of him is that, if he wishes to discuss it, he must state his methods clearly, and give syntactical rules instead of philosophical arguments." (Carnap, 1937, §17)[108]

Essa posição pode ser compreendida como a conjunção de uma tese *Instrumentalista* com relação à definição do conectivo de negação (e, de modo mais geral, com relação à definição de todos os conectivos lógicos), e de uma tese *Pluralista Restritivista* a respeito de haver mais de *uma* lógica correta. Outro filósofo, também considerado *Convencionalista*, é Wittgenstein, como aponta a seguinte passagem:

> "I might as well question the laws of logic as the laws of chess. If I change the rules it is a different game and there is an end of it." (Wittgenstein, 1980, p. 19)[109]

No entanto, devemos ressaltar que o convencionalismo de Wittgenstein parece a conjunção de uma tese *Wittgensteiniana* relativa ao problema de definir um conectivo lógico, com a tese *Pluralista Irrestritivista* a respeito de haver mais de *uma* lógica correta.

Um crítico do *Pluralismo Lógico* foi o filósofo norte americano Willard van Orman Quine, que dedica um capítulo inteiro de seu *Philosophy of Logic* para discutir as lógicas que ele chama de "desviantes" da Lógica Clássica – utilizando como exemplo exatamente o caso da *negação*. O ponto de discussão de Quine é sobre a suposição que um pluralista faz ao assumir que as diversas lógicas (que ele defende como corretas) são *divergentes* entre si. Para estabelecer essa divergência, o pluralista precisa assumir que os termos das lógicas em questão são os mesmos. Assim, o pluralista fala que a Lógica Clássica é *diferente* da Lógica Paraconsistente, posto que a primeira assume o Princípio da Não-Contradição como verdadeiro, expresso em $\mathcal{LPC}$ por $\neg(\alpha \wedge \neg\alpha)$, e a

108 "Na lógica, não há moral. Todo mundo tem a liberdade de construir sua própria lógica, *i.e.*, sua própria linguagem, como ele deseja. Tudo o que é necessário para ele é que, se ele quiser discuti-lo, deve declarar claramente seus métodos e dar regras sintáticas em vez de argumentos filosóficos." (Carnap, 1937, §17, Trad. Nossa)

109 "Eu poderia muito bem questionar as leis da lógica como as leis do xadrez. Se eu mudar as regras, é um jogo diferente e existe um fim." (Wittgenstein, 1980, p. 19, Trad. Nossa)

segunda rejeita tal expressão como princípio geral. Mas, apesar da coincidência notacional, teriam as expressões *o mesmo* significado em cada lógica? Ou melhor, será que "$\neg$" tem *o mesmo* significado nos dois casos? De acordo com (Quine, 1986, p. 81), não. Em suas palavras:

> "My view of this dialogue is that neither party knows what he is talking about. They think they are talking about negation, '$\neg$', 'not'; but surely the notation ceased to be recognizable as negation when they took to regarding some conjunctions of the form '$\alpha \wedge \neg\alpha$' as true, and stopped regarding such sentences as implying all others. Here, evidently, is the deviant logician's predicament: when he tries to deny the doctrine he only changes the subject." (Quine, 1986, p. 81)[110]

Dessa posição se segue que dois lógicos (um clássico e outro não-clássico) nunca podem estar em conflito, no sentido de fazerem afirmações contrárias, mas que simplesmente estão falando sobre coisas diferentes. Essa tese pode ser defendida entendendo que dois lógicos, ao estabelecerem conjuntos diferentes de *verdades lógicas*, estão atribuindo diferentes significados aos operadores. Assim, em uma anedota que um lógico paraconsistente, um paracompleto e um clássico entram em um bar e resolvem defender suas negações, o que ocorrerá é uma *torre de babel*.

A partir dessa passagem poderíamos assumir que a posição de Quine no debate semântico é um *instrumentalismo*, *i.e.*, o significado da negação, $\neg$, dependerá dos postulados que tal conectivo satisfaz *internamente* ao sistema lógico em questão. No entanto, essa interpretação é enganadora. Devemos notar a seguinte passagem na citação anterior: "*(...) the notation ceased to be recognizable as negation when (...)*". Essa passagem deixa claro uma posição importante de Quine: um conectivo lógico é uma *negação* apenas se satisfaz os resultados obtidos pela negação da Lógica Clássica. Assim, de acordo com ele, o paraconsistentista e o paracompletista não estão falando sobre *negação* (ao defenderem as negações paraconsistente e paracompleta) uma vez que tais negações são desviantes [*deviant*] dos princípios aos quais *a negação* deve satisfazer – *i.e.*, aos princípios da negação clássica. Ou seja, a posição

110 "Minha opinião sobre esse diálogo é que nenhuma das partes sabe do que está falando. Eles acham que estão falando sobre negação, '$\neg$', 'não'; mas certamente a notação deixou de ser reconhecida como negação quando eles consideraram verdadeiras algumas conjunções da forma '$\alpha \wedge \neg\alpha$' e pararam de considerar tais sentenças como implicando todas as outras. Aqui está, evidentemente, a situação do desviante lógico: quando ele tenta negar a doutrina, apenas muda de assunto." (Quine, 1986, p. 81, Trad. Nossa)

quineana nega o estatuto de *negação* aos conectivos de negação paraconsistente e paracompleta (como para qualquer outra que não satisfaça os princípios da negação clássica). Levando em conta essa ressalva, Quine parece defender uma posição *Essencialista Clássica* com relação ao problema semântico.[111] Sua predileção pela Lógica Clássica também o faz assumir uma posição com relação ao problema metafísico, sendo ele um *Monista Clássico.*

Contudo, o problema da mudança do significado, apontado por Quine, realmente atacaria *qualquer* posição pluralista quanto à existência de *múltiplas* negações? Se analisarmos a crítica de Quine, levando em conta a distinção entre o problema semântico e os problemas metafísicos, veremos que não. A estrutura da crítica de Quine pode ser analisada do seguinte modo: se um pluralista lógico assume que dois sistemas (*e.g.*, Lógica Clássica e Lógica Paraconsistente) são divergentes, por conta da diferença de comportamento de suas *negações* ($\neg_c$ e $\neg_p$), então ele deverá responder ao problema semântico de mostrar que tais conectivos recaem sob a mesma definição de negação e, só depois, apresentar suas diferenças. Se esse pluralista assume uma posição instrumentalista ao problema semântico (como o convencionalismo adotado por Carnap), então $\neg_c$ e $\neg_p$ são conectivos que dependem da lógica particular que o introduz, tendo, dessa forma, significados diferentes e, consequentemente, não havendo um modo de relacioná-los para mostrar que eles não satisfazem *os mesmos* princípios. Isto é, $\neg_p(\alpha \wedge \neg_p\alpha)$ e $\neg_c(\alpha \wedge \neg_c\alpha)$ têm significados diferentes, apesar da coincidência simbólica.

A crítica de Quine também ataca qualquer pluralista que venha a assumir uma posição essencialista *exclusivista* ao problema semântico, *i.e.*, qualquer posição que adote uma definição para negação na qual, por exemplo, $\neg_c$ seja uma negação, mas exclua a $\neg_p$ (ou *vice-versa*). A crítica será encaminhada de maneira similar ao que vimos anteriormente: se apenas $\neg_c$ é uma *negação*, seu significado é fixado pelo seu comportamento no sistema que tal conectivo é introduzido, sendo observado os postulados específicos e/ou comportamento semântico de $\neg_c$ em $\mathcal{LPC}$. Se $\neg_p$ não satisfaz os mesmos postulados e/ou não tem o mesmo comportamento semântico que $\neg_c$, então seu significado é outro e, consequentemente, expressões que utilizam esse conectivo também terão outros significados – apesar da coincidência simbólica. Assim, se $\neg_c$ e $\neg_p$ têm significados diferentes, e chamamos de "Princípio da Não-Contradição" a expressão (A) $\neg_c(\alpha \wedge \neg_c\alpha)$ de $\mathcal{LPC}$, então a expressão (B) $\neg_p(\alpha \wedge \neg_p\alpha)$ de $\mathscr{C}_1$ terá significado diferente de (A), de modo que não podemos dizer que o

111 Para mim, é ambíguo se Quine defende uma posição Essencialista Sintática, Semântica ou Mista, de modo que prefiro não estabelecer aqui sua posição por receio de falhar com a precisão.

Princípio da Não-Contradição não é teorema de $\mathscr{C}_1$, posto que não expressa o mesmo princípio.

Como Quine fixa a definição dos conectivos pela Lógica Clássica (*i.e.*, é um essencialista clássico acerca do problema semântico), qualquer conectivo que não preserve *todas as mesmas* características de um conectivo clássico será uma outra coisa, e não um *conectivo correto* – ou seja, estaríamos *falando de outra coisa, mudando de assunto*.

Contudo, note que a crítica do Quine não ataca todas as possíveis posições pluralistas. Se o significado de *negação* for definido de tal forma que tanto $\neg_c$ quanto $\neg_p$ recaiam sob seu escopo, então tanto a expressão (A) quanto (B), vistas anteriormente, terão o mesmo significado e, portanto, não estaríamos mudando de assunto ao discuti-las.[112] Uma vez que, como dito anteriormente, assumimos aqui algo como uma posição *Generalista* ao problema semântico, a crítica de Quine perde sua força. Todos os três conectivos de negação vistos aqui (*viz.*, $\neg_c$, $\neg_p$ e $\neg_q$) recaem sob o escopo da definição generalista de negação. Sendo que esses três conectivos são negações, podemos apontar suas diferenças sem sermos afetados pela crítica de Quine.

Outro modo de escapar da crítica de Quine foi sugerida por Russell (2019). A ideia geral é que o pluralista pode comprar uma forma *maliciosa* de monismo, assumindo que:

> "(...) each logic could even be a part of a single, greater logic containing e.g. intuitionist negation and paraconsistent negation as well as classical negation and Strong Kleene negation etc." (Russell, 2019, §1.5)[113]

Como vimos, a crítica quineana ao pluralismo se restringe àqueles que defendem uma posição instrumentalista ou exclusivista ao problema semântico. No entanto, o pluralista pode ceder o ponto para Quine sem prescindir de sua inspiração, defendendo um *Monismo Não-Clássico*, no qual os diversos sistemas que antes assumia como diferentes estão, agora, sob o escopo de uma mesma lógica. Pense, por exemplo, em um pluralista que antes assumia a Lógica Clássica, a Hierarquia de Lógicas Paraconsistentes e de Lógicas Paracompletas como divergentes entre si, e todas elas corretas. Após a crítica de Quine, tal pluralista poderia abrir mão de adotá-las como sistemas divergentes e

112 Obviamente, também precisamos supor que a *conjunção* tenha o mesmo significado. Mas, como nosso ponto é a negação, vamos supor o comportamento equivalente desses outros conectivos.

113 "(...) cada lógica pode até fazer parte de uma única lógica maior contendo, e.g., a negação intuicionista e a negação paraconsistente, assim como a negação clássica e a negação forte de Kleene, etc." (Russell, 2019, §1.5)

corretos, mas assumir que cada uma delas faz parte de um sistema maior, capaz de compreender todas elas. Para esses, *Voilà*: os Sistemas $\mathcal{KG}$ parecem como bons candidatos. Podemos assumir um monismo lógico, mas, ao invés de nos restringirmos apenas ao monismo para com a Lógica Clássica (como feito por Quine), ou um monismo para com a Lógica Paraconsistente $\mathscr{C}_1$ ou Paracompleta $\mathscr{P}_1$, podemos ser monistas para com o Sistema $\mathcal{KG}_c$ e, consequentemente, obter os mesmos resultados que um pluralista que assuma os três sistemas separadamente.

7.2.2 *A Negação Adequada*

Ainda tratando dos problemas anteriores, uma outra crítica à negação paraconsistente de $\mathscr{C}_n$ $(0 \leq n \leq \omega)$, oferecida por da Costa (1963), foi apresentada por Priest et al. (1989) na seguinte passagem:

> "That an account of negation violates the law of non-contradiction provides prima facie evidence that account is wrong. This is [one] piece of evidence that da Costa negation is not negation.
>
> In fact we can make the claim more precise. Traditionally α and β are subcontraries if $\alpha \vee \beta$ is a logical truth. α and β are contradictories if $\alpha \vee \beta$ is a logical truth and $\alpha \wedge \beta$ is logically false. It is the second condition which distinguishes contradictories from subcontraries. Now in da Costa's approach we have that $\alpha \vee \neg\alpha$ is a logical truth. But $\alpha \wedge \neg\alpha$ is not logically false. Thus α and $\neg\alpha$ are subcontraries, not contradictories. Consequently da Costa negation is not negation, since negation is a contradiction forming functor, not a subcontrary forming functor." (Priest et al., 1989, p. 164-5)[114]

114 "O fato de um abordagem da negação violar a lei da não-contradição fornece evidência prima facie de que tal abordagem está errada. Essa é [uma] evidência de que a negação da Costa não é negação. De fato, podemos tornar a afirmação mais precisa. Tradicionalmente, α e β são subcontrárias se $\alpha \vee \beta$ é uma verdade lógica. α e β são contraditórias se $\alpha \vee \beta$ é uma verdade lógica e $\alpha \wedge \beta$ é logicamente falsa. É a segunda condição que distingue contradições de subcontrárias. Agora, na abordagem de da Costa nós temos que $\alpha \vee \neg\alpha$ é uma verdade lógica. Mas $\alpha \wedge \neg\alpha$ não é logicamente falso. Portanto, α e $\neg\alpha$ são subcontrárias, não contraditórias. Consequentemente, a negação de da Costa não é uma negação, uma vez que negação é uma função formadora de contradição, não uma função formadora de subcontrárias."(Priest et al., 1989, p. 164-5, Trad. Nossa)

A mesma crítica também pode ser apontada para a negação paracompleta de $\mathscr{P}_n$ $(0 \leq n \leq \omega)$, oferecida por da Costa and Marconi (1986). O problema apontado é que o conectivo dito de "negação" da lógica paraconsistente (e, consequentemente, o conectivo dito de "negação" da lógica paracompleta) não são operadores de contradição, mas de subcontrariedade (no caso da negação paraconsistente, e de contrariedade, no caso da negação paracompleta) e, portanto, não são realmente *negações*. Podemos facilmente observar que essa crítica assume uma posição já conhecida por nós quanto ao problema de definir a negação: *Essencialismo Semântico Clássico*. Isto é, *um conectivo lógico é uma negação se, e somente se, seu comportamento semântico é de um operador de contradição*. Como destacamos anteriormente (Seção 7.1.2, p. 200), as posições Essencialistas Semânticas devem levar em consideração duas abordagens diferentes para compreender o que faz um conectivo ser um operador de contradição, contrariedade ou subcontrariedade:[115]

Um conectivo $\star$ é um *operador de contradição* sse:

(i.a) $v(\alpha) = 1 \Leftrightarrow v(\star\alpha) = 0$;

(i.b) não é possível que $v(\alpha) = v(\star\alpha)$.

Um conectivo $\star$ é um *operador de contrariedade* sse:

(ii.a) $v(\alpha) = 1 \Rightarrow v(\star\alpha) = 0$;

(ii.b) é possível que $v(\alpha) = v(\star\alpha) = 0$, mas não $v(\alpha) = v(\star\alpha) = 1$.

Um conectivo $\star$ é um *operador de subcontrariedade* sse:

(iii.a) $v(\alpha) = 0 \Rightarrow v(\star\alpha) = 1$;

(iii.b) é possível que $v(\alpha) = v(\star\alpha) = 1$, mas não $v(\alpha) = v(\star\alpha) = 0$.

Como vimos, (i.b) se segue de (i.a); (ii.b) se segue de (ii.a); e (iii.b) se segue de (iii.a) – mas não suas recíprocas. De acordo com a abordagem de Priest et al. (1989), um conectivo de subcontrariedade é entendido como aquele que torna $\alpha \vee \neg\alpha$ uma verdade lógica, enquanto um operador de contradição tornará tanto $\alpha \vee \neg\alpha$ uma verdade lógica quanto $\alpha \wedge \neg\alpha$ uma falsidade lógica.

115 Devemos notar que a $\mathcal{LP}$, sistema paraconsistente oferecido por Asenjo (1966) e, independentemente por Priest (1979), faz uso de três valores de verdade, sendo elas: *verdadeiro*, *falso* e *verdadeiro-e-falso*, nos quais tanto *verdadeiro* quanto *verdadeiro-e-falso* são valores designados. Aqui utilizamos apenas dois valores: 1 e 0. Para sermos precisos, precisamos substituir (nas condições expostas a seguir) $v(\alpha) = 1$ por $v(\alpha) \in D$ e $v(\alpha) = 0$ por $v(\alpha) \notin D$, em que D é o conjunto de *valores designados*.

Consequentemente, se um conectivo for um operador de contradição, ele também será um operador de subcontrariedade. De acordo com as diferentes abordagens aos operadores de contradição (i.a – i.b), de contrariedade (ii.a – ii.b) e subcontrariedade (iii.a – iii.b), as únicas abordagens que permitem que um operador de contradição também seja um operador de subcontrariedade (e contrariedade) são as abordagens (i.a), (ii.a) e (iii.a). Visto isso, estabelecemos qual posição os autores parecem assumir quanto ao problema de definir a negação:

Um conectivo lógico $\star$ é uma *negação* se, e somente se seu comportamento semântico é tal que $v(\alpha) = 1 \Leftrightarrow v(\star\alpha) = 0$.

Se entendermos uma contradição como uma situação na qual tanto uma fórmula quanto sua *negação* são ambas verdadeiras (ou têm valores designados), e a *negação* é entendida como um operador de contradição, então não podemos afirmar que $\mathscr{C}_n$ $(0 \leq n \leq \omega)$ seja um sistema que permita casos de contradições. Nos sistemas dessa hierarquia, em uma fórmula como $\alpha \wedge \neg_p\alpha$ o conectivo $\neg_p$ não é um operador de contradição, mas de subcontrariedade. Portanto, não sendo uma *negação*, tal fórmula não é uma contradição. Por outro lado, se a paracompletude deve ser entendida em uma situação na qual uma fórmula e sua negação são ambas falsas (ou têm valores não-designados), e *negação* é entendida como um operador de contradição, então não podemos afirmar que $\mathscr{P}_n$ $(0 \leq n \leq \omega)$ seja um sistema que lide com a paracompletude. Nos sistemas dessa hierarquia a falsidade da fórmula $\alpha \vee \neg_q\alpha$ não garante paracompletude, pois o conectivo $\neg_q$ não é uma negação. Consequentemente, se tal conectivo não é uma negação, ele não permitiria um caso de paracompletude.

Essa crítica se baseia em duas suposições que precisam ser esclarecidas: (1) negação é um operador de contradição – isto é, um Essencialismo Semântico Clássico, tal como apresentado acima; (2.p) um caso de contradição é uma situação na qual uma fórmula e sua *negação* são ambas verdadeiras; (2.q) um caso de paracompletude é uma situação na qual uma fórmula e sua *negação* são ambas falsas.

As posições (1), (2.p) e (2.q), no entanto, podem ser questionadas. Não vou levar esses debates a frente, mas apenas rascunhar possíveis objeções a esses tópicos. Com relação à suposição (1), o Essencialismo Semântico Clássico, existem diversas alternativas, de modo que não é gratuita a aceitação de tal definição de negação. Com relação à (2.p) e (2.q), suponhamos que aceitemos a suposição (1) e que uma *negação* é apenas o conectivo que se comporte semanticamente como um operador de contradição. Podemos, então, oferecer uma categoria mais geral, que chamaremos de "conectivos de oposição", tal que os conectivos $\neg_c$, $\neg_p$ e $\neg_q$ recaiam sob esse conceito. Isso nos permitirá reescrever as suposições anteriores como: (2.p*) um caso de contradição é uma situação na qual uma fórmula e sua *oposição* são ambas verdadeiras; (2.q*) um caso de paracompletude é uma situação na qual uma fórmula e sua *oposição* são ambas falsas. Ainda que $\neg_p$ e $\neg_q$ não satisfaçam as condições impostas pelo Essencialismo Semântico Clássico, eles são conectivos de oposição e, assim, permitem casos de contradições (no caso de $\neg_p$) e casos de paracompletude (no caso de $\neg_q$). Essa crítica mostra que, além dos autores precisarem argumentar a favor do Essencialismo Semântico Clássico, contra todas as posições alternativas acerca do problema de definir a negação, eles também precisam apresentar argumentos que recusem (2.p*) e (2.q*), mostrando que esse novo conceito – o *operador de oposição* – não é razoável ou útil para o trabalho conceitual que venha a ser desenvolvido.

8

O QUE VIMOS E O QUE PODE VIR DEPOIS?

> “Mas aqui começa já uma nova história, a história da gradual renovação de um homem, a história do seu trânsito progressivo de um mundo para outro, do seu contato com outra realidade nova, completamente ignorada até ali. Isto poderia constituir o tema de uma nova narrativa... Mas a nossa presente narrativa termina aqui.”
>
> Fiódor Dostoiévski
> *Crime e Castigo*

8.1 O QUE VIMOS?

Como observamos no Prefácio (p. ix-x), nosso principal objetivo não era debater se (tal como é usual de se assumir com respeito a negação clássica), as negações paraconsistente e paracompleta são, de fato, *negações*. Isso foi assumido ao longo de todo o trabalho. No entanto, ainda que um *amigo da negação clássica* afirme que o que chamamos de "negação paracompleta" seja um operador de contrariedade, enquanto que o que chamamos de "negação paraconsistente" seja um operador de subcontrariedade - de modo que tais operadores não devam ser tratados como sendo "negações verdadeiras", título esse guardado apenas para a *negação clássica* –, isso não muda o fato de que todos os três operadores são conectivos lógicos e que podem (e devem) ser analisados e tratados de modo apropriado. Como vimos no capítulo *Lógica Clássica e Algumas Lógicas Não Clássicas* (p. 3-55), cada um dos conectivos referidos (indiferente ao título de "negação" ou "operador" de contradição, contrariedade ou subcontrariedade) são tratados por três *classes* de sistemas formais distintos, sendo eles a Lógica Proposicional Clássica, as hierarquias de Cálculos Proposicionais Paraconsistentes e Cálculos Proposicionais Paracompletos.

Com o intuito de respondermos às perguntas propostas no prefácio, (*viz.*, "Quais suas diferenças? Como se comportam? Como se relacionam?"), deveríamos investigar um sistema no qual os três conectivos de negação figurassem (sejam eles introduzidos como primitivos ou definidos na linguagem). Para isso, investigamos a hierarquia de Cálculos Proposicionais Não-Aléticos. Todavia, como pudemos observar, tais sistemas não nos permitiam, de modo apropriado, compreender todas as possíveis relações entre os conectivos de negação como, por exemplo, a reiteração de negações de tipos diferentes. Portanto, para solucionar esta dificuldade, desenvolvemos um conjunto de quatro sistemas lógicos, que chamamos de "Sistemas $\mathcal{KG}$". Oferecemos sua sintaxe, semântica, possíveis traduções e resultados que podíamos encontrar utilizando esses sistemas. Finalmente, as diferenças, os comportamentos e relações entre os três tipos de negação puderam ser analisadas em um único sistema lógico - o que nos permitiu responder às dificuldades apontadas inicialmente.

Após o desenvolvimento das versões proposicionais dos Sistemas $\mathcal{KG}$, adiantamos uma tentativa de extensão elementar (*i.e.*, em linguagem de primeira ordem) para os sistemas, o que permitiria, entre outras coisas, servir de base para a edificação de teorias formais mais robustas, como um sistema com identidade, construção de uma aritmética e até mesmo de uma teoria de conjuntos.

Como devemos notar, todo o percurso até agora traçado é apenas uma ínfima parte ou, melhor dizendo, o prelúdio para uma quantidade significativa de estudos e desenvolvimentos que podem ser feitos sobre tais sistemas. O que nos leva para a próxima seção.

8.2 O QUE PODE VIR DEPOIS?

Até agora, como salientado, oferecemos apenas os alicerces dos Sistemas $\mathcal{KG}$. Muitas investigações ainda podem (e talvez até devam) ser feitas. Apenas como sugestão, vejamos alguns exemplos.

Identidade

Como vimos na Seção 6.4 (p. 187), podemos construir uma extensão elementar dos sistemas $\mathcal{KG}$ introduzindo uma relação binária de identidade. Posto que introduzimos a relação de identidade, obtemos também a relação de *diferença*, compreendida como a negação da identidade entre dois termos. No entanto, temos três tipos de negações diferentes, o que nos permitiria distinguir três *tipos* de relações de diferença. Como poderíamos interpretar isso? Seria, de algum modo útil termos tantas *diferenças*?

Aritmética

Ainda na seção 6.4 (p. 187), apresentamos os postulados da chamada "Aritmética de Robinson" (p. 189, doravante referida como *AR*), que poderia ser erigida sobre algum dos Sistemas $\mathcal{KG}$. A escolha da Aritmética de Robinson nada tem de especial além do fato de que é o "menor" sistema (*i.e*, é uma teoria essencialmente indecidível de modo que qualquer outra teoria que a contenha ela também será indecidível) ao qual os teoremas de incompletude de Gödel se aplicam.[116] Tudo o que falarmos a seu respeito pode ser estendido as demais teorias às quais os referidos teoremas valem. Entre os postulados de *AR*, como pudemos notar, alguns utilizam o conectivo de negação. Em sua formulação usual (construída na Lógica Elementar Clássica), o conectivo de negação envolvido nos postulados de *AR* é, obviamente, o conectivo de negação clássica. Contudo, quando erigida sobre os Sistemas $\mathcal{KG}$, tais postulados podem envolver outros conectivos de negação (como paraconsistente ou paracompleta). Quais resultados podemos obter ao fazer tais modificações?

À primeira vista, há duas situações a considerar. A primeira diz respeito ao fato de que *AR* é o "menor" sistema ao qual os teoremas da incompletude se aplicam. Porém, se obtivermos uma versão de *AR* nos sistemas $\mathcal{KG}$, esse sistema poderá ser mais fraco que *AR* e, assim, vem a questão: os teoremas de Gödel se aplicariam a tais aritméticas? Essa questão tem relevância, pois no caso afirmativo, teríamos descoberto sistemas mais *débeis* que *AR* nos quais os ditos teoremas valem. Por outro lado, em caso negativo, teríamos "aritméticas" que aparentemente seriam *completas*, porém recursivamente enumeráveis e consistentes. Quais as consequências disso? Essa questão será postergada para uma análise futura.

---

116 *Cf.* Smith (2013, Cap. 10-11)

Teoria de Conjuntos

Poderíamos construir uma Teoria Não-Clássica de Conjuntos sobre as extensões elementares dos sistemas $\mathcal{KG}$? Quais seriam suas propriedades? De modo usual, uma teoria de conjuntos introduz uma relação binária de *pertencimento*, representada pelo símbolo "$\in$". De modo semelhante ao que ocorre com a relação de identidade, ao introduzirmos a relação de pertencimento, obtemos também a noção de *não-pertencimento*, como a negação de uma relação de pertencimento. Como os sistemas $\mathcal{KG}$ contêm três negações, teríamos então três noções de *não-pertencimento* distintas. O que isso poderia significar? Seria esta uma teoria útil?

Aplicações dos Sistemas KG

Poderíamos nos perguntar qual seria a utilidade dos sistemas $\mathcal{KG}$ (seja tanto suas versões proposicionais como elementares). Uma resposta rápida e direta é: a mesma que temos para a Lógica Clássica, Paraconsistente, Paracompleta ou Não-Alética. Como vimos anteriormente, todos os quatro sistemas são imersíveis em algum dos sistemas $\mathcal{KG}$. Em última instância, o Sistema $\mathcal{KG}_c$ tem a capacidade expressiva para demonstrar todos os resultados obtidos por todos os sistemas anteriores, como também os resultados obtidos em todos os outros sistemas $\mathcal{KG}$. E, como consequência, obtemos dois ganhos teóricos: (1) simplicidade e (2) capacidade expressiva. Os sistemas $\mathcal{KG}$ por contarem com um conjunto pequeno e simples de postulados (tendo como ponto negativo apenas a introdução de dois conectivos de negação a mais que os anteriores), podem ser considerados simples, mas sem perder suas capacidades expressivas. Além do mais, por permitir expressar reiterações e relações entre os diferentes tipos de negações que vimos, os sistemas $\mathcal{KG}$ são úteis para esclarecimentos teóricos com relação ao comportamento desses conectivos de negação.

Alguém, por outro lado, poderia exigir mais algum tipo de aplicação – não apenas os ganhos teóricos. O que podemos fazer com os sistemas $\mathcal{KG}$ que, de outro modo, não podíamos fazer com os quatro sistemas anteriores, já conhecidos na literatura (além, é claro, de compreender e permitir reiterar as diferentes negações)? Haveria algum tópico de discussão no qual a aplicação dos sistemas $\mathcal{KG}$ (ou algum sistema com características similares) é imprescindível? Este é mais um dos problemas que deixaremos aqui em aberto, mas que poderia ser tratado em discussões futuras.

Uma proposta interessante, que merece investigação, é se é possível aplicarmos algum dos sistemas $\mathcal{KG}$ para a formalização do que é chamado "Lógica Quântica". Acreditamos que a resposta é afirmativa. Ainda que não desenvolvamos este ponto aqui, acreditamos poder adiantar algumas ideias que serão exploradas em trabalhos futuros, tais como as seguintes. É sabido Van Fraassen (1974); Beltrametti and Cassinelli (1981); Krause (2019) que a negação $\neg_q$ pode ser vista como uma "negação quântica", pois ela tem as propriedades requeridas pelo o que Van Fraassen (1974) denomina como sendo uma *choice negation*, *i.e.*, permite expressar que a negação de uma proposição não é a sua contraditória, mas a sua contrária (no sentido do célebre Quadrado de Oposições). Assim, para ilustrar, no famoso caso do Gato de Schrödinger, é equivocado dizer que o estado descrito por um vetor que expresse a situação no qual o gato está *morto* é a negação clássica do estado equivalente ao gato estar *vivo*, pois uma não é a contraditória da outra. O estado do Gato, previamente a mensuração, é uma *superposição* desses dois estados, o que representaria uma terceira situação que não poderia ser expressa por nenhum dos dois vetores isoladamente. O estado do gato, previamente a mensuração é, portanto, uma terceira possibilidade, além daquelas que *estar vivo* ou *estar morto*, o que acarreta que essas duas situações podem ser ambas falsas, mas não ambas verdade – o que indicaria assim uma situação de contrariedade.[117]

Relações com outras lógicas

Outra investigação futura que propomos é a substituição da hierarquia $\mathscr{C}_n$ $(0 \leq n \leq \omega)$ pelas Lógicas de Inconsistência Formal Marcos (2005); Carnielli et al. (2007); Carnielli and Coniglio (2016) de modo a analisar se os resultados que obtivemos com relação aos sistemas $\mathcal{KG}$ e a hierarquia $\mathscr{C}_n$ $(0 \leq n \leq \omega)$ podem ser reproduzidos com as referidas lógicas. O mesmo valeria, de modo similar, com outros sistemas paraconsistentes, paracompletos e sistemas híbridos que, porventura, apareçam na literatura.[118]

Versão Estritamente Não-Clássica de KG

Poderíamos construir uma versão *estritamente* não-clássica dos sistemas $\mathcal{KG}$? Isto é, uma versão que contenha as negações paracompleta e paraconsis-

117 *Cf.* Krause and Arenhart (2016).
118 Alguns exemplos podem ser vistos em Sette (1973), Caret (2017) e Priest (1979).

tente, mas não a negação clássica? Vejamos um conjunto de postulados que poderíamos adaptar dos sistemas $\mathcal{KG}$.

1. $\alpha, \alpha \rightarrow \beta / \beta$
2. $\alpha \rightarrow (\beta \rightarrow \alpha)$
3. $(\alpha \rightarrow \beta) \rightarrow ((\alpha \rightarrow (\beta \rightarrow \gamma)) \rightarrow (\alpha \rightarrow \gamma))$
4. $(\alpha \rightarrow \beta) \rightarrow ((\alpha \rightarrow \neg_q \beta) \rightarrow \neg_p \alpha)$
5. $\neg_q \alpha \rightarrow \neg_p \alpha$
6. $\neg_p \neg_p \alpha \rightarrow \alpha$
7. $\alpha \rightarrow \neg_q \neg_q \alpha$

Seriam esses postulados o suficiente para caracterizar sua sintaxe? Em relação a sua Redução ao Absurdo (axioma 4), como vimos na seção 1.5.3 (p. 45), tal axioma se assemelha ao axioma da Redução ao Absurdo do Cálculo Não-Alético. Nesse sistema nós conseguiríamos definir os conectivos clássicos (conjunção, disjunção e bicondicional)? Podemos desenvolver uma semântica no mesmo molde do sistema $\mathcal{KG}_c$ – sem as condições para a negação clássica? Seria de algum modo útil tal sistema? Deixaremos mais esse tópico para uma investigação futura.

Definição de Conectivos Alternativos

Tal como vimos anteriormente, os conectivos de conjunção, disjunção e bicondicional (Def. 19, p. 61) são definidos como:

Conjunção: $\alpha \wedge \beta \stackrel{\text{def}}{=} \neg_c(\alpha \rightarrow \neg_c \beta)$

Disjunção: $\alpha \vee \beta \stackrel{\text{def}}{=} \neg_c \alpha \rightarrow \beta$

Bicondicional: $\alpha \leftrightarrow \beta \stackrel{\text{def}}{=} (\alpha \rightarrow \beta) \wedge (\beta \rightarrow \alpha)$

Essas definições preservam características usuais dos referidos conectivos que podemos encontrar na Lógica Clássica (portanto, chamaremos os conectivos definidos desse modo como "conectivos clássicos"), de modo que seu *definiens* é composto por negações clássicas. Todavia, quais seriam as consequências se introduzirmos variações desses conectivos através de outras negações? Chamaremos de "conectivos alternativos" tais variações como, por exemplo:

Conjunção*: $\alpha \wedge^* \beta \stackrel{\text{def}}{=} \neg_p(\alpha \to \neg_q \beta)$

Disjunção*: $\alpha \vee^* \beta \stackrel{\text{def}}{=} \neg_q \alpha \to \beta$

Bicondicional*: $\alpha \leftrightarrow^* \beta \stackrel{\text{def}}{=} (\alpha \to \beta) \wedge^* (\beta \to \alpha)$

Os resultados que poderemos obter com tais conectivos irão diferir dos resultados obtidos através da definição usual? Vejamos um exemplo. Em $\mathcal{KG}_m$ conseguimos facilmente obter que $\vdash_{km} \alpha \to (\beta \to (\alpha \wedge \beta))$ ou, dada a definição da conjunção clássica, $\vdash_{km} \alpha \to (\beta \to \neg_c(\alpha \to \neg_c \beta))$. Vejamos sua demonstração.

1.	$\alpha \to (\beta \to \neg_c(\alpha \to \neg_c \beta))$ $\boxed{0}$		
2.	α $\boxed{1}$		1 CD
3.	$\beta \to \neg_c(\alpha \to \neg_c \beta)$ $\boxed{0}$		1 CD
4.	β $\boxed{1}$		3, CD
5.	$\neg_c(\alpha \to \neg_c \beta)$ $\boxed{0}$		3, CD
6.	$\alpha \to \neg_c \beta$ $\boxed{1}$		5 NC
7.	α $\boxed{0}$	$\neg_c \beta$ $\boxed{1}$	6, CD
8.	$\otimes$	β $\boxed{0}$	7, NC
		$\otimes$	

Obtemos também que $\vdash_{km} \alpha \to (\beta \to (\alpha \wedge^* \beta))$ ou, de acordo com a definição da conjunção alternativa, $\vdash_{km} \alpha \to (\beta \to \neg_p(\alpha \to \neg_q \beta))$. Vejamos sua demonstração.

1.	$\alpha \to (\beta \to \neg_p(\alpha \to \neg_q \beta))$ $\boxed{0}$		
2.	α $\boxed{1}$		1 CD
3.	$\beta \to \neg_p(\alpha \to \neg_q \beta)$ $\boxed{0}$		1 CD
4.	β $\boxed{1}$		3, CD
5.	$\neg_p(\alpha \to \neg_q \beta)$ $\boxed{0}$		3, CD
6.	$\alpha \to \neg_c \beta$ $\boxed{1}$		5 NP
7.	α $\boxed{0}$	$\neg_q \beta$ $\boxed{1}$	6, CD
8.	$\otimes$	β $\boxed{0}$	7, NQ
		$\otimes$	

Outro resultado que obtemos é $\vdash_{km} (\alpha \wedge \beta) \rightarrow \alpha$ ou, dada a definição da conjunção clássica, $\vdash_{km} \neg_c(\alpha \rightarrow \neg_c\beta) \rightarrow \alpha$. Vejamos sua demonstração.

1.	$\neg_c(\alpha \rightarrow \neg_c\beta) \rightarrow \alpha$ $\boxed{0}$	
2.	$\neg_c(\alpha \rightarrow \neg_c\beta)$ $\boxed{1}$	1, CD
3.	α $\boxed{0}$	1, CD
4.	$\alpha \rightarrow \neg_c\beta$ $\boxed{0}$	2, NC
5.	α $\boxed{1}$	4, CD
	$\otimes$	

No entanto, $\nvdash_{km} (\alpha \wedge^* \beta) \rightarrow \alpha$ ou, dada a definição alternativa da conjunção, $\nvdash_{km} \neg_p(\alpha \rightarrow \neg_q\beta) \rightarrow \alpha$. Podemos observar isso no seguinte *tableau*.

1.	$\neg_p(\alpha \rightarrow \neg_q\beta) \rightarrow \alpha$ $\boxed{0}$	
2.	$\neg_p(\alpha \rightarrow \neg_q\beta)$ $\boxed{1}$	1, CD
3.	α $\boxed{0}$	1, CD

Repare que, a partir do passo 2 do *tableaux* anterior, não podemos inferir que $\alpha \rightarrow \neg_q\beta\boxed{0}$ e, assim, continuarmos a demonstração para fecharmos o *tableaux*. Quais as consequências tais definições trariam? Como poderíamos interpretar esses conectivos?

Também vimos, *en passant*, que através do conectivo chamado de "Barra de Sheffer", somos capazes de definir todos os conectivos clássicos, tal como se segue:

Negação: $\neg_c\alpha \stackrel{\text{def}}{=} (\alpha \uparrow \alpha)$

Condicional: $\alpha \rightarrow \beta \stackrel{\text{def}}{=} (\alpha \uparrow (\beta \uparrow \beta))$

Conjunção: $\alpha \wedge \beta \stackrel{\text{def}}{=} ((\alpha \uparrow \beta) \uparrow (\alpha \uparrow \beta))$

Disjunção: $\alpha \vee \beta \stackrel{\text{def}}{=} ((\alpha \uparrow \alpha) \uparrow (\beta \uparrow \beta))$

Bicondicional: $\alpha \leftrightarrow \beta \stackrel{\text{def}}{=} (((\alpha \uparrow (\beta \uparrow \beta)) \uparrow (\beta \uparrow (\alpha \uparrow \alpha))) \uparrow ((\alpha \uparrow (\beta \uparrow \beta)) \uparrow (\beta \uparrow (\alpha \uparrow \alpha))))$

Em $\mathcal{KG}_m$ poderíamos definir a Barra de Sheffer como

$$\alpha \uparrow \beta \stackrel{\text{def}}{=} \neg_c\alpha \vee \neg_c\beta$$

Repare, contudo, que tal definição utiliza da negação clássica. Do mesmo modo que vimos com os outros conectivos alternativos, quais as consequências de oferecermos definições alternativas para Sheffer utilizando alguma das outras negações? Seríamos capazes de definir os conectivos clássicos através do *Sheffer alternativo*? Haveria algum conectivo que fosse capaz de definir as três negações, tal como Sheffer é capaz de definir a negação clássica?

Extensões Modais dos Sistemas KG

Como é bem conhecido nos livro-textos de lógica, uma extensão modal de algum sistema lógico inclui a introdução de operadores, chamados de "modais", que permitem capturar noções como necessidade ou possibilidade - cuja interpretação é usualmente alética, mas podendo ser entendido como operadores epistêmicos, deônticos, etc. Podemos estender a linguagem dos Sistemas $\mathcal{KG}$ incorporando operadores modais? Quais seriam seus postulados específicos? Como construir sua semântica? Apenas no que toca aos aspectos semânticos, vejamos algumas ideias que poderiam ser aproveitadas para um estudo futuro com relação as extensões modais dos Sistemas $\mathcal{KG}$. Seja $\mathfrak{L}$ a linguagem dos Sistemas $\mathcal{KG}$. Podemos então estender $\mathfrak{L}$ introduzindo o símbolo $\Box$ tal que, se α é uma fórmula, então $\Box\alpha$ é uma fórmula - designaremos essa linguagem estendida como $\mathfrak{L}^*$ e, intuitivamente, entenderemos a fórmula $\Box\alpha$ como: *necessário que* α. Podemos então construir uma Semântica Estilo-Kripke para $\mathfrak{L}^*$.

Definição 90 (Estrutura de Kripke). *Uma estrutura de Kripke é um par ordenado* $\mathcal{F} = \langle \mathfrak{W}, \mathcal{R} \rangle$ *tal que* $\mathfrak{W}$ *é um conjunto não-vazio, cujos elementos chamaremos de "mundos", e* $\mathcal{R}$ *uma relação binária, chamada de "relação de acessibilidade", sobre* $\mathfrak{W}$*, i.e.,* $\mathcal{R} \subseteq \mathfrak{W} \times \mathfrak{W}$.

Definição 91 (Modelo de Kripke para $\mathfrak{L}^*$). *Seja* $\mathcal{M} = \langle \mathfrak{W}, \mathcal{R}, \mathcal{V} \rangle$ *um modelo de Kripke tal que* $\mathfrak{W}$ *é um conjunto de "mundos",* $\mathcal{R}$ *uma relação binária sobre* $\mathfrak{W}$ *e* $\mathcal{V}$ *uma valoração que* $\mathcal{V} : \mathcal{P}_{\mathfrak{L}^*} \to P(\mathfrak{W})$ *(interpretaremos* $\mathcal{V}(p)$*, onde p é uma variável proposicional, como o conjunto de mundos nos quais p é verdadeiro). Dizemos que uma fórmula* α *é válida em um mundo w dado um modelo* $\mathcal{M}$ *(que denotaremos por* $\mathcal{M}, w \models \alpha$*) dada as seguintes condições:*

(a) $\mathcal{M}, w \models p$ *sse* $w \in \mathcal{V}(p)$

(b) $\mathcal{M}, w \models \neg_C\alpha$ *sse* $\mathcal{M}, w \not\models \alpha$

(c) Se $\mathcal{M}, w \not\models \alpha$*, então* $\mathcal{M}, w \models \neg_P\alpha$

(d) *Se* $\mathcal{M}, w \models \neg_q \alpha$, *então* $\mathcal{M}, w \not\models \alpha$

(e) $\mathcal{M}, w \models \alpha \rightarrow \beta$ *sse* $\mathcal{M}, w \not\models \alpha$ *ou* $\mathcal{M}, w \models \beta$

(f) $\mathcal{M}, w \models \Box \alpha$ *sse para todo* $w' \in \mathfrak{W}$, *se* $w\mathcal{R}w'$, *então* $\mathcal{M}, w' \models \alpha$

Podemos agora estender para os conectivos definidos:

(g) $\mathcal{M}, w \models \alpha \wedge \beta$ *sse* $\mathcal{M}, w \models \alpha$ *e* $\mathcal{M}, w \models \beta$

(h) $\mathcal{M}, w \models \alpha \vee \beta$ *sse* $\mathcal{M}, w \models \alpha$ *ou* $\mathcal{M}, w \models \beta$

Posto que temos três negações, permitindo casos de paraconsistência ($\alpha \wedge \neg_p \alpha$) e paracompletude ($\neg_c \alpha \wedge \neg_c \neg_q \alpha$), poderíamos distinguir os chamados "mundos possíveis" em três categorias:

Definição 92 (Tipos de Mundos). *Seja* $\mathcal{M}$ *um modelo de Kripke. Para todo* $w \in \mathfrak{W}$, *se existe alguma fórmula* α *tal que:*

(a) $\mathcal{M}, w \models \alpha \wedge \neg_p \alpha$, *então dizemos que* w *é um "Mundo Paraconsistente". Se* w *for um mundo paraconsistente, então* $w \in \mathfrak{W}^p$

(b) $\mathcal{M}, w \models \neg_c \alpha \wedge \neg_c \neg_q \alpha$, *então dizemos que* w *é um "Mundo Paracompleto". Se* w *for um mundo paracompleto, então* $w \in \mathfrak{W}^q$

(c) *Caso contrário, dizemos que* w *é um "Mundo Clássico". Se* w *for um mundo clássico, então* $w \in \mathfrak{W}^c$

Através dessa definição, podemos facilmente perceber que $\mathfrak{W} = \mathfrak{W}^c \cup \mathfrak{W}^p \cup \mathfrak{W}^q$

Dada a definição de *Tipos de Mundos*, podemos observar que um mundo w pode ser paraconsistente e paracompleto. Por outro lado, se w é um mundo clássico, não será verdadeiro em w (para toda fórmula α) tanto que $\alpha \wedge \neg_p \alpha$ quanto $\neg_c \alpha \wedge \neg_c \neg_q \alpha$ – ou seja, não há casos de paraconsistência ou paracompletude em um mundo clássico. Obtemos, diretamente das definições anteriores, dois resultados interessantes.

(i) Se $\mathcal{M}, w \models \Box \alpha$, então não existe um mundo $w' \in \mathfrak{W}^q$, onde $w\mathcal{R}w'$, tal que $\mathcal{M}, w' \models \neg_c \alpha$. Portanto, em w', α não é uma fórmula que apresenta um caso de paracompletude. Como assumimos que $w' \in \mathfrak{W}^q$, então existe alguma outra fórmula, β, tal que $\neg_c \beta \wedge \neg_c \neg_q \beta$ é verdadeira w'.

(ii) Se $\mathcal{M}, w \models \Box \neg_c \alpha$, então não existe um mundo $w' \in \mathfrak{W}^p$, onde $w\mathcal{R}w'$, tal que $\mathcal{M}, w' \models \alpha$. Portanto, em w', α não é uma fórmula que apresenta um caso de paraconsistência. Como assumimos que $w' \in \mathfrak{W}^p$, então existe alguma outra fórmula, β, tal que $\beta \wedge \neg_p \beta$ é verdadeira em w'.

Introduzimos em nossa linguagem $\mathfrak{L}$ o operador modal $\Box$, cuja interpretação é dada sobre todo o conjunto $\mathfrak{W}$. Todavia, podemos relativizar o operador $\Box$ introduzindo também três outros operadores modais, $\Box_p$, $\Box_q$ e $\Box_c$, de modo que a interpretação desses operadores modais poderiam ser algo como:

(i) $\mathcal{M}, w \vDash \Box\,\alpha$ sse para todo $w' \in \mathfrak{W}$, se $w\mathcal{R}w'$, então $\mathcal{M}, w' \vDash \alpha$

(ii) $\mathcal{M}, w \vDash \Box_p\,\alpha$ sse para todo $w' \in \mathfrak{W}^p$, se $w\mathcal{R}w'$, então $\mathcal{M}, w' \vDash \alpha$

(iii) $\mathcal{M}, w \vDash \Box_q\,\alpha$ sse para todo $w' \in \mathfrak{W}^q$, se $w\mathcal{R}w'$, então $\mathcal{M}, w' \vDash \alpha$

(iv) $\mathcal{M}, w \vDash \Box_c\,\alpha$ sse para todo $w' \in \mathfrak{W}^c$, se $w\mathcal{R}w'$, então $\mathcal{M}, w' \vDash \alpha$

Disso se segue que, se $\mathcal{M}, w \vdash \Box\alpha$, então $\mathcal{M}, w \vdash \Box_p\alpha \wedge (\Box_q\alpha \wedge \Box_c\alpha)$. Seria possível construir um sistema modal com tais características? Quais os postulados que deveríamos adicionar na sintaxe dos *Sistemas $\mathcal{KG}$ Modais* para capturar tal semântica? Quais outros sistemas modais seriam possíveis desenvolver sobre $\mathcal{KG}$? Haveria alguma semântica alternativa (*i.e.*, diferente de uma *Semântica Estilo-Kripke*) para uma extensão modal dos sistemas $\mathcal{KG}$?

Como podemos observar, há muito trabalho que ainda pode ser desenvolvido. No entanto, quais seriam as motivações por trás desse desenvolvimento? Obviamente, tais trabalhos têm valor por serem um desbravamento de um campo ainda não explorado. Contudo, para além de sua importância *per se*, motivar e perscrutar suas aplicações garantiriam que tais trabalhos não sejam meras *possibilidades algébricas*. Ao meu ver, esse também deveria ser um trabalho futuro, que melhor justificaria não só o desenvolvimento das extensões dos Sistemas $\mathcal{KG}$ aqui apresentados, como também traria valor ao próprio trabalho que aqui desenvolvi.

Agradeço a você pela paciência, oferecendo de seu tempo e disposição para ler esse trabalho. **Live long and prosper** 🖖

REFERÊNCIAS BIBLIOGRÁFICAS

Jonas R. Becker Arenhart. Liberating paraconsistency from contradiction. *Logica Universalis*, 9(4):523–544, 2015.

Florencio G Asenjo. A calculus of antinomies. *Notre Dame Journal of Formal Logic*, 7(1):103–105, 1966.

Jeffrey C. Beall and Greg Restall. *Logical pluralism*. Oxford University Press on Demand, 2006.

Enrico G. Beltrametti and Gianni Cassinelli. *The logic of quantum mechanics*. Addison-Wesley, Advanced Book Program, 1981.

Jean-Yves Béziau. New light on the square of oppositions and its nameless corner. *Logical Investigations*, 10(2003):218–232, 2003.

Luitzen Egbertus Jan Brouwer. On the foundations of mathematics. In Arend Heyting, editor, *Collected works: Philosophy and foundations of mathematics*, pages 11–101. North-Holland Publishing Company Amsterdam, 1907. Thesis, Amsterdam; English translation by Heyting: 1975.

Luitzen Egbertus Jan Brouwer. The unreliability of the logical principles. In Arend Heyting, editor, *Collected works: Philosophy and foundations of mathematics*, pages 107–111. North-Holland Publishing Company Amsterdam, Amsterdam, 1908. English translation by Heyting: 1975.

Colin Caret. Hybridized paracomplete and paraconsistent logics. *The Australasian Journal of Logic*, 14(1), 2017.

Rudolf Carnap. *The Logical Syntax of Language*. Kegan Paul, Trench, Trubner and Co. Ltd, London, 1937.

Walter Carnielli, Marcelo E. Coniglio, and João Marcos. Logics of formal inconsistency. In *Handbook of philosophical logic*, pages 1–93. Springer, 2007.

Walter A Carnielli. On sequents and tableaux for many-valued logics. *Journal of Non-Classical Logic*, 8(1):59–76, 1991.

Walter A. Carnielli and Itala M. L. D'Ottaviano. Translations between logics: a manifesto. *Logique et Analyse*, 40(157):67–81, 1997.

Walter Alexandre Carnielli and Marcelo Esteban Coniglio. *Paraconsistent logic: Consistency, contradiction and negation*, volume 40. Springer, New York, 2016.

Lewis Carroll. What the tortoise said to achilles. *Mind*, 4(14):278–280, 1895.

Alonzo Church. *Introduction to mathematical logic*, volume 13. Princeton University Press, Princeton, 1996.

Newton C. A. da Costa. *Sistemas formais inconsistentes (Inconsistent formal systems, in Portuguese)*. PhD thesis, Habilitation thesis, Universidade Federal do Paraná, Paraná, Brazil, Curitiba, 1963.

Newton C. A. da Costa. Logics that are both paraconsistent and paracomplete. *Atti della Accademia Nazionale dei Lincei. Classe di Scienze Fisiche, Matematiche e Naturali. Rendiconti*, 83(1):29–32, 1989.

Newton C. A. da Costa and E. H. Alves. A semantical analysis of the calculi c_n. *Notre Dame J. Formal Logic*, 18(4):621–630, 10 1977.

Newton C. A. da Costa and D. Marconi. A note on paracomplete logic. *Atti della Accademia Nazionale dei Lincei. Classe di Scienze Fisiche, Matematiche e Naturali. Rendiconti*, 80(7-12):504–509, 1986.

Newton C. A. da Costa, J.-Y. Béziau, and O. Bueno. *Elementos de teoria paraconsistente de conjuntos*. Centro de Lógica, Epistemologia e História da Ciência, Campinas, 1998.

Newton C. A. da Costa, D. Krause, and O. Bueno. Paraconsistent logics and paraconsistency. In Dale Jacquette, editor, *Philosophy of Logic*, Handbook of the Philosophy of Science, pages 791 – 911. North-Holland, Amsterdam, 1ed. edition, 2007.

Jairo J. Da Silva, Itala M. L. D'Ottaviano, and Antonio M. Sette. Translations between logics. *Lecture Notes in Pure and Applied Mathematics*, pages 435–448, 1999.

T. F. De Carvalho and Itala M. L. D'Ottaviano. Sobre o infinitésimo e o cálculo diferencial paraconsistente de da costa. *Revista Eletrônica Informação e Cognição*, 4(1), 2005.

Herbert B. Enderton. *A mathematical introduction to logic*. Elsevier, Amsterdam, 2001.

Abraham Adolf Fraenkel, Yehoshua Bar-Hillel, and Azriel Levy. *Foundations of set theory*, volume 67. Elsevier, Amsterdam, 1973.

Gerhard Gentzen. On the relation between intuitionistic and classical arithmetic. In M. E. Szabo, editor, *The collected papers of Gerhard Gentzen*, pages 53–67. North-Holland, Amsterdam, 1 edition, 1933. Coletânea publicada em 1969.

Gerhard Gentzen. Untersuchungen über das logische schließen. i. *Mathematische zeitschrift*, 39(1):176–210, 1935.

Valery Glivenko. Sur la logique de m. brouwer. *Académie Royale de Belgique, Bulletin*, 14:225–228, 1928.

Valery Glivenko. Sur quelques points de la logique de m. brouwer. *Bulletins de la classe des sciences*, 15(5):183–188, 1929.

Kurt Gödel. On intuitionistic arithmetic and number theory. In Solomon Feferman, John W. Dawson, Stephen Cole Kleene, Gregory H. Moore, and Robert M. Solovay, editors, *Kurt Gödel: Collected Works, Vol. I: Publications 1929-1936*, volume 1. Oxford University Press, Oxford, 1 edition, 1933. Coletânea publicada em 2001.

Kurt Gödel. *On formally undecidable propositions of Principia Mathematica and related systems*. Dover Publications, New York, 1992.

Evandro Gomes and Itala M. L. D'Ottaviano. *Para além das colunas de Hércules: uma história da paraconsistência-De Heráclito a Newton da Costa*. CLE/Unicamp, Campinas, 1 edition, 2017.

Nicola Grana. On a minimal non-alethic logic. *Bulletin of the Section of Logic*, 19(1):25–28, 1990a.

Nicola Grana. *Sulla teoria delle valutazioni di NCA da Costa*. Liguori Editore, Napoli, 1990b.

Nicola Grana. *Dalla logica classica alle logiche non-classiche*. L'orientale ed., Napoli, 2007.

George François Cornelis Griss. *Negatieloze intuitionistische wiskunde*. Verslagen Akad. Amsterdam, Amsterdam, 1944.

George François Cornelis Griss. Logic of negationless intuitionistic mathematics. *Indagationes Mathematicae (Proceedings)*, 54:41–49, 1951.

Arend Heyting. Die formalen regeln der intuitionistischen logik. *Sitzungsbericht PreuBische Akademie der Wissenschaften Berlin, physikalisch-mathematische Klasse II*, pages 42–56, 1930.

Arend Heyting. *Intuitionism: an introduction*. North-Holland Publishing Company, Amsterdam, 1956.

S Jaśkowski. Teoria dedukcji oparta na dyrektywach zał ożeniowych [theory of deduction based on suppositional directives]. *Ksiega Pamiatkowa I Polskiego Zjazdu Matematycznego. Uniwersytet Jagielloński, Kraków*, 1929.

Stanisław Jaskowski. Rachunek zdan dla systemów dedukcyjnych sprzecznych. *Studia Societatis Scientiarum Torunensis, Sectio A*, 1(5):57–77, 1948.

Ingebrigt Johansson. Der minimalkalkül, ein reduzierter intuitionistischer formalismus. *Compositio mathematica*, 4:119–136, 1937.

Stephen Cole Kleene. *Introduction to metamathematics*. Wolters-Noordhoff Pub, Groningen, 1971. ISBN 0444100881.

Stephen Cole Kleene. *Mathematical logic*. Courier Corporation, Mineola, 2002.

William Kneale and Martha Kneale. *The development of logic*. Oxford University Press, Oxford, 1962.

Andrey Kolmogorov. On the principle of excluded middle. In Jean Van Heijenoort, editor, *From Frege to Gödel: a source book in mathematical logic, 1879-1931*, volume 9, pages 414–437. Harvard University Press, Cambridge, 1925. English translation by van Heijenoort: 1967.

Décio Krause. *Introdução aos fundamentos axiomáticos da ciência*. EPU, São Paulo, 2002.

Décio Krause and Jonas R. Becker Arenhart. A logical account of quantum superpositions. In *Probing the Meaning of Quantum Mechanics: Superpositions, Dynamics, Semantics and Identity*, pages 44–59. World Scientific, 2016.

Décio Krause. O gato de schrödinger não está vivo e morto antes da medição: sobre a interpretação dos resultados quânticos. *No Prelo*, 2019.

Clarence Irving Lewis and Cooper Harold Langford. *Symbolic logic*. Dover publications, New York, 1959.

A. Loparić and Newton C. A. da Costa. Paraconsistency, paracompleteness, and valuations. *Logique et analyse*, 27(106):119–131, 1984.

D. Marconi. A decision method for the calculus c1. In *Proceedings of 3rd Brazilian Conference on Mathematical Logic. São Paulo: Sociedade Brasileira de Lógica*, pages 211–223, 1980.

João Marcos. *Logics of Formal Inconsistency*. PhD thesis, Universidade de Campinas, São Paulo, Brasil, Campinas, 2005.

Elliott Mendelson. *Introduction to mathematical logic*. Chapman and Hall/CRC, Boca Raton, 4 edition, 1997.

Carew A. Meredith. Single axioms for the systems (c, n),(c, o) and (a, n) of the two-valued propositional calculus. *The Journal of Computing Systems*, 1(3): 155–164, 1953.

Cezar A. Mortari. *Introdução à lógica. São Paulo*. Editora UNESP, São Paulo, 2001.

Jean Nicod. A reduction in the number of primitive propositions of logic. In *Proceedings of the Cambridge Philosophical Society*, volume 19, pages 32–41, 1917.

Terence Parsons. The traditional square of opposition. In Edward N. Zalta, editor, *The Stanford Encyclopedia of Philosophy*. Metaphysics Research Lab, Stanford University, summer 2017 edition, 2017.

Witold A Pogorzelski. *Notions and theorems of elementary formal logic*. Warsaw University-Bialystok Branch, 1994.

Graham Priest. The logic of paradox. *Journal of Philosophical logic*, 8(1):219–241, 1979.

Graham Priest. *An introduction to non-classical logic: From if to is*. Cambridge University Press, Cambridge, 2008.

Graham Priest, Richard Routley, and Jean Norman. *Paraconsistent Logic: Essays on the Inconsistent*. Philosophia Verlag, Munich, 1989.

Willard V. Quine. *Philosophy of Logic*. Harvard University Press, Cambridge, 2th edition, 1986.

Raphael M. Robinson. An essentially undecidable axiom system. In *Proceedings of the international Congress of Mathematics*, volume 1, pages 729–730, 1950.

Gillian Russell. Logical pluralism. In Edward N. Zalta, editor, *The Stanford Encyclopedia of Philosophy*. Metaphysics Research Lab, Stanford University, summer 2019 edition, 2019.

Menashe Schwed. What makes the reductio ad absurdum an important tool for rationality. In *Proceedings of the Fourth Conference of the International Society for the Study of Argumentation*, pages 734–735, 1999.

Antonio M. Sette. On the propositional calculus p1. *Mathematica Japonicae*, 18: 173–180, 1973.

Joseph R. Shoenfield. *Mathematical logic*. Addison-Wesley, 1967.

Peter Simons. Jan Łukasiewicz. In Edward N. Zalta, editor, *The Stanford Encyclopedia of Philosophy*. Metaphysics Research Lab, Stanford University, spring 2017 edition, 2017.

Barry Hartley Slater. Paraconsistent logics? *Journal of Philosophical logic*, 24(4): 451–454, 1995.

Peter Smith. *An introduction to Gödel's theorems*. Cambridge University Press, 2013.

Raymond M. Smullyan. *Lógica de primeira ordem*. Editora UNESP, São Paulo, 2009.

Christian Strasser and G. Aldo Antonelli. Non-monotonic logic. In Edward N. Zalta, editor, *The Stanford Encyclopedia of Philosophy*. Metaphysics Research Lab, Stanford University, summer 2019 edition, 2019.

Alfred Tarski. *Introduction to Logic and to the Methodology of the Deductive Sciences*. Oxford University Press, Oxford, 1994.

Bas Van Fraassen. The labyrinth of quantum logics. In *Logical and Epistemological Studies in Contemporary Physics*, pages 224–254. Springer, 1974.

Nicolai A. Vasiliev. Imaginary (non-aristotelian) logic. In *Atti del V congresso Internazionale di Filosofia*, pages 107–109, 1925.

Alfred North Whitehead and Bertrand Russell. *Principia mathematica*, volume 1. Benjamin Motte, London, 1910. Vol.1 (1910); Vol.2 (1912); Vol.3 (1913).

Ludwig Wittgenstein. *Wittgenstein's Lectures: Cambridge: 1930-1932, From the Notes of John King and Desmond Lee*. Rowman & Littlefield, 1980. ISBN 0847662012.

SOBRE O AUTOR

Kherian Galvão Cesar Gracher é Bacharel em Filosofia (2008-12) pela Universidade Federal de Ouro Preto (UFOP); Mestre em Filosofia (2014-16), sob orientação do Prof. Dr. Décio Krause; e Doutor em Filosofia (2016-20), também sob orientação do Prof. Dr. Décio Krause e sob coorientação do Prof. Dr. Newton C. A. da Costa, pelo Programa de Pós-Graduação em Filosofia da Universidade Federal de Santa Catarina (PPGFIL-UFSC). Atualmente, desenvolve pesquisa de Pós-Doutorado no Programa de Pós-Graduação em Filosofia da Universidade Federal do Rio de Janeiro (PPGF-UFRJ), financiado pela Fundação *Carlos Chagas Filho* de Amparo à Pesquisa do Estado do Rio de Janeiro (FAPERJ).[119]

119 Programa de Pós-Doutorado *Nota 10* (PDR10) – Processos: E-26/200.129/2022 e E-26/200.130/2022; Matrícula: 2021.04772.0

www.ingramcontent.com/pod-product-compliance
Lightning Source LLC
Chambersburg PA
CBHW071429150426
43191CB00008B/1094
9781848903920